应用型本科信息大类专业“十三五”规划教材

SQL Server 2016 数据库应用教程

主　编　汪利琴

中国·武汉

内 容 简 介

本书选用数据库管理系统 SQL Server 2016，以详细的数据库理论知识为基础，以商品管理系统的数据库设计为主线，按照“以能力培养为中心，项目驱动教学，理论够用，重在实践”的教学指导方针组织内容。本书最大的优点是将理论知识和数据库项目开发紧密结合，书中既有详细的教学案例，又有丰富的上机操作内容，案例选取生动有趣，实用性强，实例内容涵盖了数据库应用课程所涉及的全部理论知识，从实例到原理，再从原理到应用逐步推进，由浅入深，从易到难，层层深入，全面推进课程教学内容。

本书主要内容包括数据库技术介绍，SQL Server 2016 的安装、应用功能、管理工具及其应用，Transact-SQL 语言，数据库的创建、管理、备份、还原、分离和附加，数据表的创建、数据的完整性和约束、表数据的更新操作、数据的导入和导出，数据查询，视图的概念、优点与运用，索引的分类、创建、设计的原则，存储过程与触发器的概念和实际应用，事务的 ACID 特性、并发控制和锁，游标的概念和应用，数据库的安全管理，商品管理数据库的设计等。

为了方便教学，本书还配有电子课件等教学资源包，任课教师和学生可以登录“我们爱读书”网(www.ibook4us.com)注册并浏览，任课教师还可以发邮件至 hustpeiit@163.com 索取。

本书可作为普通高等院校计算机科学与技术相关专业的教材，也可以作为学习数据库应用技术的培训教材。

图书在版编目(CIP)数据

SQL Server 2016 数据库应用教程/汪利琴主编. —武汉：华中科技大学出版社，2019.7（2023.7 重印）
应用型本科信息大类专业“十三五”规划教材
ISBN 978-7-5680-5281-8

Ⅰ.①S… Ⅱ.①汪… Ⅲ.①关系数据库系统-高等学校-教材 Ⅳ.①TP311.132.3

中国版本图书馆 CIP 数据核字(2019)第 141917 号

SQL Server 2016 数据库应用教程
SQL Server 2016 Shujuku Yingyong Jiaocheng

汪利琴　主编

策划编辑：康　序
责任编辑：刘　静
封面设计：孢　子
责任监印：朱　玢
出版发行：华中科技大学出版社（中国·武汉）　电话：(027)81321913
武汉市东湖新技术开发区华工科技园　邮编：430223
录　　排：武汉三月禾文化传播有限公司
印　　刷：武汉开心印印刷有限公司
开　　本：787mm×1092mm　1/16
印　　张：15
字　　数：384 千字
版　　次：2023 年 7 月第 1 版第 4 次印刷
定　　价：38.00 元

前言 PREFACE

本书是作者十五年来专业讲授数据库应用课程知识的凝聚、教学方法的总结和教学成果的展示。本书选用数据库管理系统 SQL Server 2016，以详细的数据库理论知识为基础，以商品管理系统的数据库设计为主线，按照"以能力培养为中心，项目驱动教学，理论够用，重在实践"的教学指导方针组织内容。本书最大的优点是将理论知识和数据库项目开发紧密结合，书中既有详细的教学案例，又有丰富的上机操作内容，案例选取生动有趣，实用性强，实例内容涵盖了数据库应用课程所涉及的全部理论知识，真正实现了数据库技术从实例到原理，再从原理到应用逐步推进。

本书具有以下特色。

(1) 选用广泛应用且稳定的数据库管理系统 SQL Server 2016 版本。

(2) 深入浅出，通俗易懂，理论够用，重在实践。本书由具有十多年数据库教学和项目设计经验的教师编写完成。

(3) 以能力培养为中心，项目驱动教学。以学生熟悉的商品管理系统的数据库设计为案例引导学生进入角色，更容易激发学生学习的兴趣，学生很快就能动手实践。每一个实例内容都精心设计，既丰富实用，生动有趣，又涵盖了数据库应用课程所涉及的全部理论知识。

(4) 图文并茂，内容衔接连贯，知识点和操作过程讲解详细。

(5) 配套资源丰富。本书注重数字化配套建设，配有丰富的教学资源，包括电子课件(PPT)、实验、教学案例、参考代码、习题及习题解答等。

本书主要内容包括数据库技术介绍，SQL Server 2016 的安装、应用功能、管理工具及其应用，Transact-SQL 语言，数据库的创建、管理、备份、还原、分离和附加，数据表的创建、数据的完整性和约束、表数据的更新操作、数据的导入和导出，数据查询，视图的概念、优点与运用，索引的分类、创建、设计的原则，存储过程与触发器的概念和实际应用，事务的 ACID 特性、并发控制和锁，游标的概念和应用，数据库的安全管理，商品管理数据库的设计等，每章均配有有针对性的实验和习题。

本书由长江大学工程技术学院汪利琴编写并统稿。长江大学工程技术学院卢东方参与了本书的编写。具体编写分工如下。第 1～6 章、第 8～11 章、第 13 章由汪利琴编写，第 7 章和第 12 章由卢东方编写。在本书的编写过程中，编者得到了信息工程学院领导、同事和朋友的帮助与支持，在此向他们表示衷心的感谢！

为了方便教学，本书还配有电子课件等教学资源包，任课教师和学生可以登录“我们爱读书”网(www. ibook4us. com)注册并浏览，任课教师还可以发邮件至 hustpeiit@163. com 索取。

本书可作为普通高等院校计算机科学与技术相关专业的教材，也可以作为学习数据库应用技术的培训教材。

由于编者水平有限，书中难免存在疏漏与不足之处，恳请各位读者批评指正。

编　者

2019 年 1 月

目录 CONTENTS

第1章 数据库系统概述

数据库管理系统是数据管理最有效的工具，是信息化运作的基石，被广泛应用于各行各业中。本书以“商品销售管理系统”后台数据库的设计与应用为例，介绍了大型关系数据库管理系统 SQL Server 2016 及关系数据库编程语言 Transact-SQL 在数据库程序设计中的应用。“工欲善其事，必先利其器。”我们先从了解数据库技术的基本概念、安装 SQL Server 2016 和认识 SQL Server 2016 的管理工具开始。

本章主要内容如下。

- 数据库的基本概念与发展历程。
- 数据库管理系统的概念与功能。
- 数据库系统的组成。
- SQL Server 2016 的安装。
- SQL Server 2016 的应用功能。
- SQL Server 2016 的管理工具。

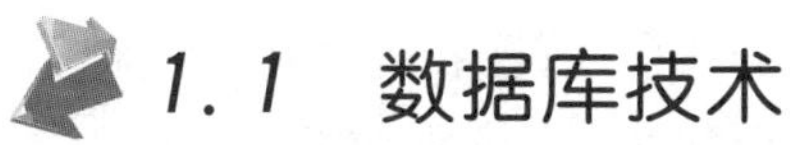

1.1 数据库技术

在“互联网+”时代，数据库技术的应用越来越广泛，如网络教学、电子政务、电子支付、网上购物、网络聊天、网络游戏、搜索引擎等，数不胜数。数据库技术是研究数据库设计、管理和应用的软件科学，是存储、管理、使用和处理信息资源的主要手段，是各行各业信息化运作的基石。

1.1.1 数据库的概念和发展

数据是描述事物的符号，代表真实世界中的客观事物。在人们的日常生活中，数据无所不在。文字、图形、声音等都是数据，人们通过数据来认识世界、交流信息。

数据库(database，简称 DB)是指数据存放的地方。在管理信息系统中，数据库是数据和数据库对象(如表、视图、索引、存储过程和触发器等)的集合。数据库中的数据必须按照一定的数据模型进行描述、组织和存储，数据库具有较高的数据共享性、数据独立性、数据安全性和较低的冗余度，能有效地对数据进行各项处理，并保证数据的一致性和完整性。

数据处理是数据库技术应用的一个主要领域，它面临着如何管理大量复杂数据这一问题。数据库技术伴随着计算机的软、硬件技术与数据管理手段的不断发展而快速发展。数据库技术的发展主要经历了以下 3 个阶段。

1. 人工管理阶段

20 世纪 50 年代中期以前，计算机主要用于科学计算。它没有操作系统，存储设备只有卡片、磁带和纸带等，没有管理数据的软件。在人工管理阶段，数据处理通过批处理来执行，所有的数据完全由人工进行管理，程序与数据不具有独立性，同一种数据在不同的程序中不能共享。人工管理阶段的特点是数据不保存，数据不共享，数据不具有独立性，数据由应用程序管理，各应用程序间存在着大量的数据冗余等。

2. 文件管理阶段

20 世纪 50 年代后期至 20 世纪 60 年代中后期，操作系统诞生，大容量的存储设备逐渐投入使用，为数据管理技术的发展提供了物质条件和工具手段。在文件管理阶段，数据可以以文件的形式保存在外部存储设备上，数据的查询、插入、修改和删除等多项操作可以通过数据文件进行，操作系统提供应用程序与相应数据文件之间的接口，使数据和应用程序之间具有了一定的独立性。文件管理阶段的特点是数据以文件的形式长期保存和管理，数据的独立性较差，数据的共享性较弱，数据的冗余度较大。

3. 数据库管理阶段

20 世纪 60 年代后期至 20 世纪 80 年代初期是数据库管理技术的发展成熟期。为了克服文件管理方式的不足，数据库的理论和应用研究在这个阶段得到了迅猛发展，进而出现了各种数据库管理系统。

在数据库管理阶段，人们将数据按照一定的逻辑结构组织起来，利用专门的数据库管理系统软件对这些数据资源进行统一、集中的管理和控制，从而减少了数据的冗余度，节约了存储空间，充分地实现了数据的共享，而且数据库管理系统具有相当好的易维护性和易扩展性，极大地提高了应用程序运行和数据利用的效率。

1.1.2 数据库管理系统

数据库管理系统（database management system，简称 DBMS ）是专门管理数据库的大型系统软件，是数据库系统的核心组成部分，用于帮助用户创建、维护和使用数据库。它建立在操作系统的基础上，能够实现对数据库的统一管理和操作，满足用户对数据库进行访问的各种需要。换言之，用户在数据库中的一切操作，包括数据的定义、查询、插入、删除、修改以及各种管理和控制，都是通过数据库管理系统进行的。数据库管理系统一般具有以下几个方面的功能。

1. 数据定义功能

DBMS 提供数据定义语言（data definition language，简称 DDL），用以描述数据库的结构、定义完整性规则和约束等。例如，关系数据库管理系统提供的结构化查询语言（SQL）提供 create、drop、alter 语句，这些语句可分别用来建立、删除和修改数据库和数据库中的对象。

2. 数据操纵功能

DBMS 提供数据操纵语言（data manipulation language，简称 DML），用以实现对数据库的基本操作，包括数据的查询、插入、修改和删除等。DML 有自主型和宿主型两类：自主型也称自含型，属于交互命令语言，语法简单，可独立使用；宿主型也称嵌入型，是把对数据库进行存取操作的语句嵌入其他高级程序设计语言（如 C＃、C＋＋、C 等）中，这种类型的语言不能单独使用。例如，DBMS 提供的结构化查询语言（SQL）提供 select、insert、update 和

delete 等语句，这些语句可分别用来实现对数据库中数据的查询、插入、修改和删除等操作。

3. 数据库的运行管理与控制功能

DBMS 通过对数据库进行运行管理与控制，来确保数据库中数据的正确有效和数据库系统的正常运行。DBMS 对数据库的控制功能主要体现在数据的完整性控制、数据的安全性控制、多用户环境下的并发控制和数据库的恢复四个方面。数据库规模越大，对 DBMS 数据库的运行管理与控制功能的要求就越高。

4. 数据库的建立与维护功能

数据库的建立包括数据库中初始数据的输入和数据转换等，数据库的维护包括数据库的转储与恢复、数据库的重组织与重构造、数据库系统性能的监视与分析等。

5. 数据通信功能

DBMS 提供与其他软件系统进行通信的功能。例如，DBMS 提供与其他 DBMS 或文件系统的接口，从而可以将数据转换成另一个 DBMS 或文件系统能够接受的格式，或者可以接收其他 DBMS 或文件系统的数据。

6. 数据组织、存储和管理功能

DBMS 负责对数据库中需要存放的各种数据（如数据字典、用户数据、存取路径等）进行组织、存储和管理的工作，确定以何种文件结构和存取方式物理地组织这些数据，以提高存储空间利用率和对数据库进行增、删、查、改的效率。

总之，数据库管理系统软件在计算机的应用中占有极为重要的地位，它是用户和数据库之间的交互界面，用户不必关心数据在计算机中的存储方式，就能方便、快捷地实现对数据库的各种操作与管理，保证数据库中数据的安全性、可靠性和一致性。目前，广泛运用的大型数据库管理系统软件有 SQL Server、Oracle、MySQL、Sybase、DB2 等。

1.1.3 数据库系统

数据库系统（database system，简称 DBS）是由数据库、数据库管理系统、数据库管理员、用户、应用程序和计算机的硬件与软件系统组成的相互作用、相互配合的系统。

1. 数据库

数据库是存放数据的仓库，它以一定的组织形式保存在存储设备上。数据库设计人员一般通过对用户需求和应用系统进行详细的分析调研，确定数据模型，对数据库进行设计，使设计出的数据库是按照一定的数据模型描述、组织和存储数据，能被多个用户、应用程序共享的数据集合。

2. 数据库管理系统

数据库管理系统是对数据库中数据进行管理的大型系统软件，它是数据库系统的核心组成部分，数据库系统的各类人员、应用程序等对数据库的各种操作，都通过 DBMS 来完成。

3. 数据库管理员

数据库管理员（database administrator，简称 DBA）负责全面管理和控制数据库系统，要求具有较高的技术水平和较深的资历，熟悉数据库系统中全部数据的用途和性质。常见的小型数据库系统通常不设 DBA，DBA 的职责由应用程序员或终端用户承担；而对于大型数据库系统来说，DBA 极为重要，常常组成一个团队。

DBA 的主要职责如下。

(1) 参与数据库设计的全过程，决定整个数据库的结构和信息内容。

(2) 和数据库设计人员共同决定数据库的存储结构和存取策略，以获得较高的存取效率和存储空间利用率。

(3) 帮助终端用户使用数据库系统，如培训终端用户、解答终端客户日常使用数据库系统时遇到的问题等。

(4) 定义数据的安全性和完整性约束条件，负责对各个用户分配对数据库的存取权限、数据的保密级别和完整性约束条件等。

(5) 监控数据库的使用和运行，及时处理出现的问题。例如，DBA 负责定义和实施适当的数据库备份和恢复策略，当数据受到破坏时，确保在最短时间内将数据库恢复到正确状态。

(6) 改进和重组重构数据库，监视数据库系统运行期间的空间利用率、处理效率等性能指标，利用数据库系统提供的监视和分析功能对数据库的运行情况进行记录、统计和分析，并根据实际情况改进数据库的设计，提高数据库系统的性能。

4. 用户

用户是指通过应用系统的浏览器、图形界面、菜单等用户接口使用数据库的人员。

5. 应用程序

应用程序是指用户以数据库以及数据库中的数据为基础，使用 Java、C++ 或 C# 等程序设计语言，结合 Transact-SQL 语言，为特定应用开发的程序模块。

6. 计算机的硬件与软件系统

计算机的硬件系统是指存储和运行数据库系统的硬件设备，如 CPU、内存、大容量的存储设备、输入设备和输出设备等。

计算机的软件系统主要包括操作系统(operating system，简称 OS)和应用系统等。操作系统统一管理计算机的软硬件资源，DBMS 可借助操作系统完成对硬件的访问，并对数据库的数据进行存取、维护和管理。

1.2 SQL Server 2016 的安装

1.2.1 安装前准备

SQL Server 2016 不能安装在 X86 处理器上，只能安装在 X64 处理器上，而 SQL Server 2016 之前的版本同时提供适用于 32 位操作系统平台和 64 位操作系统平台的安装文件。SQL Server 2016 常见版本有企业版、标准版、开发版、简易版和 Web 版。SQL Server 2016 对计算机的软硬件环境要求较高：处理器要求是 X64，建议 2.0 GHz 或更高；内存建议至少 4 GB；硬盘可用空间最少 6 GB；操作系统要求 Windows 8 以上版本，企业版、Web 版则要求

Windows Server 2012 以上版本;. NET Framework 4. 6 及以上。

1.2.2 安装过程

SQL Server 2016 的安装过程如下。

(1) 打开安装文件目录,双击“setup. exe”安装文件,进入“SQL Server 安装中心”界面,如图1-1 所示。

(2) 在“SQL Server 安装中心”界面,选择“安装”功能,在右侧列表中单击选择第一项“全新 SQL Server 独立安装或向现有安装添加功能”,如图 1-2 所示。

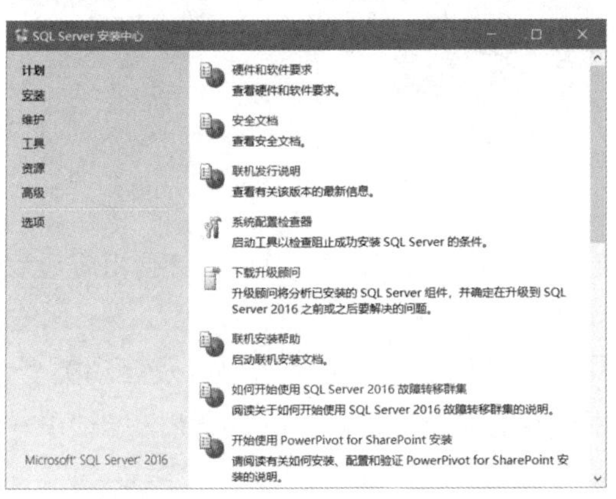

图 1-1 “SQL Server 安装中心”界面

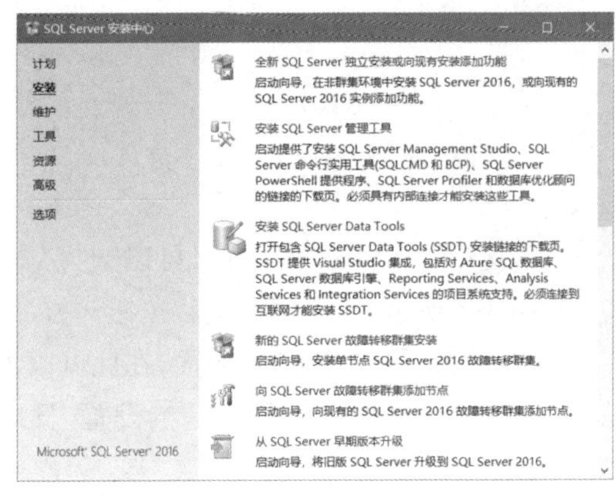

图 1-2 安装选项选择

(3) 进入“产品密钥”界面,如图 1-3 所示,选择指定可用版本为“Evaluation”(选择指定可用版本为 Enterprise Evaluation ,无须输入产品密钥),然后单击“下一步”按钮。

(4) 进入“许可条款”界面,仔细阅读许可条款后勾选“我接受许可条款”,如图 1-4 所示,直接单击“下一步”按钮。

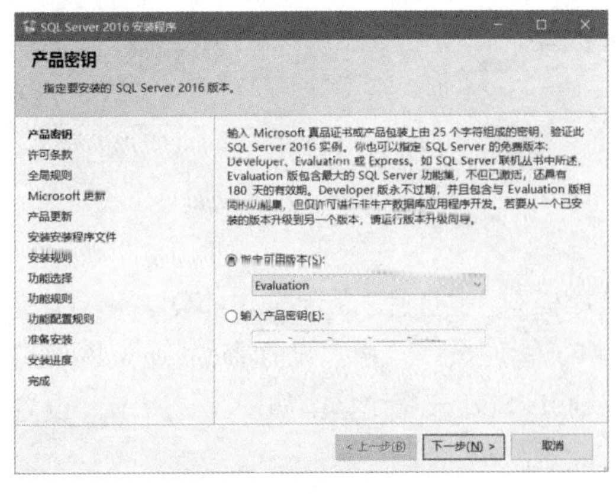

图 1-3 “产品密钥”界面

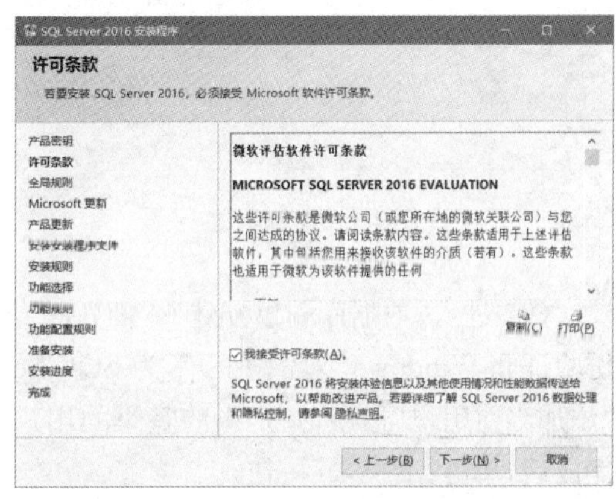

图 1-4 在“许可条款”界面勾选“我接受许可条款”

(5) 进入“安装规则”界面,安装程序自动检测安装环境的基本情况,如存在错误则必须更正所有失败,安装程序才能继续。本机检测结果如图 1-5 所示,没有失败状态,直接单击“下一步”按钮。

(6) 进入“功能选择”界面,可以根据需求选择所需功能,这里选择全部功能,如图 1-6 所示。另外,也可以对安装路径进行修改。设置完成后,单击"下一步"按钮。

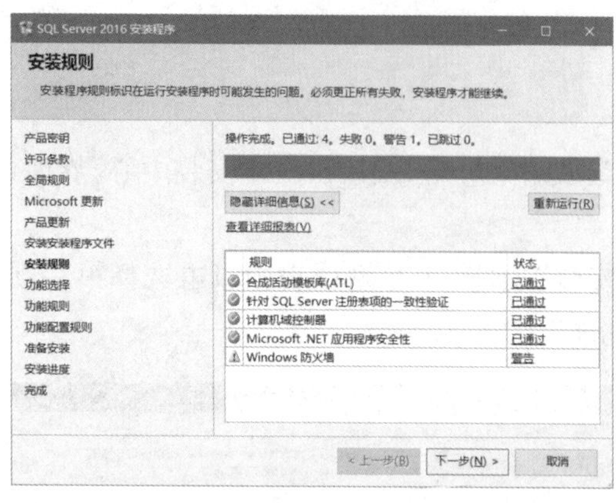

图 1-5　安装环境检测结果

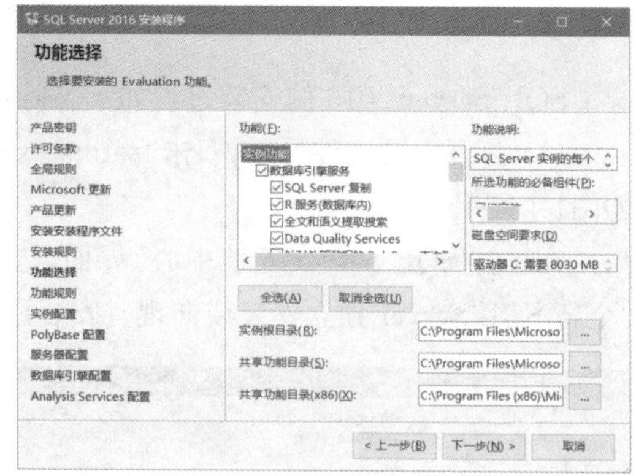

图 1-6　功能选择

(7) 进入"实例配置"界面,可以选择"默认实例",也可以选择命名实例,完成相应设置后,如图 1-7 所示,单击"下一步"按钮。

(8) 进入"服务器配置"界面,在此可以为不同的服务设置账户名和密码以及启动类型,如图 1-8 所示,这里可以只做基本设置,日后应用时再做更改,完成相应设置后单击"下一步"按钮。

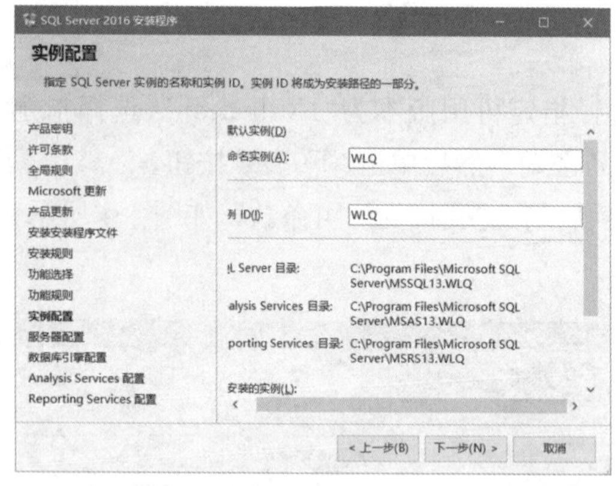

图 1-7　实例配置

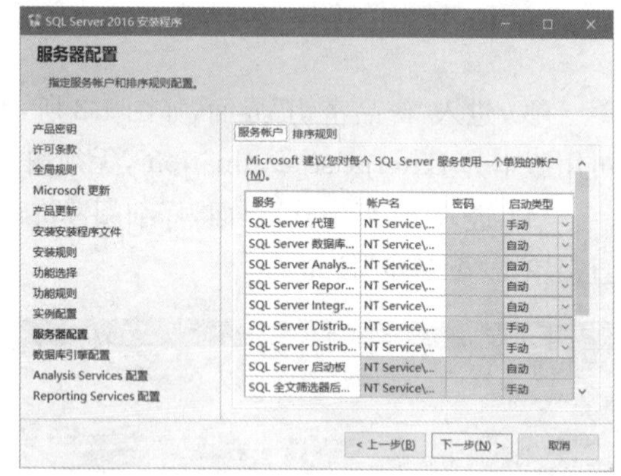

图 1-8　服务器配置

(9) 进入"数据库引擎配置"界面,在"身份验证模式"中选择"混合模式(SQL Server 身份验证和 Windows 身份验证)",为 SQL Server 系统管理员(sa)账户设置密码,还可以单击"添加当前用户"按钮,指定当前登录的用户就是 SQL Server 管理员,如图 1-9 所示。设置完成后,单击"下一步"按钮。

(10) 进入"Analysis Services 配置"界面,默认"服务器模式"为"多维和数据挖掘模式",单击"添加当前用户"按钮,为 Analysis Services 添加具有管理权限的用户,如图 1-10 所示,然后单击"下一步"按钮。

(11) 进入"Reporting Services 配置"界面,勾选"安装和配置",如图 1-11 所示,选择 Reporting Services 本机模式,单击 "下一步"按钮。

(12) 进入"Distributed Replay 控制器"界面,单击"添加当前用户"按钮,指定具有对

Distributed Replay 控制器管理权限的用户，如图 1-12 所示，单击“下一步”按钮。

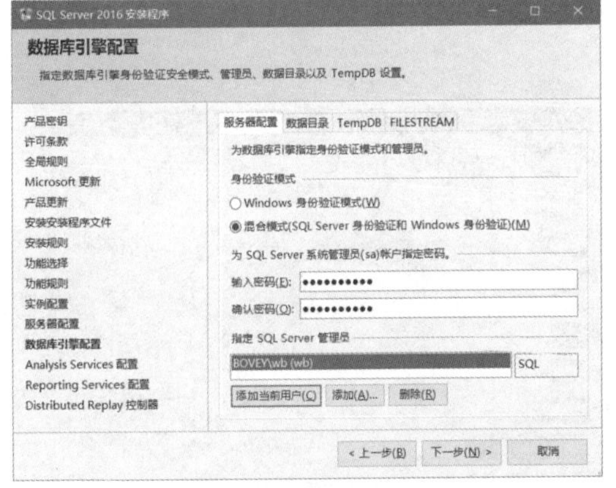

图 1-9 数据库引擎配置

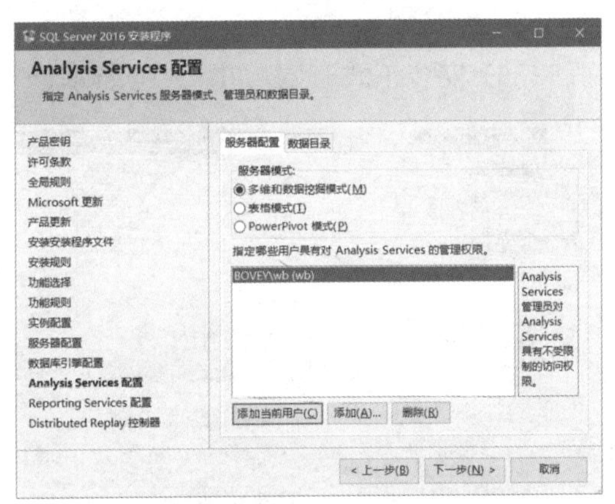

图 1-10 Analysis Services 配置

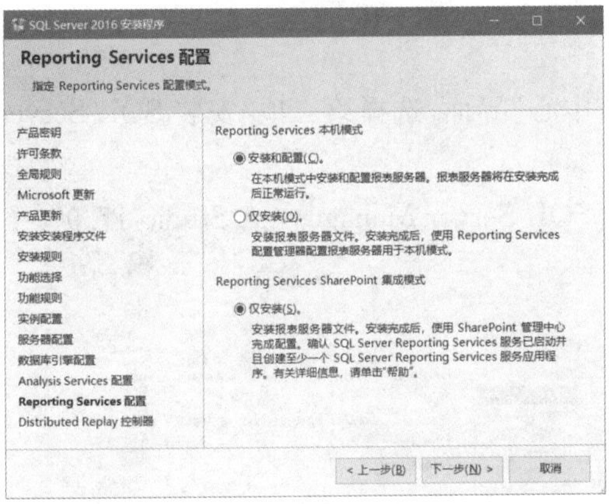

图 1-11 Reporting Services 配置

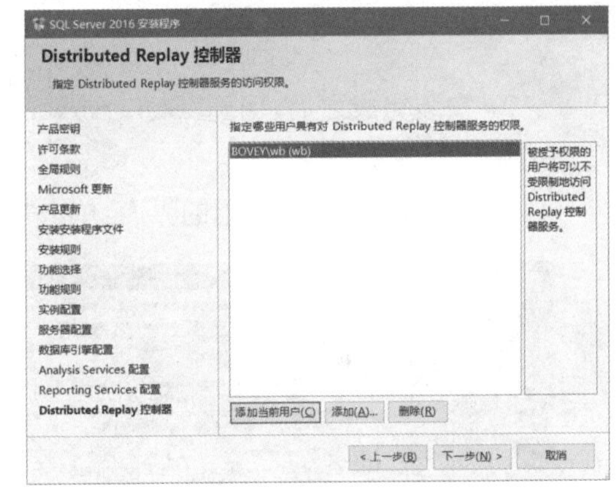

图 1-12 Distributed Replay 控制器

(13) 进入“Distributed Replay 客户端”界面，输入控制器名称并选择目录位置，如图 1-13所示，单击“下一步”按钮。

(14) 进入“同意安装 Microsoft R Open”界面，如图 1-14 所示，单击“接受”按钮，再单击“下一步”按钮。

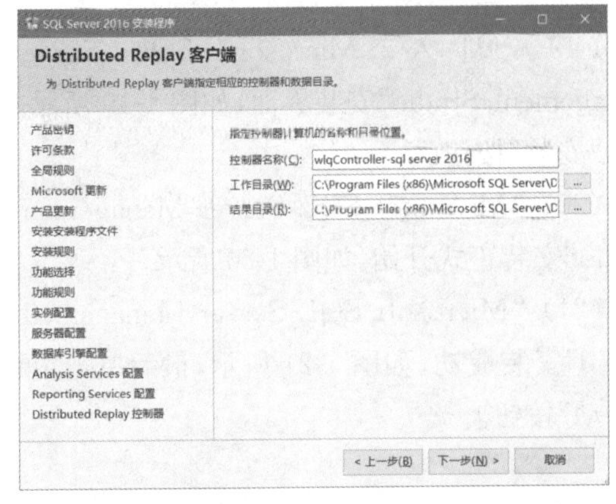

图 1-13 Distributed Replay 客户端

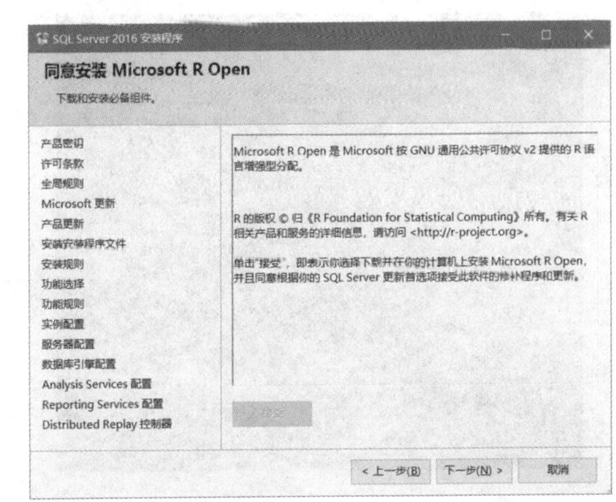

图 1-14 同意安装 Microsoft R Open

（15）进入“准备安装”界面，如图 1-15 所示，确认本次安装的配置信息，单击“安装”按钮。

（16）安装正式开始，如图 1-16 所示。

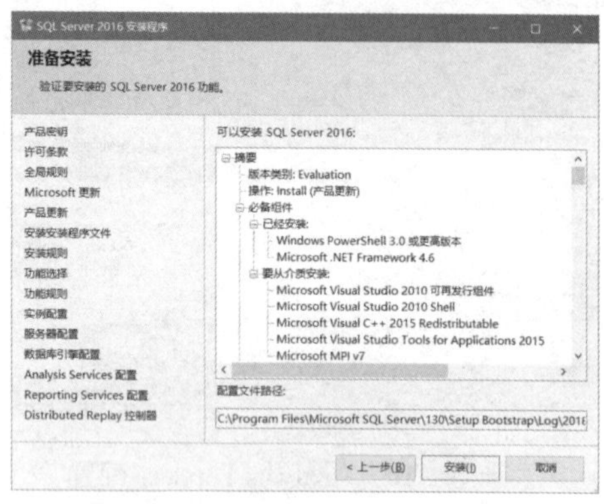

图 1-15 准备安装

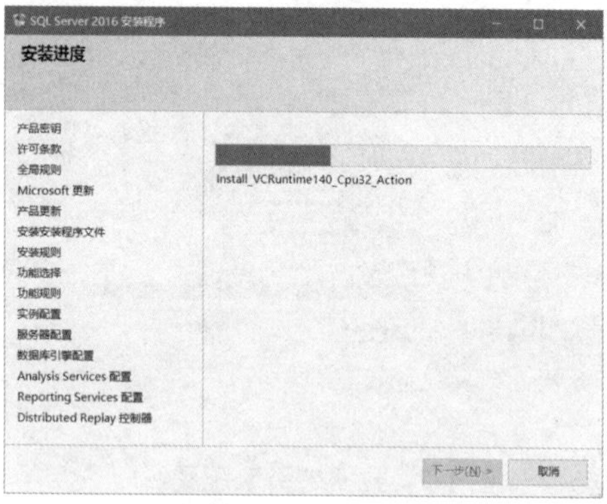

图 1-16 安装进度

（17）安装完成之后，回到“SQL Server 安装中心”界面，选择第二项“安装 SQL Server 管理工具”，如图 1-17 所示。

（18）出现如图 1-18 所示的界面，单击“下载 SQL Server Management Studio 17.9”。

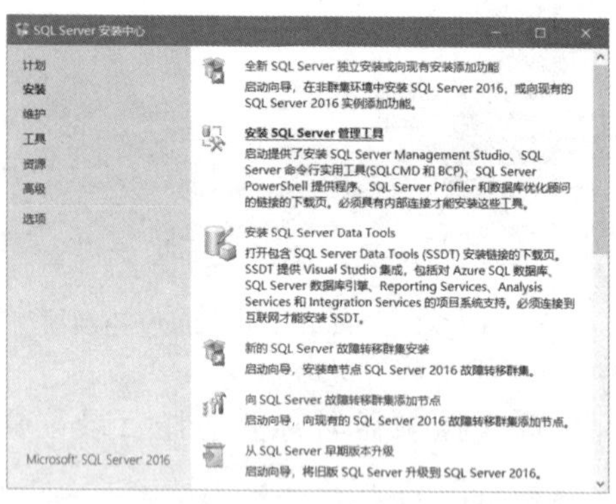

图 1-17 回到“SQL Server 安装中心”界面，选择“安装 SQL Server 管理工具”

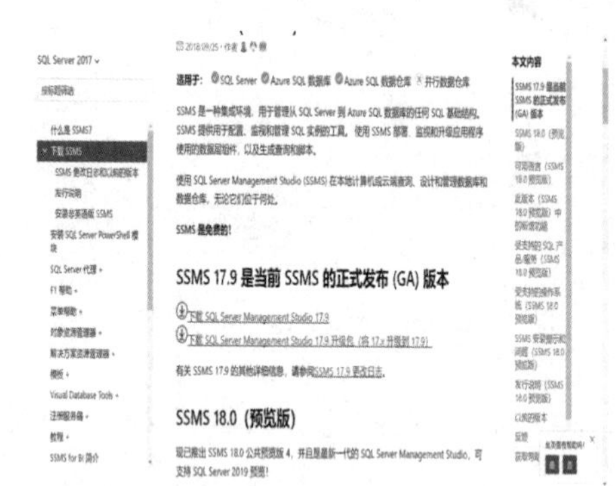

图 1-18 下载 SQL Server Management Studio

图 1-19 安装“Microsoft SQL Server Management Studio”

（19）进入“Microsoft SQL Server Management Studio”安装界面，如图 1-19 所示，单击“安装”按钮。

（20）“Microsoft SQL Server Management Studio”安装正式开始，如图 1-20 所示。

（21）“Microsoft SQL Server Management Studio”安装成功，如图 1-21 所示，最后单击“重新启动”按钮。

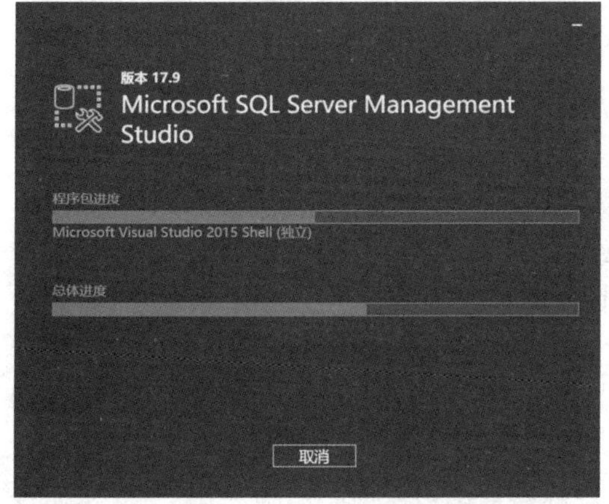

图 1-20 “Microsoft SQL Server Management Studio”**安装进度**

图 1-21 “Microsoft SQL Server Management Studio”**安装成功**

1.3 SQL Server 2016 的管理工具

SQL Server 2016 是微软公司推出的大型关系数据库管理系统，是 SQL Server 数据平台历史上最大的一次跨越性发展。相比于 SQL Server 的其他早期版本，SQL Server 2016 有了很大的改进，是一个整合了数据库、商业智能、报表服务、分析服务等多种技术的大型数据管理与分析平台，在数据存储能力、并行访问能力、安全管理等关键性指标及多功能集成、操作速度、数据仓库构建、数据挖掘等方面具有较强的优势。

SQL Server 2016 提供了多种管理工具，来帮助用户管理和使用数据库。

1.3.1 SQL Server Management Studio

SQL Server Management Studio（SQL Server 管理控制台，可以简写为 SSMS）是 SQL Server 2016 的集成可视化管理环境，用于访问、配置、管理和维护所有的 SQL Sever 组件和工具。它组合了丰富的脚本编辑器和大量的图形工具，各类技术水平不同的管理员和开发人员都可以通过 SQL Server Management Studio 访问和管理 SQL Server 2016。

SQL Server Management Studio 是 SQL Server 2016 中最重要的管理工具之一。

1. 启动 SQL Server Management Studio

单击“开始”菜单，选择“所有程序”，找到“Microsoft SQL Server 2016”，展开后选择“SQL Server Management Studio”，打开“连接到服务器”对话框，指定服务器的类型、名称和身份验证，如图 1-22 所示，然后单击“连接”按钮，连接成功后，即可启动 SQL Server Management Studio。

(1) 服务器类型：列出了 SQL Server 2016 数据库服务器所提供的服务（其下拉列表框中列出的选项就是安装 SQL Server 2016 时选择安装的服务），用户可以根据使用需要，连接

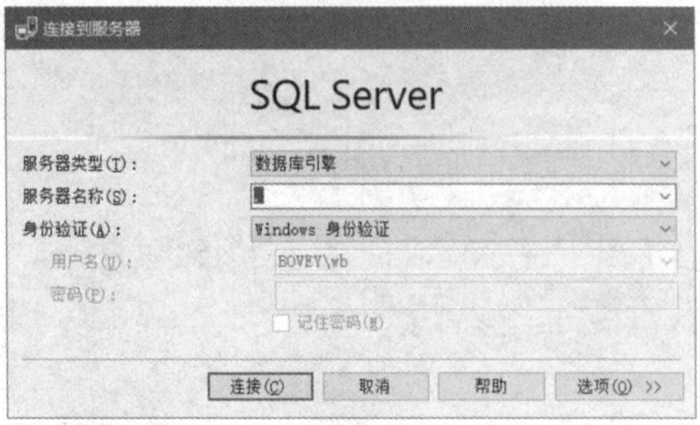

图 1-22　连接到服务器

到不同的服务。在这里，我们选择“数据库引擎”。

（2）服务器名称：指定要连接的数据库服务器的名称。SQL Server Management Studio 能够自动扫描当前网络中的 SQL Server 服务器名称。对于本地服务器，可以在“服务器名称”右侧的文本框中手动输入“本机名称”或者“.”。

（3）身份验证：选择使用“Windows 身份验证”或“SQL Server 身份验证”连接到数据库服务器实例。如果选择的是“Windows 身份验证”，则表示用当前登录到 Windows 的用户连接到数据库服务器实例（Windows 身份验证模式是指拥有登录 Windows 操作系统权限的用户，都能登录到 SQL Server 2016）；如果选择的是“SQL Server 身份验证”，则必须输入 SQL Server 身份验证的用户名和相应的密码。

2. SQL Server Management Studio **的工作界面**

SQL Server Management Studio 的工作界面如图 1-23 所示。

SQL Server Management Studio 的工作界面主要由菜单栏、工具栏和工作区组成。在默认情况下，工作区的左侧是对象资源管理器窗格，它以树状结构的形式显示数据库中的对象，利用对象资源管理器可以对数据库中的各个对象进行各种操作和管理；工作区的右侧是空白窗格，可以根据不同操作显示不同功能，单击工具栏中的“新建查询”按钮，可以打开查询编辑器窗格，如图 1-24 所示，它是用来编写 SQL 脚本的地方。

注意：在工具栏中有一个数据库组合框，可以从中选择当前操作或脚本应用的数据库，其默认数据库是 master。

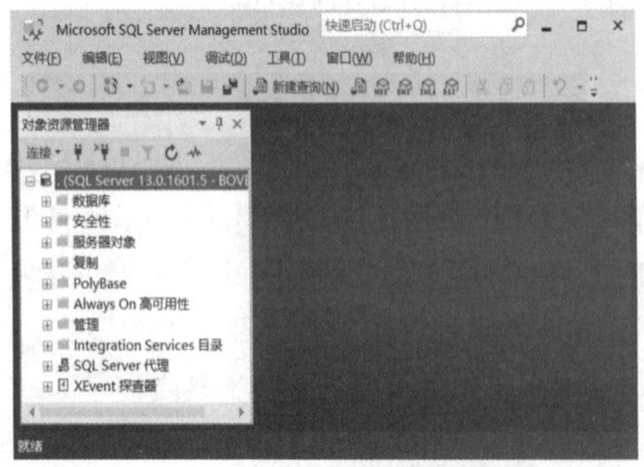

图 1-23　SQL Server Management Studio 的工作界面

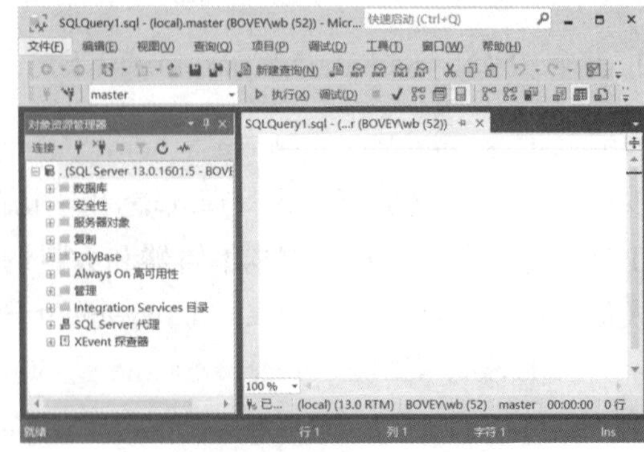

图 1-24　打开查询编辑器窗格

1.3.2　SQL Server 配置管理器

SQL Server 配置管理器（SQL Server Configuration Management）用于管理 SQL Server 2016 的服务、配置 SQL Server 2016 使用的网络协议等。

单击“开始”菜单，选择“所有程序”，找到“Microsoft SQL Server 2016”，展开后选择“SQL Server 配置管理器”，即可打开 SQL Server 配置管理器，如图 1-25 所示。

在 SQL Server Configuration Management 右侧的窗格列出了本机 SQL Server 的全部服务(如数据库服务(SQL Server)、数据库分析服务(SQL Server Analysis Services)和数据库报表服务(SQL Server Reporting Services)等)。SQL Server 配置管理器可以启动、暂停、恢复或停止 SQL Server 2016 提供的各种服务，还可以查看或更改服务属性。如图 1-26 所示，只需右键单击选中的某种服务，即可通过弹出的快捷菜单中的命令对此服务进行启动或停止等管理工作。另外，使用 SQL Server 配置管理器还可以配置服务器和客户端的网络协议以及连接选项等。

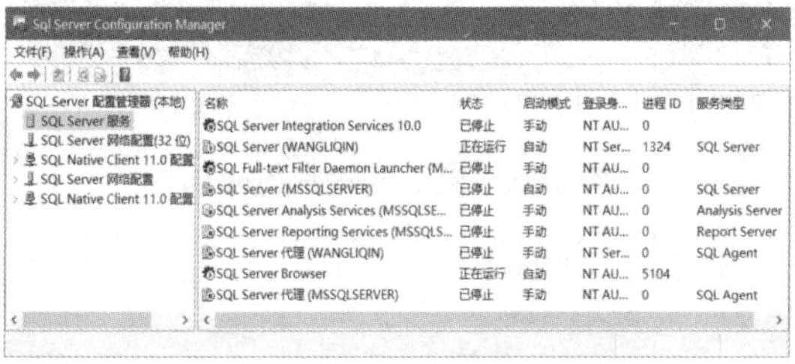

图 1-25　SQL Server **配置管理器**

图 1-26　**使用** SQL Server **配置管理器管理** SQL Server **2016 中的服务**

注意：如果 SQL Server Management Studio 启动时显示连接失败，且失败原因不是服务器类型、服务器名称或身份验证设置错误，那么首先需要检查 SQL Server 服务是不是已启动。若此服务被停止了，那么 SQL Server Management Studio 是不可能连接成功的。

1.3.3　其他管理工具

1. 数据库引擎优化顾问

SQL Server 2016 的数据库引擎优化顾问(database engine tuning advisor，简称 DTA)是分析数据库工作负荷效果的工具，可以推荐各种优化选项优化数据库、提高查询处理性能。

工作负荷是指对要优化的数据库所执行的一组 Transact-SQL 语句。数据库引擎优化顾问会在分析数据库的工作负荷效果后，提供在数据库中添加、删除或修改物理设计结构(包括聚集索引、非聚集索引、索引视图和分区等)的建议，以降低工作负荷的开销。

单击“开始”菜单，选择“所有程序”，找到“Microsoft SQL Server 2016”，展开后选择“SQL Server 2016 数据库引擎优化顾问”，即可打开数据库引擎优化顾问，如图 1-27 所示。

2. SQL Server Profiler

SQL Server Profiler(SQL Server 事件探查器)是跟踪与捕获 SQL Server 2016 事件的工具，用于监视数据库引擎或 SQL Server Analysis Services 的实例，可捕获每个事件的信息，并将这些信息数据保存到跟踪文件或数据表中，供将来重现与分析使用。

单击“开始”菜单，选择“所有程序”，找到“Microsoft SQL Server 2016”，再展开

“Microsoft SQL Server Tools”，选择“SQL Server Profiler”，即可打开 SQL Server Profiler，如图 1-28 所示。

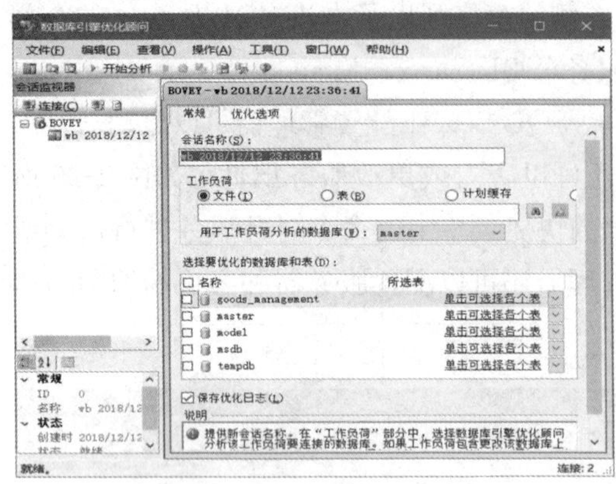

图 1-27　数据库引擎优化顾问

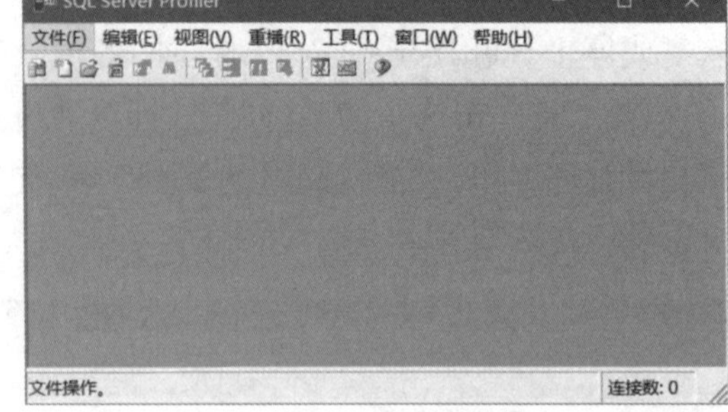

图 1-28　SQL Server Profiler

3. SQL Server **2016 导入和导出向导**

SQL Server 2016 通过具有图形界面的导入和导出向导实现与多种不同类型的数据库之间的数据传递。

SQL Server 2016 的管理工具还有许多，这里由于篇幅有限，不再一一介绍。

实验1 SQL Server 2016的安装□□□

一、实验目的

(1) 能够熟练安装 SQL Server 2016。

(2) 熟悉 SQL Server Management Studio 的工作界面和使用。

(3) 学会使用 SQL Server 配置管理器管理 SQL Server 2016 的服务。

二、实验准备

(1) 了解 SQL Server 2016 各种版本安装的软、硬件要求和安装过程。

(2) 了解 SQL Server 2016 支持的身份验证模式。

(3) 了解 SQL Server 2016 各组件的主要功能。

(4) 对数据库、表及其他数据库对象有一个基本的了解。

三、实验内容和操作步骤

1. 安装 SQL Server 2016

(1) 检查计算机的软、硬件配置是否达到 SQL Server 2016 的安装要求。

(2) 参照1.2节 SQL Server 2016 的安装过程进行安装。

2. SQL Server Management Studio 的启动与使用

(1) 启动 SQL Server Management Studio。

单击“开始”菜单，选择“所有程序”，找到“Microsoft SQL Server 2016”，展开后选择“SQL Server Management Studio”，打开“连接到服务器”对话框，指定服务器的类型、名称和身份验证，然后单击“连接”按钮，连接成功后，即可启动 SQL Server Management Studio。

(2) 认识和熟悉 SQL Server Management Studio。

SQL Server Management Studio 的工作界面主要由菜单栏、工具栏和工作区组成。在默认情况下，工作区的左侧是对象资源管理器窗格，它以树状结构的形式显示数据库中的对象，利用对象资源管理器可以对数据库中的各个对象进行各种操作和管理；工作区的右侧是空白窗格，可以根据不同操作显示不同功能，单击工具栏中的“新建查询”按钮，可以打开查询编辑器窗格，它是用来编写 sql 脚本的地方。

(3) 了解数据库中的对象。

展开系统数据库 master，观察 SQL Server 2016 对象资源管理器中数据库的对象及其组织方式。

3. SQL Server 配置管理器

(1) 启动 SQL Server 配置管理器。

单击“开始”菜单，选择“所有程序”，找到“Microsoft SQL Server 2016”，展开后选择“SQL Server 配置管理器”，即可启动 SQL Server 配置管理器。

(2) 使用 SQL Server 配置管理器。

使用 SQL Server 配置管理器启动、暂停、恢复或停止 SQL Server 2016 提供的各种服务。

习题 1□□□

一、单项选择题

1. DBA 是(　　)。
   A. 操作系统　　B. 数据库管理系统　　C. 数据库　　D. 数据库管理员
2. 下列说法不正确的是(　　)。
   A. 数据库中的数据可以共享　　B. 数据库减少了数据冗余
   C. 数据库避免了一切数据的重复　　D. 数据库具有较高的独立性
3. 在登录 SQL Server 2016 时,需要提供用户名和密码的身份认证模式是(　　)。
   A. SQL Server 认证模式　　B. 超级管理员认证模式
   C. Windows 认证模式　　D. 无论是什么认证模式都需要提供
4. 数据库系统和文件系统的主要区别是(　　)。
   A. 数据库系统复杂,而文件系统简单
   B. 文件系统不能解决数据冗余和数据独立性问题,而数据库系统可以解决
   C. 文件系统只能管理程序文件,而数据库系统能够管理各种类型的文件
   D. 文件系统管理的数据量较少,而数据库系统可以管理庞大的数据量
5. 对于数据库的管理,SQL Server 2016 的授权系统将用户分成 4 类,并将它们的权限大小分层,其中权限最大的是(　　)。
   A. 一般用户　　B. 数据库管理员
   C. 数据库拥有者　　D. 数据库对象拥有者
6. DB、DBS 和 DBMS 之间的关系是(　　)。
   A. 数据库系统包括数据库和数据库管理系统
   B. 数据库管理系统包括数据库和数据库系统
   C. 数据库包括数据库系统和数据库管理系统
   D. 三者之间互不相关
7. 数据库系统的核心是(　　)。
   A. 数据库　　B. 操作系统
   C. 文件　　D. 数据库管理系统

二、填空题

1. SQL Server 2016 支持的两种登录验证模式是__________和__________。
2. 数据库的发展经历了____________________、____________________、____________________三个阶段。
3. 数据库系统是一个由计算机的硬件与软件系统、____________________、____________________、____________________、____________________和用户构成的相互作用、相互配合的系统。

4. 数据库系统的特点是________________、数据独立、减少数据冗余、避免数据不一致和加强了数据保护。

5. 文件系统和数据库系统的最大区别是______________。

三、判断题

1. 在文件系统中，不容易做到数据共享；而在数据库系统中，容易做到数据共享。（ ）

2. 在文件管理阶段，文件之间是相互联系的；在数据库管理阶段，文件之间是相互独立的。（ ）

3. 关系模式由一个关系名以及组成该关系的所有属性名构成。（ ）

4. 数据库管理系统是系统软件。（ ）

四、简答题

1. DBA 指什么？它的主要职责是什么？

2. 解释数据库的概念。

3. 解释数据库系统的概念。

4. 解释数据库管理系统的概念。

第2章 Transact-SQL 语言

学习数据库应用技术就是为了今后能够进行数据库的应用和开发，这就需要学习关系数据库语言——Transact-SQL。本章主要介绍 Transact-SQL 语言的基础知识。

本章主要内容如下。

- Transact-SQL 语言简介。
- 数据类型。
- 变量的定义、赋值和输出。
- 各种运算符与表达式。
- 系统函数及其使用。
- 流程控制语句及其使用。
- 批处理和注释。

2.1 Transact-SQL 语言简介

SQL 的全称是结构化查询语言(structured query language)，最早是 IBM 的圣约瑟研究实验室为其关系数据库管理系统 System R 开发的一种查询语言，由于结构简洁、功能强大、简单易学，所以得到了广泛的应用，大多数数据库管理系统都采用 SQL 作为查询语言。1987 年，SQL 成为关系数据库的标准语言，国际标准化组织将 SQL 采纳为国际标准。美国国家标准局(ANSI)在 1986 年制定了 SQL 标准(称为 ANSI SQL-86)，并于 1989 年和 1992 年对其进行了扩充和完善，分别形成 ANSI SQL-89 和 ANSI SQL-92。

Transact-SQL 简称 T-SQL，它遵循 ANSI 制定的 ANSI SQL-92 标准，是标准 SQL 程序设计语言的增强版。它对 SQL 进行了扩展，加入了程序流程控制结构、变量和其他一些语言元素，增强了可编程性和灵活性，是应用程序与 SQL Server 数据库引擎沟通的主要语言。不管应用程序的用户接口是什么，都要使用 Transact-SQL 语句与 SQL Server 数据库引擎进行沟通。

Transact-SQL 是一种综合性语言，主要分为以下 4 个部分。

(1) 数据定义语言(data definition language，简称 DDL)：提供定义和管理数据库及其对象的语句，如 create、alter 和 drop 等。数据库管理系统中常用的数据定义语句及其功能如表 2-1 所示。

表 2-1　数据库管理系统中常用的数据定义语句及其功能

语　句	功　能
create database	创建数据库
create table	创建数据表

续表

语　句	功　能
drop table	删除数据表
alter table	修改数据表的表结构
create view	创建视图
alter view	修改视图的定义
create index	为数据表创建索引
drop index	删除索引
create procedure	创建存储过程
drop procedure	删除存储过程
create trigger	创建触发器
drop trigger	删除触发器
create schema	创建新模式

(2) 数据操纵语言(data manipulation language,简称 DML):提供操纵数据库中各对象的语句,如 select、insert、delete 和 update,如表 2-2 所示。

表 2-2　数据操纵语句及其功能

语　句	功　能
select	从数据库表中检索数据行和列
insert	把新的数据记录添加到数据库中
delete	从数据表中删除数据记录
update	修改现有的数据表中的数据

(3) 数据控制语言(data control language,简称 DCL):提供进行数据库安全管理和权限管理、事务管理等的语句,如 grant、deny 和 revoke,如表 2-3 和表 2-4 所示。

表 2-3　数据权限控制语句及其功能

语　句	功　能
grant	授予用户权限
deny	拒绝授予用户权限
revoke	收回用户权限

表 2-4　事务控制语句及其功能

语　句	功　能
commit	提交事务
rollback	回滚事务
set transaction	设置当前事务的数据访问特征

(4) 附加的语言元素:主要包括变量、运算符、函数、注释和流程控制语句等。

2.2 数据类型

数据类型(data type)是指以数据的表现形式和存储方式来划分的数据的种类。在 SQL Server 中,每个数据列、局部变量、参数和表达式都具有一个相关的数据类型。SQL Server 提供的数据类型主要有七类,如表 2-5 所示。

表 2-5　SQL Server 的七类数据类型及其基本目的

数据类型分类	基本目的
精确数字数据类型	存储带小数位或不带小数位的精确数字
近似数字数据类型	存储带小数位的近似数值
字符数据类型	存储基于字符的定长或可变长度的数据
日期和时间数据类型	存储日期和时间信息
货币数据类型	存储带小数位的数值;专门用于货币值,最多可以有 4 位小数
二进制数据类型	存储以严格的二进制(0 和 1)表示的数据
特殊数据类型	要求专门处理复杂数据类型,如 XML 文档

1. 精确数字数据类型

精确数字数据类型用来存储没有小数位或有多个小数位的数值,它的存储是精确定义的。SQL Server 支持的精确数字数据类型及其所占字节、取值范围和作用如表 2-6 所示。

表 2-6　SQL Server 支持的精确数字数据类型及其所占字节、取值范围和作用

数据类型	所占字节	取值范围	作用
bigint	8 个字节	$-2^{63} \sim 2^{63}-1$	存储非常大的正负整数
int	4 个字节	$-2^{31} \sim 2^{31}-1$	存储正负整数
smallint	2 个字节	−32 768～32 767	存储正负整数
tinyint	1 个字节	0～255	存储小范围的正整数
decimal(p,s)	根据不同的精度,需要 5～17 个字节	$-10^{38}+1 \sim 10^{38}-1$	最大可以存储 38 位十进制数
numeric(p,s)	与 decimal(p,s)相同	$-10^{38}+1 \sim 10^{38}-1$	功能上等价于 decimal(p,s)

2. 近似数字数据类型

近似数字数据类型只能精确到数据类型定义中指定的精度,不能保证小数点右边的所有数字都能被正确存储,因此会引入误差。近似数字数据类型由于是不精确的,所以几乎不使用。只有在精确数字数据类型不够大而且不能存储数值时,才可以考虑使用近似数字数据类型。SQL Server 支持的近似数字数据类型及其所占字节、取值范围和作用如表 2-7 所示。

表 2-7　SQL Server 支持的近似数字数据类型及其所占字节、取值范围和作用

数据类型	所占字节	取值范围	作　用
float(n)	4 个或 8 个字节	$-1.79^{308}\sim1.79^{308}$	存储大型浮点型值
real	4 个字节	$-3.4^{38}\sim3.4^{38}$	存储浮点型值

3. 字符数据类型

字符数据类型是最常见、用得最多的一种数据类型，可以存储字母、数字、符号、标点、汉字。字符数据在定义时必须指定长度，一般格式为“数据类型(长度)”。每种字符数据类型使用 1 个或 2 个字节存储每个字符，具体取决于该字符数据类型是使用 ANSI(American National Standards Institute)编码还是使用 Unicode 编码，其中 ANSI 编码使用 1 个字节来表示每个字符，Unicode 编码使用 2 个字节来表示每个字符。SQL Server 支持的字符数据类型及其存储空间、字符数和作用如表 2-8 所示。

表 2-8　SQL Server 支持的字符数据类型及其存储空间、字符数和作用

数据类型	存储空间	字符数	作　用
char(n)	1～8 000 个字节	最多 8 000 个字符	存储固定长度的 ANSI 编码字符数据
nchar(n)	2～8 000 个字节	最多 4 000 个字符	存储固定长度的 Unicode 编码字符数据
varchar(n)	1～8 000 个字节	最多 8 000 个字符	存储可变长度的 ANSI 编码字符数据
nvarchar(n)	2～8 000 个字节	最多 4 000 个字符	存储可变长度的 Unicode 编码字符数据
text	最大 2 GB	将近 20 亿个字符	存储可变长度的 ANSI 编码字符数据
ntext	最大 2 GB	将近 10 亿个字符	存储可变长度的 Unicode 编码字符数据

4. 日期和时间数据类型

日期和时间数据类型用于存储日期和时间数据。SQL Server 支持的日期和时间数据类型及其存储空间、取值范围和作用如表 2-9 所示。

表 2-9　SQL Server 支持的日期和时间数据类型及其存储空间、取值范围和作用

数据类型	存储空间	取值范围	作　用
datetime	8 个字节	1753-01 01—9999-12-31，精度为 3.33 毫秒	存储大型日期和时间数据
smalldatetime	4 个字节	1900-01-01—2079-6-6，精度为 1 分钟	存储较小范围的日期和时间数据

5. 货币数据类型

货币数据类型用于存储精确到 4 个小数位的货币值。SQL Server 支持的货币数据类型及其存储空间、取值范围和作用如表 2-10 所示。

表 2-10　SQL Server 支持的货币数据类型及其存储空间、取值范围和作用

数据类型	存储空间	取值范围	作　用
money	8 个字节	$-2^{63}\sim2^{63}-1$	存储大型货币值
smallmoney	4 个字节	$-2^{31}\sim2^{31}-1$	存储小型货币值

6. 二进制数据类型

SQL Server 提供了 3 种二进制数据类型，用以存储各种数据的二进制值。SQL Server 支持的二进制数据类型及其存储空间、字符数和作用如表 2-11 所示。

表 2-11 SQL Server 支持的二进制数据类型及其存储空间、字符数和作用

数据类型	存储空间	字符数	作用
binary(n)	1～8 000 个字节	最多 8 000 个字符	存储固定长度的二进制数据
varbinary(n)	1～8 000 个字节	最多 8 000 个字符	存储可变长度的二进制数据
image	最大 2 GB	将近 20 亿个字符	存储可变长度的二进制图形数据

7. 特殊数据类型

SQL Server 支持的特殊数据类型如下。

1）bit 数据类型

bit 数据类型用来存储 0 或 1，表示逻辑型值。true 被转换为 1，而 false 被转换为 0。

2）timestamp 数据类型

timestamp 数据类型是指一个自动生成的在数据库范围内唯一的值，反映数据修改的相对顺序。一个表只能有一个 timestamp 列，并在插入或修改数据行时被设置到数据库的时间戳。

3）uniqueidentifier 数据类型

uniqueidentifier 数据类型是一个 16 位的 GUID，是使用 newid()函数获得的全局唯一标识符。

4）sql_variant 数据类型

sql_variant 数据类型可以存储除文本、图形和 timestamp 之外的任意数据类型的值。

5）cursor 数据类型

cursor 数据类型供声明游标的应用程序使用。它包含一个可用于操作的游标的引用。该数据类型不能在表中使用。

6）table 数据类型

table 数据类型用来存储对表或视图进行处理后的结果集。该数据类型可以在触发器、存储过程和函数中使用。

7）xml 数据类型

xml 数据类型用来存储 XML 实例，最大大小为 2 GB。

2.3 标 识 符

在 SQL Server 中，服务器、数据库和数据库对象（如表、约束、视图、索引、触发器、存储过程等）都有标识符，对象的标识符通俗地讲就是数据库对象的名称。使用标识符要注意以下几点。

（1）标识符必须是统一码(Unicode)2.0 标准中所规定的字符，包括：字母 a～z 和 A～

Z,在 SQL Server 中不区分大小写;数字 0~9,数字不能作为第一个字符;特殊字符_、#、@、$,其中 $ 不能作为第一个字符;其他一些语言字符,如汉字。

(2) 标识符不允许是 Transact-SQL 的保留字。

(3) 标识符不允许嵌入空格或其他特殊字符。

(4) 标识符的长度不允许超过 128 个字符。

2.4 变　　量

变量是可以对其赋值并参与运算的一个实体,变量的值在运算过程中可以发生改变。变量可以分为全局变量和局部变量两类。其中全局变量是由系统定义的,用户可以直接使用;局部变量的应用非常广泛,它除了可以参加运算构成表达式外,还可以在程序中用来保存中间结果、控制循环执行次数、保存存储过程的输出结果和函数的返回值等。

2.4.1 全局变量

全局变量是 SQL Server 系统内部事先定义好的变量,用户不能创建和修改,它的作用范围并不局限于某程序,任何程序均可随时调用全局变量。全局变量通常用于存储 SQL Server 的一些配置设定值和效能统计数据。局部变量的名称不能与全局变量的名称相同,否则会在应用中出错。

SQL Server 提供了 30 多个全局变量,全局变量的名称都是以@@开头的。本节只对几个常用的全局变量的功能和使用方法进行介绍,对于其他全局变量,读者可通过自行查阅 SQL Server 的联机丛书进行学习。

1. @@connections

@@connections 用于记录自最后一次服务器启动以来,所有针对这台服务器进行的连接数目,包括没有连接成功的尝试。

2. @@error

@@error 用于返回执行上一条 Transact-SQL 语句所返回的错误编号。

在 SQL Server 服务器执行完一条语句后,如果该语句执行成功,@@error 返回的值为 0;如果该语句在执行过程中发生错误,将返回错误的信息,而@@error 将返回相应的错误编号,该错误编号将一直保持下去,直到下一条语句得到执行为止。

3. @@identity

@@identity 用于返回最近一次插入的 identity 列的数值。

4. @@servername

@@servername 用于返回当前 SQL Server 服务器的名称。

5. @@rowcount

@@rowcount 用于返回上一条 Transact-SQL 语句所影响的数据的行数。在进行数据库编程时,经常要检测@@rowcount 的返回值,以便明确所执行的操作是否达到了目标。

6. @@spid

@@spid 用于返回当前服务器进程的 ID 标识。

7. @@trancount

@@trancount 用于返回当前连接中处于活动状态的事务的数目。

8. @@version

@@version 用于返回当前 SQL Server 服务器安装日期、版本及处理器的类型。

2.4.2 局部变量

局部变量是指用户自己定义、赋值、使用或输出的变量。局部变量的命名规则同标识符，不区分大小写。一般来说，局部变量的作用范围仅在其声明的批处理内部。局部变量在程序中通常用来存储从表中查询到的数据，或当作程序执行过程中的暂存变量。局部变量必须以@开头，而且必须先使用 declare 命令定义后才可以使用。

1. 局部变量的定义

局部变量的定义形式如下。

```
declare @变量名 变量类型[,@变量名 变量类型,…]
```

说明如下。

(1) declare 是声明局部变量的关键字。

(2) 局部变量必须以@开头。

(3) 务必指明局部变量的数据类型，如果该数据包含长度必须指明长度。例如，字符数据类型需指明长度，decimal 数据类型需指明精度和小数位数。

(4) 允许一次声明多个局部变量，局部变量间用逗号隔开。

2. 局部变量的赋值

在 Transact-SQL 中不能像在其他的程序语言中一样使用“变量＝变量值”来赋值，必须使用 select 或 set 命令来设定变量的值。局部变量被成功声明后，不管它是什么数据类型，它的初始值均为空值(null)。

使用 set 语句为局部变量赋值的语法格式如下。

```
set @局部变量=表达式
```

说明：set 语句一次只能为一个局部变量赋值。

使用 select 语句为局部变量赋值的语法格式如下。

```
select @局部变量=表达式
```

说明：select 语句允许同时为多个局部变量赋值，赋值表达式之间用逗号隔开；也可用多个 select 语句分别为不同的局部变量赋值。

3. 局部变量的输出

局部变量被声明和赋值后，可以随时被程序调用。如果有需要，还可以将局部变量的值输出显示出来。print 语句和 select 语句都可以用来输出局部变量、全局变量或表达式的值。

使用 print 语句输出局部变量、全局变量或表达式的值的语法格式如下。

```
print @局部变量名|@@全局变量名|表达式
```

说明：print 语句一次只允许输出一个局部变量、全局变量或表达式的值，可以用多个

print 语句输出不同局部变量、全局变量或表达式的值。

使用 select 语句输出局部变量、全局变量或表达式的值的语法格式如下。

```
select @局部变量|@@全局变量名|表达式[,…]
```

说明：select 语句允许一次输出多个局部变量、全局变量或表达式的值，多个局部变量、全局变量或表达式之间用逗号隔开。

例 2-1 定义局部变量，对其进行赋值并显示变量的值。

```
declare @sname nchar(4)
declare @s varchar(30)
select @sname='王飞'
set @s='Good Morning!'
print @sname
select @s
```

2.5 运算符及其优先级

2.5.1 运算符

运算符是一种符号，用来指定要在一个或多个表达式中执行的操作。SQL Server 提供了算术运算符、比较运算符、逻辑运算符、赋值运算符、字符串连接运算符、位运算符、一元运算符。

1. 算术运算符

算术运算符用于对两个表达式执行算术运算，参与算术运算的表达式必须是数值数据类型或能够进行算术运算的其他数据类型。SQL Server 提供的算术运算符及其含义如表 2-12所示。

表 2-12 SQL Server 提供的算术运算符及其含义

运 算 符	含 义
+	加
—	减
*	乘
/	除
%	取余

2. 比较运算符

比较运算符用于比较两个表达式值之间的大小关系，可以用于除了 text、ntext 和 image 数据类型之外的所有数据类型。比较运算的结果为 true 或 false，比较运算符通常用来构造条件或表达式。SQL Server 提供的比较运算符及其含义如表 2-13 所示。

表 2-13　SQL Server 提供的比较运算符及其含义

运 算 符	含 义
=	等于
>	大于
<	小于
>=	大于或等于
<=	小于或等于
<>	不等于
!=	不等于(非 ANSI SQL-92 标准)
!<	不小于(非 ANSI SQL-92 标准)
!>	不大于(非 ANSI SQL-92 标准)

3. 逻辑运算符

逻辑运算符用于对多个条件进行逻辑运算，运算的结果为 true 或 false。逻辑运算符通常用来表示复杂的条件表达式。SQL Server 提供的逻辑运算符及其含义如表 2-14 所示。

表 2-14　SQL Server 提供的逻辑运算符及其含义

运 算 符	含 义
and	如果两个布尔表达式都为 true，那么结果就为 true
or	如果两个布尔表达式中的一个为 true，那么结果就为 true
not	对任何其他布尔运算符的值取反

4. 赋值运算符

赋值运算符(=)能够将数据值指派给特定的对象。

5. 字符串连接运算符

字符串连接运算符(+)用于将字符串连接起来。例如，'good'+' '+'morning'的结果是'good morning'。

6. 位运算符

位运算符用于对两个二进制数据或整型数据进行位操作。SQL Server 提供的位运算符及其含义如表 2-15 所示。

表 2-15　SQL Server 提供的位运算符及其含义

运 算 符	含 义
&	按位与
|	按位或
^	按位异或
~	按位取反

7. 一元运算符

一元运算符只对一个表达式进行运算。SQL Server 提供的一元运算符及其含义如表 2-16所示。

表 2-16　SQL Server 提供的一元运算符及其含义

运　算　符	含　　义
＋	数值为正
－	数值为负
～	按位取反

2.5.2　运算符优先级

当一个复杂的表达式中包含多个运算符时,运算符的优先级决定了表达式计算和比较操作的先后顺序。运算符的优先级由高到低的顺序如下。

(1) ＋(正)、－(负)、～(按位取反)。

(2) *(乘)、/(除)、%(取余)。

(3) ＋(加)、＋(字符串连接运算符)、－(减)。

(4) ＝、>、<、>＝、<＝、<>、!＝、!>、!<(比较运算符)。

(5) 按位异或、按位与、按位或。

(6) not (逻辑运算符)。

(7) and (逻辑运算符)。

(8) or (逻辑运算符)。

(9) ＝(赋值)。

若表达式中含有相同优先级的运算符,则从左到右依次处理。还可以使用括号来提高运算的优先级,在括号中的表达式优先级最高。如果表达式有嵌套的括号,那么首先对嵌套最内层的表达式求值。

2.6　函　　数

函数是指能够完成特定功能并返回处理结果的一组 Transact-SQL 语句,处理结果称为返回值,处理过程称为函数体。SQL Server 提供了许多内置函数,同时也允许用户根据需要自己定义函数。

SQL Server 提供的常用的内置函数只要有数学函数、字符串函数、数据类型转换函数、日期和时间函数、聚合函数等。

2.6.1　数学函数

数学函数可对数据类型为整数型、浮点型、货币型的列进行操作,执行各种算术运算和函数运算。Transact-SQL 中的数学函数及其功能如表 2-17 所示。

表 2-17 Transact-SQL 中的数学函数及其功能

函数		功能
三角函数	sin(n) cos(n) tan(n)	返回以弧度表示的角的正弦 返回以弧度表示的角的余弦 返回以弧度表示的角的正切
反三角函数	asin(n) acos(n) atan(n)	返回正弦是 float 值的以弧度表示的角 返回余弦是 float 值的以弧度表示的角 返回正切是 float 值的以弧度表示的角
角度/弧度转换	degrees(n) radians(n)	把弧度转换为角度 把角度转换为弧度
幂函数	exp(n) log(n) log10(n) sqrt(n)	返回表达式的指数值 返回表达式的自然对数值 返回表达式的以 10 为底的对数值 返回表达式的平方根
取近似值函数	ceiling(n) floor(n) round(n,m)	返回大于或等于表达式的最小整数 返回小于或等于表达式的最大整数 对 n 做四舍五入处理，保留 m 位
符号函数	abs(n) sign(n)	返回表达式的绝对值 测试参数的正负号
其他函数	pi(n) rand(n)	返回值是 π，即 3.141 592 653 589 793 62 返回 0～1 以内的随机浮点数

例 2-2 求 power(2,3)，ceiling(18.8867)，floor(18.8867)，round(18.8867,2) 的值。

```
select  power(2,3),ceiling(18.8867),floor(18.8867),round(18.8867,2)
```

执行结果为

```
8  19  18  18.89
```

2.6.2 字符串函数

字符串函数可以对二进制数据、字符串和表达式执行不同的运算。常用的字符串函数有以下几种。

1. 字符转换函数

1）ascii 函数

ascii 函数用于返回字符表达式最左端字符的 ascii 值，函数语法格式如下。

```
ascii(character_expression)
```

在 ascii 函数中，纯数字的字符串可不用“‘’”括起来，但含其他字符的字符串必须用“‘’”括起来使用，否则会出错。

2）char 函数

char 函数用于将 ascii 值转换为字符，函数语法格式如下。

```
char(integer_expression)
```

如果输入的不是 0～255 范围内的 ascii 值，char 函数会返回一个 null 值。

3）lower 函数

lower 函数用于把字符全部转换为小写，函数语法格式如下。

```
lower(character_experssion)
```

4）upper 函数

upper 函数用于把字符串全部转换为大写，函数语法格式如下。

```
upper(character_expression)
```

5）str 函数

str 函数用于把数值型数据转换为字符型数据，函数语法格式如下。

```
str(float_expression[,length[,<decimal>]])
```

自变量 length 和 decimal 必须是非负值，length 指定返回的字符串的长度，decimal 指定返回的小数位数。

2. 去空格函数

1）ltrim 函数

ltrim 函数用于把字符串头部的空格去掉，函数语法格式如下。

```
ltrim(character_expression)
```

2）rtrim 函数

rtrim 函数用于把字符串尾部的空格去掉，函数语法格式如下。

```
rtrim(character_expression)
```

在许多情况下，往往需要得到头部和尾部都没有空格的字符串，这时可以将以上两个函数嵌套使用。

3. 取子串函数

1）left 函数

left 函数用于返回部分字符串(即子串)，函数语法格式如下。

```
left(character_expression,integer_expression)
```

left 函数返回的子串是从字符串最左边起到第 integer_expression 个字符的部分。若 integer_expression 为负值，则 left 函数返回 null 值。

2）right 函数

right 函数用于返回部分字符串，函数语法格式如下。

```
right(character_expression,integer_expression)
```

right 函数返回的子串是从字符串右边第 integer_expression 个字符起带最后一个字符的部分。若 integer_expression 为负值，则 right 函数返回 null 值。

3）substring 函数

substring 函数用于返回部分字符串，函数语法格式如下。

```
substring(expression,starting_position,length)
```

substring 函数返回的子串是从字符串左边第 starting_position 个字符起 length 个字符的部分。其中表达式可以是字符串或二进制串或含字段名的表达式。substring 函数不能用于 text 和 image 数据类型。

4. 字符串比较函数

1）charindex 函数

charindex 函数用于返回字符串中某个指定的子串出现的开始位置，函数语法格式如下。

```
charindex(substring_expression,expression)
```

其中，substring_expression 是所要查找的字符串表达式，expression 可为字符串也可为列名表达式。如果没有发现子串，则 charindex 函数返回 0 值。此函数不能用于 text 和 image 数据类型。

2）patindex 函数

patindex 函数用于返回字符串中某个指定的子串出现的开始位置，函数语法格式如下。

```
patindex('%substring_expression%',expression)
```

子串表达式前后必须有百分号“%”，否则返回值为 0。

与 charindex 函数不同的是，patindex 函数的子串中可以使用通配符，且此函数可用于 char、varchar 和 text 数据类型。

5. 字符操作函数

1）replicate 函数

replicate 函数用于返回一个重复指定次数的字符串，函数语法格式如下。

```
replicate(character_expression,integer_expression)
```

如果 integer_expression 为负值，则 replicate 函数返回 null 串。

2）space 函数

space 函数用于返回一个指定长度的空白字符串，函数语法格式如下。

```
space(integer_expression)
```

如果 integer_expression 为负值，则 space 函数返回 null 串。

3）reverse 函数

reverse 函数用于将指定的字符串的字符顺序颠倒，函数语法格式如下。

```
reverse(character_expression)
```

其中，character_expression 可以是字符串常量或一个列的值。

4）replace 函数

replace 函数用于返回被替换了指定子串的字符串，函数语法格式如下。

```
replace(string _expression1,string_expression2,string_expression3)
```

replace 函数用 string_expression3 替换 string_expression1 中的子串 string_expression2。

5）stuff 函数

stuff 函数用于用另一个子串替换字符串中指定位置长度的子串，函数语法格式如下。

```
stuff(character_expression1,start_position,length,character_expression2)
```

stuff 函数返回的字符串是 character_expression1 字符串从 start_position 开始 length 长度的字符串用 character_expression2 代替后的字符串。

例 2-3 求 ascii(‘B’)，char(99)，upper(‘abcdef’)，lower(‘abCDef’)的值。

```
select ascii('B'),char(99),upper('abcdef'),lower('abCDef')
```

执行结果为

```
66  c  ABCDEF  abcdef
```

例 2-4 求 substring('Good morning!',6,7), left('Good morning!',4)的值。

```
select substring('Good morning!',6,7)
select left('Good morning!',4)
```

执行结果为

```
morning
Good
```

2.6.3 数据类型转换函数

在一般情况下，SQL Server 会自动完成数据类型的转换，这称为隐式转换。如果不能确定 SQL Server 是否能完成隐式转换或者自动转换的结果不符合预期结果，那么就需要使用数据类型转换函数做显式转换了。数据类型转换函数有 cast 函数和 convert 函数。

1. cast **函数**

cast 函数的语法格式如下。

```
cast(〈expression〉 as 〈data_type〉[length])
```

其中，expression 为指定的需要进行转换的表达式，as 为参数分隔符，data_type 为目标数据类型，length 用于指定数据的长度。

2. convert **函数**

convert 函数的语法格式如下。

```
convert(〈data_type〉[(length)],〈expression〉[,style])
```

其中，data_type 为 SQL Server 系统定义的数据类型，为 expression 转换后的数据类型；length 用于指定数据的长度，缺省值为 30。

例 2-5 将'12/18/2018'转换为 datetime 类型。

```
select cast('12/18/2018' as datetime)
```

或者

```
select convert(datetime,'12/18/2018')
```

执行结果为

```
2018-12-18 00:00:00.000
```

2.6.4 日期和时间函数

日期和时间函数用来实现对 datetime 和 smalldatetime 类型数据的处理和运算。常用的日期和时间函数有以下几种。

1. day **函数**

day 函数的语法格式如下。

```
day(〈date_expression〉)
```

day 函数返回 date_expression 中的日值。

2. month **函数**

month 函数的语法格式如下。

```
month(〈date_expression〉)
```

month 函数返回 date_expression 中的月份值。

3. year 函数

year 函数的语法格式如下。

```
year(<date_expression>)
```

year 函数返回 date_expression 中的年份值。

4. dateadd 函数

dateadd 函数的语法格式如下。

```
dateadd(<datepart>,<number>,<date>)
```

dateadd 函数返回指定日期 date 加上指定的额外日期间隔 number 产生的新日期。参数 datepart 在日期和时间函数中经常被使用，它用来指定构成日期类型数据的各部分，如年、季、月、日、星期等。

5. datediff 函数

datediff 函数的语法格式如下。

```
datediff (<datepart>,<date1>,<date2>)
```

datediff 函数返回两个指定日期在 datepart 方面的不同之处，即 date2 与 date1 的差距值。datediff 函数的结果值是一个带有正负号的整数值。

6. datepart 函数

datepart 函数的语法格式如下。

```
datepart(<datepart>,<date>)
```

datepart 函数以整数值的形式返回日期的指定部分，此部分由 datepart 来指定。datepart(dd,date)等同于 day(date)，datepart(mm,date)等同于 month(date)，datepart(yy,date)等同于 year(date)。

7. datename 函数

datename 函数的语法格式如下。

```
datename(<datepart>,<date>)
```

datename 函数以字符串的形式返回日期的指定部分，此部分由 datepart 来指定。

8. getdate 函数

getdate 函数的语法格式如下。

```
getdate()
```

getdate 函数以 datetime 的缺省格式返回系统当前的日期和时间，它常作为其他函数或命令的参数使用。

例 2-6 返回指定日期'12/18/2018'的年份、月份和日。

```
select year('12/18/2018'),month('12/18/2018'),day('12/18/2018')
```

执行结果为

```
2018  12  18
```

例 2-7 获取系统当前日期和时间以及系统当前日期和时间的年份。

```
select getdate(),year(getdate())
```

执行结果为

```
2018-11-25 11:28:54.530   2018
```

说明:具体执行结果与执行语句的日期和时间有关。

2.6.5 聚合函数

聚合函数用于计数或统计，可以返回一列或多列数据的汇总结果。常用的聚合函数及其功能如表 2-18 所示。

表 2-18 常用的聚合函数及其功能

函　　数	功　　能
min()	求最小值
max()	求最大值
sum()	计算值的和
avg()	计算平均值
count()	统计值的个数

2.7 流程控制

Transact-SQL 的流程控制语句采用了与程序设计语言相似的机制。使用流程控制语句能够产生控制程序执行及流程分支的作用,可以完成功能较为复杂的操作,并且使得程序具有更好的逻辑性和结构性。Transact-SQL 提供的流程控制语句及其功能说明如表 2-19 所示。

表 2-19 Transact-SQL 提供的流程控制语句及其功能说明

语　　句	功能说明	语　　句	功能说明
begin…end	定义语句块	break	提前退出循环
if…else	条件语句	continue	跳出本次循环,开始下一次循环
case	多条件分支语句	return	返回语句
goto	无条件跳转语句	waitfor	延迟语句
while	循环语句		

2.7.1 begin…end 语句

begin…end 语句用于将多条 Transact-SQL 语句组合成一个语句块,作为一个整体来执行。begin…end 语句的语法格式如下。

```
begin
sql_statement|statement_block
end
```

参数说明如下。

sql_statement|statement_block：任何有效的 Transact-SQL 语句或语句块。

使用 begin…end 语句的注意事项如下。

(1) begin…end 语句块中至少要包含一条 Transact-SQL 语句。

(2) 关键字 begin 和 end 必须成对出现，不能单独使用。

(3) begin…end 语句块常用在 if 条件语句、while 循环语句和创建事务的语句中。

(4) begin…end 语句允许嵌套。

例 2-8 在 begin…end 语句块中交换两个变量的值。

```
declare @a int,@b int,@t int
set @a=5
set @b=10
begin
  set @t=@a
  set @a=@b
  set @b=@t
end
print @a
print @b
```

2.7.2 if…else 语句

程序中经常需要根据不同条件执行不同的操作，Transact-SQL 提供 if…else 语句实现不同的条件分支。

if…else 语句的语法格式如下。

```
if boolean_expression
sql_statement|statement_block
[else
sql_statement|statement_block]
```

参数说明如下。

(1) boolean_expression：返回 true 或 false 的表达式。如果布尔表达式中含有 select 语句，则必须用括号将 select 语句括起来。

(2) sql_statement|statement_block：有效的 Transact-SQL 语句或语句块。如果是语句块，必须用 begin…end 语句，否则 if 或 else 条件只能影响其后的一条语句的执行。

使用 if…else 语句的注意事项如下。

(1) 可以在 if 之后或在 else 下面嵌套另一个 if 语句。

(2) if…else 语句可以用在批处理、函数、存储过程和触发器中。

(3) if…else 语句的执行流程是：如果 if 后面的布尔表达式的值为 true，则执行 if 后面的语句或语句块；否则，执行 else 后面的语句或语句块。

(4) else 子句是可选的，最简单的 if 语句没有 else 子句。

例 2-9 比较两个变量的大小，输出其中较大的那个值。

```
declare @a int,@b int,@max int
set @a=5
set @b=10
if @a>@b
  set @max=@a
else
  set @max=@b
print '较大的值为:'
print @max
```

例 2-10 将指定的百分制分数转换成其对应的成绩等级(优秀、良好、中等、及格和不及格)并输出。

```
declare @grade int
set @grade=76
if @grade>=90
   print '优秀'
else if @grade>=80
  print'良好'
  else if @grade>=70
      print '中等'
    else if @grade>=60
          print'及格'
          else
            print'不及格'
```

执行结果为

```
中等
```

2.7.3 case 语句

case 语句是特殊的 Transact-SQL 表达式,用于实现多条件分支选择结构,通常用于将含有多重嵌套的 if…else 语句替换为可读性更强的代码。case 语句有简单 case 和搜索 case 两种形式。

1. 简单 case 语句

简单 case 语句的语法格式如下。

```
case input_expression
when when_expression then result_expression
[…n]
[else else_result_expression]
end
```

参数说明如下。

(1) input_expression:测试表达式,用于条件判断。

(2) when_expression:测试匹配值,用于和测试表达式的值进行比较。

(3) result_expression:返回表达式,如果测试表达式的值和某个测试匹配值相等,则返回该测试匹配值对应的结果表达式的值。

(4) else 子句:可选子句,若测试表达式的值和所有测试匹配值都不相等,则返回 else 子句对应的表达式的值。

使用简单 case 语句的注意事项如下。

(1) case 表达式必须以 case 开始,以 end 结束。

(2) 简单 case 表达式的执行流程为:用测试表达式的值依次与每一个 when 子句的测试匹配值做比较,找到第一个与测试表达式的值完全相同的测试匹配值后,便将该 when 子句指定的结果表达式的值返回。如果没有任何一个 when 子句的测试匹配值与测试表达式的值相同,则返回 else 子句之后的结果表达式;如果没有 else 子句,则返回 null 值。

(3) 在 case 表达式中,只能有一个 when 子句指定的结果表达式的值返回。如果同时有多个测试匹配值与测试表达式的值相同,则只有第一个与测试表达式的值相同的 when 子句指定的结果表达式的值返回。

例 2-11 使用简单 case 语句将指定的百分制分数转换成对应的成绩等级(优秀、良好、中等、及格和不及格)并输出。

```
declare @score int,@score_level char(10)
set @score=76
set @score_level=case @score/10
     when 10 then '优秀'
     when 9 then '优秀'
     when 8 then '良好'
     when 7 then '中等'
     when 6 then '及格'
     else '不及格'
end
print @score_level
```

2. 搜索 case 语句

搜索 case 语句的语法格式如下。

```
case
when boolean_expression then result_expression
[…n]
[else else_result_expression]
end
```

搜索 case 表达式的执行流程为:测试每个 when 子句中的布尔表达式,如果结果为 true,便将此子句指定的结果表达式的值返回;如果没有任何一个 when 子句的布尔表达式的值为 true,则返回 else 子句之后的结果表达式,如果没有 else 子句,则返回 null 值。

在一个搜索 case 表达式中,一次只能有一个 when 子句指定的结果返回。如果有多个 when 子句的布尔表达式为 true,则只返回第一个为 true 的 when 子句指定的结果表达式的值。

例 2-12 使用搜索 case 语句将指定的百分制分数转换成对应的成绩等级(优秀、良好、中等、及格和不及格)并输出。

```
declare @score int,@score_level char(10)
set @score=76
set @score_level=case
when @score>=90 then '优秀'
when @score>=80 and @score<90 then '良好'
when @score>=70 and @score<80 then '中等'
when @score>=60 and @score<70 then '及格'
when @score<60 then '不及格'
end
print @score_level
```

可以将条件表达式简写：

```
declare @score int,@score_level char(10)
set @score=76
set @score_level=case
when @score>=90 then '优秀'
when @score>=80 then '良好'
when @score>=70 then '中等'
when @score>=60 then '及格'
when @score<60 then '不及格'
end
print @score_level
```

2.7.4 goto 语句

goto 语句用来改变程序执行的流程，使程序跳转到标有标识符的指定的程序行继续往下执行。

goto 语句的语法格式如下。

```
goto 标识符
```

说明：作为跳转目标的标识符可以为数字与字符的组合，但必须以"："结尾；在 goto 语句行，标识符后不必跟"："。

例 2-13 使用 goto 语句求 1＋2＋3＋…＋100。

```
declare @s smallint,@i smallint
set @i=1
set @s=0
he:
  if(@i<=100)
    begin
      set @s=@s+@i
      set @i=@i+1
      goto he
    end
print @s
```

2.7.5 while…continue…break 语句

while 语句用来实现循环结构，它的功能是在满足某种条件的情况下反复多次执行

Transact-SQL 语句或语句块。还可以用 continue 和 break 命令控制 while 循环中语句的执行。

while 语句的语法格式如下。

```
while<boolean_expression>
begin
<sql_statement|statement_block>
[break]
[continue]
[sql_statement|statement_block]
end
```

参数说明如下。

(1) boolean _expression:返回 true 或 false 的表达式,用来设置循环的条件。如果使用 select 语句,则必须用括号括起来。

(2) sql_statement|statement_block:Transact-SQL 语句或语句块。如果是语句块,则必须使用 begin…end 语句,否则 while 循环只对第一条语句有效。

(3) break 子句:从 while 循环中退出,将执行出现在 end 关键字(循环结束的标记)后面的任何语句。如果嵌套了两个或更多个 while 循环,则将结束本层循环,然后运行本层循环结束之后的所有语句,接着开始进入下一个外层循环。

(4) continue 子句:使程序跳过 continue 关键字后面的任何语句,继续执行下一次循环。

例 2-14 利用 while 语句求 1+2+3+…+100。

```
declare @i int,@s int
set @i=1
set @s=0
while @i<=100
  begin
    set @s=@s+@i
    set @i=@i+1
  end
select @i,@s
```

例 2-15 利用 while…continue…break 语句求 1~10 以内偶数的和,要求当和的值大于 10 时,循环结束。

```
declare @i int,@s int
set @i=1
set @s=0
while @i<10
begin
set @i=@i+1
if  @i%2=0
set @s=@s+@i
else
continue
print @i
if @s>10
```

```
    break
end
print'偶数和为:'
print @s
```

2.7.6 return 语句

return 语句用于结束当前程序的执行，无条件地从查询或过程中退出，返回到上一个调用它的程序或其他程序，位于 return 语句之后的语句不会被执行。

return 语句的语法格式如下。

```
return[integer_expression]
```

参数说明如下。

integer_expression：返回的整型值。

2.7.7 waitfor 语句

waitfor 语句用于在达到指定时间或时间间隔之前，阻止批处理、存储过程或事务程序等的执行。另外，waitfor 语句还可以用于暂时停止程序的执行，直到所设定的时间已到或指定的时间间隔已过才继续往下执行。

waitfor 语句的语法格式如下。

```
waitfor delay〈'time'〉|time〈'time'〉
```

参数说明如下。

(1) 'time'：必须为 datetime 类型的数据，但不能包括日期，格式为"hh:mm:ss"，如 10:15:30。

(2) delay：用来设定等待的时间，最多可达 24 小时。

(3) time：用来设定等待结束的时间点，即执行代码的具体时刻。

例 2-16 等待 15 秒之后输出系统当前日期和时间。

```
waitfor delay '00:00:15'
select getdate()
```

例 2-17 等到 11 点 15 分后输出系统当前日期和时间。

```
waitfor time '11:15:00'
select getdate()
```

2.8 批处理和注释

1. 批处理

批处理单元是指包含一条或多条 Transact-SQL 语句的组。批处理的所有语句被整合成一个执行计划。

批处理是指使用 go 语句将多条 SQL 语句进行分隔，其中每两条 go 语句之间的 SQL

语句就是一个批处理单元。

如果在编译过程中出现语法错误，那么批处理中所有语句均无法正常执行。如果在运行阶段出现错误，一般都会中断当前以及其后语句的执行，只有在少数情况下，如违反约束时，仅中断当前出错的语句而继续执行其他语句。

2. 注释

在 Transact-SQL 中可以使用注释符对语句进行注释，为程序添加说明，提高程序的可读性。在程序执行时，被注释的内容不会被执行。

(1) --:用于单行注释。

(2) /*……*/:/*用于注释开头，*/用于注释结尾，可在程序中标识多行内容为注释。

实验 2 Transact-SQL 语言□□□

一、实验目的

(1) 理解局部变量与全局变量的概念，掌握局部变量的定义、赋值及输出方法。

(2) 熟悉常用的系统函数及其使用方法。

(3) 掌握各种流程控制语句的使用。

二、实验准备

(1) 了解各种基本数据类型。

(2) 了解局部变量的定义、赋值及输出方法。

(3) 了解各种运算符、控制语句的功能及使用方法。

(4) 了解系统函数的调用方法。

三、实验内容和操作步骤

1. 变量

(1) 全局变量。

① 使用全局变量@@version 查看数据库版本。

```
select @@version
```

② 使用全局变量@@servername 查看服务器名称。

```
select @@servername
```

③ 使用全局变量@@rowcount 查看上一条 Transact-SQL 语句所影响的数据的行数。

```
________________________________________
```

(2) 局部变量。

定义一个整型局部变量和一个长度为 20 个字节的字符型局部变量并赋值和输出。

```
declare @num int ,@city ________________
select @num=10
set @city='湖北省荆州市'
print @num
________________________________________
```

2. 系统内置函数的使用

(1) 获取系统当前日期时间。

```
select getdate()
```

(2) 获取系统当前日期时间的年份和月份。

```
select year(getdate()),____________
```

(3) 求－10 的绝对值。

```
select abs(-10)
```

(4) 使用系统内置函数产生一个 0～1 的随机值。

```
________________________________________
```

(5) 使用系统内置函数返回 25 的平方根。

```
________________________________________
```

(6) 将字符串“good morning”全部转换为大写。

```
______________________________
```

(7) 输出字符串“I Love You!”的前面两个单词。

```
select left('I Love You!',1),substring('I Love You!',3,4)
```

3. 流程控制语句的使用

(1) 使用 Transact-SQL 语言编程输出 2＋22＋222＋2222＋22222＋222222＋2222222 的值。

```
declare @count int,@a bigint,
@sn bigint,@tn bigint
select @sn=0,@tn=0,@count=1,@a=2
while __________
begin
    set @tn=@tn+@a
    set @sn=@sn+@tn
    set @a=@a*10
    set @count=@count+1
end
print'结果是:'
______________________________
```

(2) 求 5! 并输出。

```
declare @count int,@s int
select @count=1,@s=1
while @count<=5
begin
    set __________
    set @count=@count+1
end
print @s
```

(3) 使用 Transact-SQL 语言编程将指定的百分制分数转换成对应的成绩等级(优秀、良好、中等、及格和不及格)并输出。

```
declare @score int,@score_level char(10)
set @score=88
set @score_level=case @score/10
  when 10 then '优秀'
  when 9 then '良好'
  when 8 then '中等'
______________________________
______________________________
end
print @score_level
```

(4) 设置在 2 分钟后查询显示系统当前日期时间。

```
waitfor delay '00:02:00'
select getdate()
```

习题 2

一、单项选择题

1. 在 SQL Server 2016 中局部变量前面的字符是(　　)。

A. *　　B. #　　C. @@　　D. @

2. SQL Server 2016 提供的单行注释语句是使用(　　)开始的一行内容。

A. /*　　B. --　　C. {　　D. /

3. 在 while 循环结构中,如果循环体语句多于一条,必须使用(　　)语句。

A. begin…end　　B. case…end

C. if…then　　D. goto

4. 下列说法中正确的是(　　)。

A. SQL 中局部变量可以不声明就使用

B. SQL 中全局变量必须先声明再使用

C. SQL 中所有变量都必须先声明后使用

D. SQL 中只有局部变量必须先声明后使用;全局变量是由系统提供的,用户不需要声明

5. 执行以下语句:

```
declare @n int
set @n=1
while @n<5
begin
  if @n=4
     print @n*@n
  set @n=@n+1
end
```

执行完成后循环次数为(　　)。

A. 0 次　　B. 1 次　　C. 4 次　　D. 死循环

6. Transact SQL 语言允许使用通配符进行字符串匹配,其中'_'可以表示(　　)。

A. 零个字符　　B. 1 个字符　　C. 多个字符　　D. 以上都可以

7. 授予权限的命令是(　　)。

A. revoke　　B. add　　C. grant　　D. deny

8. 用于获取系统当前日期和时间的函数是(　　)。

A. year()　　B. getdate()　　C. count()　　D. sum()

9. SQL 语言为(　　)。

A. 结构化定义语言　　B. 结构化控制语言

C. 结构化查询语言　　D. 结构化操作语言

二、填空题

1. 在 Transact-SQL 中，字符串匹配运算符用________，匹配符________表示 0 个或多个字符，表示任意一个字符。
2. 在 Transact-SQL 中，一个批处理语句以________结束。
3. 聚合函数中，avg()函数用于求________。
4. Transact-SQL 语言中有________和________两种类型的变量。
5. SQL Server 2016 中 datetime 数据类型的长度是________个字节。
6. 函数 floor(−41.3)返回________。
7. 在 SQL Server 2016 中修改表的结构应使用关键字________，修改表中的数据应使用关键字________。
8. Transact-SQL 语句中的数据定义语句有________、________和________，数据控制语句有________、________和 revoke。

三、判断题

1. 当所列出的某个条件为 true 时，or 运算符不会显示记录。（ ）
2. 当列出的所有条件均为 true 时，and 运算符会显示记录。（ ）
3. 在 if…else 语句中，最简单的 if 语句没有 else 子句部分。（ ）
4. 标识符不允许为 SQL 中的关键字，也不允许有空格。（ ）
5. 逻辑运算的返回结果是布尔类型的值。（ ）
6. Transact-SQL 语言提供了流程控制功能。（ ）

四、简答题

Transact-SQL 包括哪些流程控制语句？它们各自的作用是什么？

五、应用题

1. 使用 Transact-SQL 语言编程求 1 * 2 * 3 * … * 10。
2. 使用 Transact-SQL 语言编程求 1 到 100 之间所有奇数的和。

第3章 数据库及其管理

SQL Server 2016 是一个大型的关系数据库管理系统，是很多企业和应用程序首选的数据管理工具。学习和使用 SQL Server 2016，首先从创建数据库开始。

本章主要内容如下。

- 系统数据库和用户数据库。
- 构成数据库的对象和文件。
- 创建数据库。
- 数据库的查看、修改、删除。
- 数据库的分离与附加。
- 数据库的备份与还原。

3.1 数据库基础

数据库是指存储在计算机内可被多用户、多应用程序共享的按一定的数据模型（或结构）组织、描述并长期存储的数据和数据对象（如表、视图、索引、存储过程和触发器等）的集合。

3.1.1 系统数据库

SQL Server 2016 包含系统数据库和用户数据库两种。用户数据库是由用户创建的数据库。系统数据库是由系统提供的数据库，是 SQL Server 运行的基础。SQL Server 2016 安装成功后，用户就可以在对象资源管理器中查看到 4 个系统数据库（master、model、msdb、tempdb），如图 3-1 所示。

1. master **数据库**

master 数据库用于记录 SQL Server 2016 中所有的系统级信息，是最重要的数据库。master 数据库记录了登录账户和系统配置设置信息，还记录了所有其他数据库、数据库文件的位置及 SQL Server 的初始化信息等。因此，若 master 数据库不可用，则 SQL Server 将无法启动。

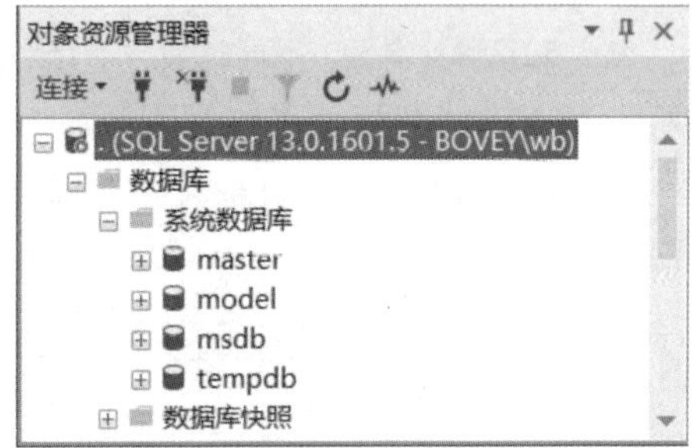

图 3-1　系统数据库

2. model **数据库**

model 数据库是创建新数据库的模板，model 数据库必须始终存在于 SQL Server 系统中。当发出 create database 语句时，将通过复制 model 数据库中的内容来创建数据库的第一部分，数据库的剩余部分用空白页填充。model

数据库中的所有用户定义对象都将复制到所有新创建的数据库中。

3. msdb 数据库

msdb 数据库是 SQL Server 代理服务使用的数据库。msdb 数据库主要被 SQL Server Agent 用于进行复制、调度作业、管理警报及排除故障等活动。

4. tempdb 数据库

tempdb 数据库可供连接到 SQL Server 实例的所有用户使用，用于存放所有的临时表和临时存储过程等。在 tempdb 数据库中存放的所有数据信息都是临时的。tempdb 数据库在每次启动 SQL Server 时重新创建；每次连接断开时，所有的临时表和临时存储过程都将自动删除。

3.1.2 数据库对象

数据库对象是数据库的重要组成部分，SQL Server 2016 中的数据库对象主要包括表、视图、索引、存储过程、触发器等。

1. 表

表(table)用于存储大量的数据，是一个由行和列组成的二维表。例如，在客户信息表中存储了客户编号、客户姓名、客户联系电话、客户地址和客户邮箱的数据信息。

2. 视图

视图(view)是从一个或多个表中导出的虚拟表。它提供给用户一种查看数据表中数据的方式。

3. 索引

索引(index)类似于书中的目录，是对数据表中的一列或多列的值进行排序的结构。它为用户提供了快速访问数据的途径。

4. 存储过程

存储过程(procedure)是指为完成特定的功能而编写的一组 Transact-SQL 语句，经编译后存储在数据库中，能够反复调用执行。

5. 触发器

触发器(trigger)是一种特殊类型的存储过程，它基于表或视图而创建，是一种在 insert、update 或 delete 操作发生时自动被触发而执行的内嵌存储过程。表或视图可视为表的一部分。用户创建触发器后，就能控制与触发器相关联的表。当表中的数据发生插入、删除或修改时，触发器自动运行。触发器是一个用户定义的 SQL 事物命令的集合。

3.1.3 构成数据库的文件

SQL Server 2016 通过数据文件保存与数据库相关的数据和对象，通过日志文件记录数据库的事务日志(所有事务以及每个事务对数据库所做的更新操作)。

按照作用的不同，构成数据库的文件可分为主数据文件、次要数据文件、日志文件三类。

1. 主数据文件

主数据文件(. mdf)是数据库的起点，包含了数据库的初始信息。每个数据库有且只能有一个主数据文件。主数据文件是数据库必需的文件，用于存储数据库中的数据信息和对数据库的操作。

2. 次要数据文件

除主数据文件以外的数据库中的其他所有数据文件都是次要数据文件(. ndf)。每个用户数据库中可以有一个或多个次要数据文件，也可以没有次要数据文件。但是如果需要存储的数据量很大，超过了 Windows 操作系统对单一文件大小的限制，那么必须创建次要数据文件，用以保存主数据文件无法存储的数据。另外，如果系统中有多个物理磁盘，可以在不同的物理磁盘上创建次要数据文件，以便将数据合理地存储在多个物理磁盘上，提高数据的读写效率。

3. 日志文件

在 SQL Server 2016 中，每个数据库至少要有一个日志文件(. ldf)，用以记录数据库的事务日志。当出现操作失误或数据库被破坏时，可以使用日志文件将数据库恢复到正常状态。

3.1.4 文件组

文件组是 SQL Server 2016 数据文件的一种逻辑管理单位。将数据库文件分成不同的文件组，有利于对文件的分配和管理。

文件组主要分为主文件组和用户定义文件组两种类型。

1. 主文件组

主文件组包含主数据文件和没有明确指派给其他文件组的文件。

2. 用户定义文件组

用户定义文件组主要是指在 create database 或 alter database 语句中，使用 filegroup 关键字指定的文件组。用户定义文件组用于将数据文件集合起来，以便于管理、数据分配和放置。

另外，SQL Server 2016 还有默认文件组、内存优化数据文件组、FileStream 文件组。

对于文件组，需要做以下两点说明。

(1) 每个数据库中都有一个作为默认文件组的文件组，在没有指定的情况下，主文件组是默认文件组。

(2) 对文件进行分组时，一定要遵循文件和文件组的设计规则。

① 文件只能是一个文件组的成员。

② 文件或文件组不能由一个以上的数据库使用。

③ 数据信息和事务日志信息不能属于同一个文件或文件组。

④ 日志文件不能作为文件组的一部分。日志空间与数据空间分开管理。

3.2 创建用户数据库的准备工作

数据库实际上就是存储在硬盘上的数据文件和日志文件。因此，在创建用户数据库之前，需要对所创建的用户数据库进行设计和规划，如用户数据库的名称、用户数据库的存储位置、用户数据库的大小等。如果用户数据库一开始没有规划好，一旦创建了，再去修改用户数据库的选项定义将是一件吃力不讨好的事情，甚至有时不得不重新设计和创建用户数据库。

在规划用户数据库时，通常需要考虑以下几个方面的问题。

(1) 用户数据库的逻辑结构，包括用户数据库的名称、用户数据库的所有者。

(2) 用户数据库的物理结构，包括数据文件和日志文件的逻辑名称、物理名称、初始大小、增长方式和最大容量。

(3) 用户数据库的用户，包括用户数量和用户权限问题。

(4) 用户数据库的性能，包括用户数据库的大小与硬件配置的平衡、是否使用文件组和索引数据量等。

(5) 用户数据库的维护，包括用户数据库的备份与恢复等。

本书示例均采用 goods_management 数据库，它的选项和参数如表 3-1 所示。

表 3-1　goods_management 数据库的选项和参数

选　项		参　数
用户数据库的名称		goods_management
主数据文件	逻辑文件名	goods_management_m
	物理文件名	d:\data\goods_management_m. mdf
	初始容量	30 MB
	最大容量	不受限制
	增量	10 MB
次要数据文件	逻辑文件名	goods_management_n
	物理文件名	d:\data\goods_management_n. ndf
	初始容量	20 MB
	最大容量	不受限制
	增量	2 MB
日志文件	逻辑文件名	goods_management_l
	物理文件名	d:\data\goods_management_l. ldf
	初始容量	10 MB
	最大容量	不受限制
	增量	10%

3.3　创建用户数据库

在 SQL Server 2016 中，可以使用对象资源管理器、模板资源管理器和 Transact-SQL 语言中的 create database 语句来创建用户数据库。

3.3.1 使用对象资源管理器创建用户数据库

在 SQL Server 2016 中，使用对象资源管理器创建用户数据库的操作步骤如下。

（1）启动 SQL Server Management Studio，在对象资源管理器中右键单击“数据库”，在弹出的快捷菜单中选择“新建数据库”命令，如图 3-2 所示。

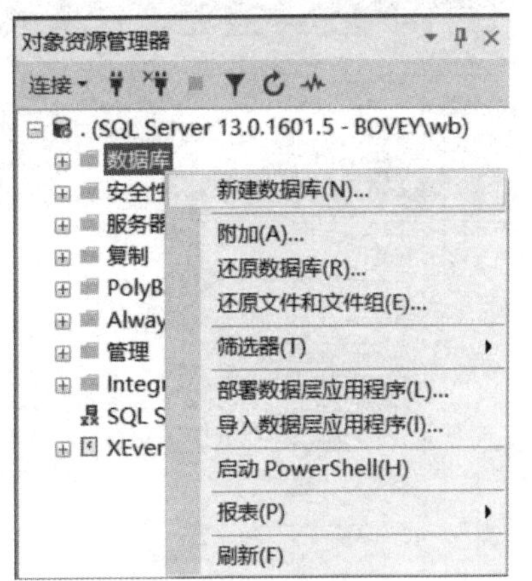

图 3-2　选择“新建数据库”命令

（2）弹出“新建数据库”对话框，默认显示“常规”页面，如图 3-3 所示。

（3）在“新建数据库”对话框的“常规”页面中输入数据库的名称，如“商品管理”，然后对行数据文件和日志文件的相关参数进行设置。其中，单击行数据的自动增长/最大大小的按钮 ... ，可以在弹出的对话框中设置行数据的文件增长和最大文件大小，如图 3-4 所示，设置完成，单击“确定”按钮（日志文件的相应设置操作方法相同）。另外，单击路径的按钮 ... ，可以在弹出的“定位文件夹”对话框中设置行数据文件的存放路径，如图 3-5 所示，设置完成，单击“确定”按钮（日志文件的相应设置操作方法相同）。

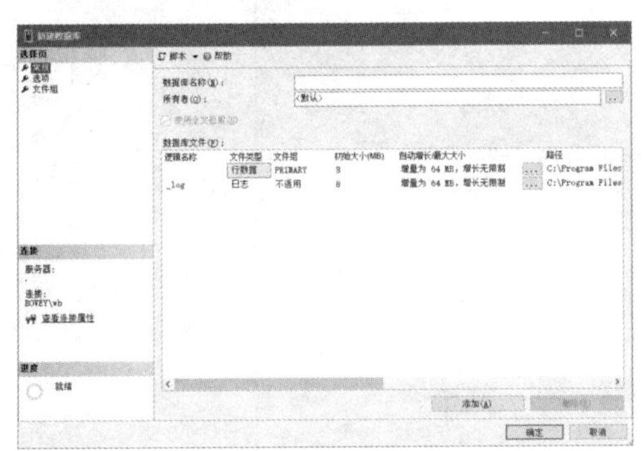

图 3-3　“新建数据库”对话框

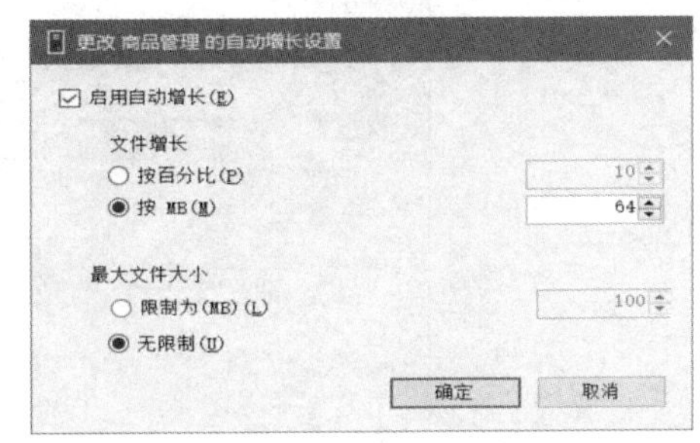

图 3-4　行数据文件增长和最大文件大小的设置

（4）回到“新建数据库”对话框，通过单击“添加”按钮，可以添加行数据文件、日志文件或 FileStream 文件；单击“删除”按钮，可以删除添加的文件（数据库中必须要有一个行数据文件和一个日志文件）。设置完成后，单击“确定”按钮，即可完成用户数据库的创建。

3.3.2 使用模板资源管理器创建用户数据库

在 SQL Server 2016 中，使用模板资源管理器创建用户数据库的操作步骤如下。

（1）启动 SQL Server Management Studio，单击工具栏中的“视图”，在弹出的下拉菜单中，单击“模板资源管理器”命令。

（2）打开“模板浏览器”窗格，在“SQL Server 模板”中找到“Database”并展开，然后双击所需要的数据库模板文件，如图 3-6 所示（此处以选择“Create Database with Memory Optimized Data Filegroup”为例）。

图 3-5　行数据文件存放路径的设置

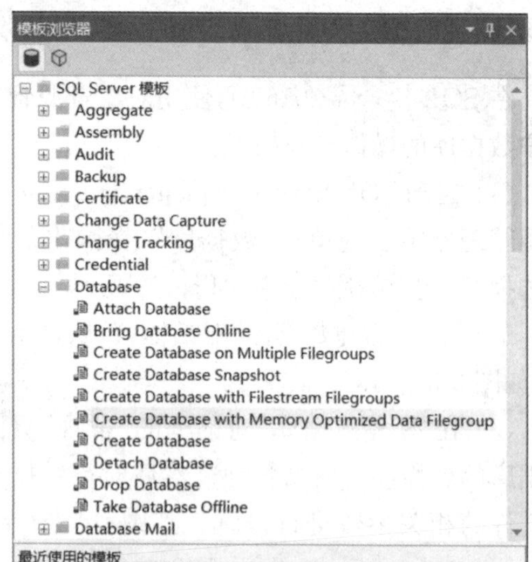

图 3-6　选择所需要的数据库模板文件

(3) 打开“SQL 编辑器”，显示创建数据库的模板文件“Create Database with Memory Optimized Data Filegroup”，如图 3-7 所示。

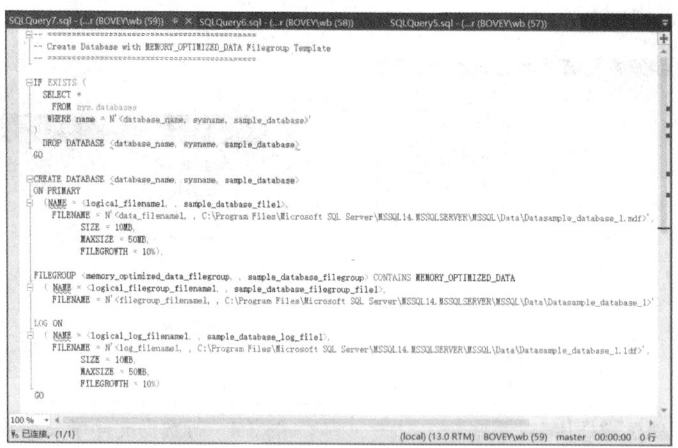

图 3-7　创建数据库的模板文件

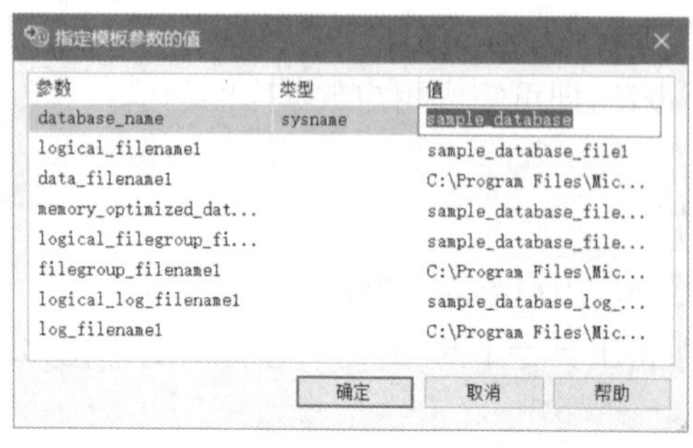

图 3-8　“指定模板参数的值”对话框(一)

(4) 在“SQL 编辑器”所创建数据库的模板文件中的相应位置修改模板代码，或者单击“SQL 编辑器”工具栏上的“指定模板参数的值”按钮，弹出如图 3-8 所示的“指定模板参数的值”对话框，在该对话框中对模板相关的参数值进行设定，然后单击“确定”按钮，更新所创建数据库模板代码中的参数值。

(5) 单击“SQL 编辑器”工具栏上的“分析”按钮，检查是否存在语法问题。

(6) 单击“SQL 编辑器”工具栏上的“执行”按钮，完成用户数据库的创建。

3.3.3 使用 Transact-SQL 语言创建用户数据库

1. Transact-SQL 语法规则

为了使读者能够方便地阅读本书中关于 Transact-SQL 语法的内容，首先介绍 Transact-SQL 的语法规则。

Transact-SQL 语句中包含了关键字、标识符及各种参数等，它可采用不同的书写格式来区分这些内容。Transact-SQL 的语法格式具体约定如下。

(1) 大写字母：表示 Transact-SQL 保留的关键字。

(2) 小写字母：表示对象标识符、表达式等。

(3) 斜体字母：表示用户提供的参数。

(4) 竖线(|)：表示参数之间为逻辑"或"的关系，只能从中选择一个。

(5) 方括号([])：表示所列项为可选语法项目，可按需选择使用，方括号不必键入。

(6) 大括号({})：表示必选项，含多个用"|"分割的选项，可从中选择一项，大括号不键入。

(7) 尖括号(〈〉)：表示必须输入的内容，尖括号不键入。

(8) 省略号([,…n])：表示前面的项可重复 n 次，每一项由逗号分隔。

(9) 省略号([…n])：表示前面的项可重复 n 次，每一项由空格分隔。

(10) 〈标签〉::=：语法块的名称，用于对可在语句中的多个位置使用的过长语法或语法单元部分进行分组和标记，适合使用语法块的位置由括在尖括号内的标签表示。

2. create database

使用 Transact-SQL 语言创建用户数据库的语句为 create database，语法格式如下。

```
create database database_name
[on
{[primary](name=logical_file_name,
filename='os_file_name'
[,size=size]
[,maxsize={ max_size|unlimited}]
[,filegrowth=growth_increment])
}[,...n]
[log on
{(name=logical_file_name,
filename='os_file_name'
[,size=size]
[,maxsize={ max_size|unlimited}]
[,filegrowth=growth_increment])
}[,...n]
```

参数说明如下。

(1) database_name：创建的用户数据库的名称。

(2) on：定义用来存储用户数据库数据部分的磁盘文件(数据文件)。

(3) primary：表示在主文件组中定义文件。

(4) log on:定义用来存储用户数据库事务日志的磁盘文件(日志文件)。

(5) name:指定文件的逻辑名称。

(6) filename:指定操作系统(物理)文件名称。os_file_name 是创建文件时由操作系统使用的路径和文件名,指定路径必须存在。

(7) size:指定文件的初始大小。用户可以以 MB、KB 为单位,默认单位是 MB。

(8) maxsize:指定文件可增长到的最大大小;可以以 KB、MB 为单位,默认为 MB。如果不指定文件的最大大小,则文件将增长到磁盘存满为止。

(9) unlimited:指定文件增长不受限制,可以增长到整个磁盘存满为止。

(10) filegrowth:指定文件的增量。该参数的设置不能超过 maxsize 的设置。用户可以以 KB、MB 为单位设置增量值,也可以指定按照一定的百分比(%)增长。

例 3-1 使用 Transact-SQL 语言为"商品管理系统"创建一个名为"goods_management"的用户数据库。要求该用户数据库存储在 D 盘的"data"文件夹下,由一个初始大小为 30 MB、文件增量为 10 MB、最大容量不受限制的主数据文件(goods_management_m),一个初始大小为 20 MB,文件增量为 2 MB、最大容量不受限制的次要数据文件(goods_management_n),一个初始大小为 10 MB、文件增量为 10%、最大容量不受限制的日志文件(goods_management_l)构成。

```
create database goods_management
--定义数据文件
on
--定义主数据文件
(name='goods_management_m',
  filename='d:\data\goods_management_m.mdf',
  size=30mb,
  filegrowth=10mb,
  maxsize=unlimited),
--定义次要数据文件
(name='goods_management_n',
  filename='d:\data\goods_management_n.ndf',
  size=20mb,
  filegrowth=2mb,
  maxsize=unlimited)
--定义日志文件
log on
(name='goods_management_l',
  filename='d:\data\goods_management_l.ldf',
  size=10mb,
  filegrowth=10% ,
  maxsize=unlimited)
go
```

说明:必须在创建本用户数据库之前,确认 D 盘是否存在文件夹"data",如果不存在,则要新建"data"文件夹;filename 参数的设定正确与否是用户数据库创建成功与否的关键。

3.4 管理用户数据库

3.4.1 查看和修改用户数据库

在 SQL Server 2016 中，可以使用对象资源管理器和 Transact-SQL 语言查看和修改用户数据库。

1. 使用对象资源管理器查看和修改用户数据库

在 SQL Server 2016 中，使用对象资源管理器查看和修改用户数据库的操作步骤如下。

（1）启动 SQL Server Management Studio，在对象资源管理器中展开“数据库”节点，右键单击要查看或修改的用户数据库（此处以选择“goods_management”数据库为例），在弹出的快捷菜单中选择“属性”命令。

（2）弹出“数据库属性”对话框，如图 3-9 所示，在“常规”页面右侧可以查看用户数据库的备份、名称、状态、所有者、创建日期、大小、可用空间、用户数、内存等信息。

（3）在选择页中单击“文件”，可以查看并修改用户数据库中的行数据文件和日志文件的逻辑名称、初始大小、路径等信息；可以添加或删除用户数据库的文件（删除的时候主数据文件不能被删除，日志文件必须保证至少有一个），如图 3-10 所示。

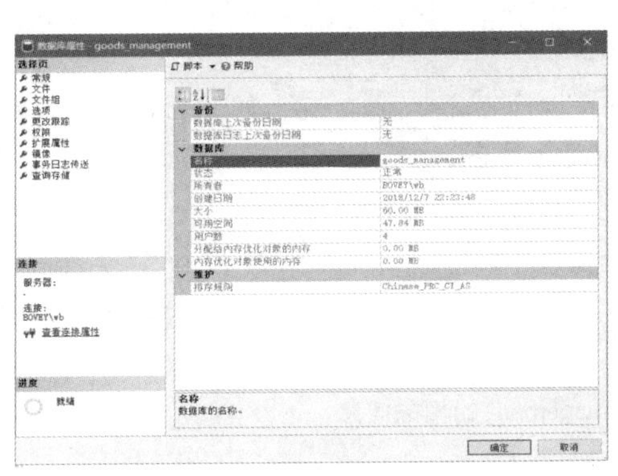

图 3-9 数据库属性（常规）

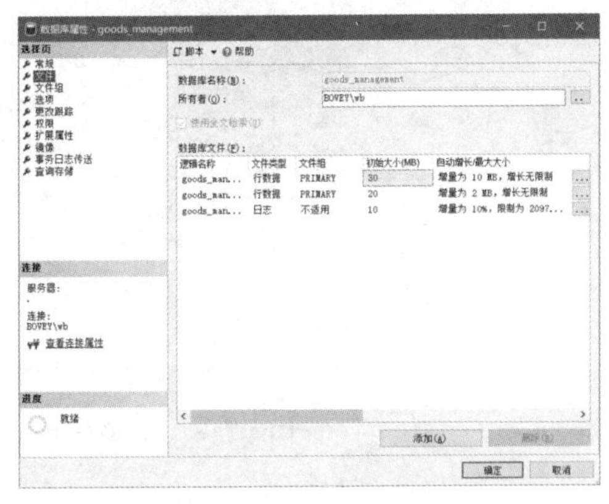

图 3-10 数据库属性（文件）

在“文件”页面，还可以查看或修改数据库所有者，单击所有者右侧的按钮[...]，弹出“选择数据库所有者”对话框，如图 3-11 所示，单击“浏览”按钮，弹出“查找对象”对话框，选择匹配的对象（此处以选择 sa 为例），如图 3-12 所示，然后单击“确定”按钮，回到“选择数据库所有者”对话框，单击“确定”按钮，回到“数据库属性”对话框，再次单击“确定”按钮，即可成功修改用户数据库的所有者。

说明：通过“数据库属性”对话框，还可以查看和修改用户数据库的一些其他信息，由于篇幅有限，本书不再一一介绍。

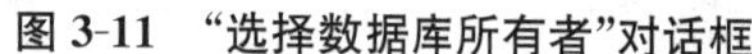

图 3-11 “选择数据库所有者”对话框

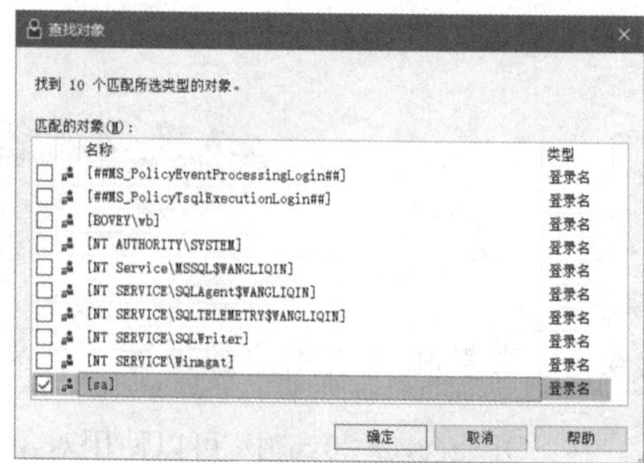

图 3-12 选择数据库所有者

2. 使用 Transact-SQL 语言查看用户数据库

可以使用系统存储过程 sp_helpdb 查看用户数据库的相关信息，其语法格式如下。

```
exec[ute] sp_helpdb database_name
```

参数说明如下。

exec[ute]：表示执行存储过程。

例 3-2 使用系统存储过程 sp_helpdb 查看用户数据库 goods_management 的相关信息。

```
exec sp_helpdb goods_management
```

执行结果如图 3-13 所示。

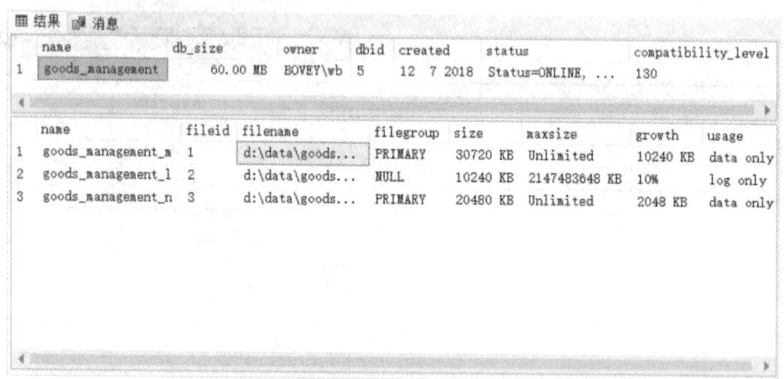

图 3-13 用户数据库 goods_management 的相关信息

3. 使用 Transact-SQL 语言修改用户数据库

使用 Transact-SQL 语言修改用户数据库的语句为 alter database，语法格式如下。

```
alter database database_name
{add file<filespec>[,…n][to filegroup {filegroup_name}]
|add log file<filespec>[,…n]
|remove file logical_file_name
|modify file<filespec>
|add filegroup filegroup_name
|remove filegroup filegroup_name
|modify filegroup filegroup_name{filegroup_property|name=new_filegroup_name}
}
```

```
<filespec>::=(name=logical_file_name
  [,newname=new_logical_name]
  [,filename='os_file_name']
  [,size=size]
  [,maxsize={max_size|unlimited}]
  [,filegrowth=growth_increment])
```

参数说明如下。

add file:添加新的数据文件(通过指定 to filegroup 可以向指定的数据库文件组添加新数据文件)。

add log file:添加日志文件。

remove file:移除文件。

modify file:修改文件的属性。

add filegroup:向数据库添加文件组。

remove filegroup:移除文件组。

modify filegroup:修改文件组的属性。

〈filespec〉::=:定义语法块。

例 3-3 修改用户数据库 goods_management,为其添加一个日志文件 goods_management_log2,初始大小为 5 MB,最大大小为 200 MB,增量为 2 MB。

```
alter database goods_management
add log file
(name=goods_management_log2,
filename='d:\data\goods_management_log2.ldf',
size=5mb,
maxsize=200mb,
filegrowth=2mb
)
go
```

例 3-4 修改用户数据库 goods_management,将日志文件 goods_management_log2 的初始大小修改为 10 MB。

```
alter database goods_management
modify file
(name=goods_management_log2,
size=10mb)
go
```

3.4.2 删除数据库

1. 使用对象资源管理器删除用户数据库

在 SQL Server 2016 中,使用对象资源管理器删除用户数据库的操作步骤如下。

(1) 启动 SQL Server Management Studio,在对象资源管理器中展开"数据库"节点,右键单击要删除的用户数据库,在弹出的快捷菜单中选择"删除"命令。

（2）弹出 “删除对象”对话框，选中“关闭现有连接”选项，单击“确定”按钮，即可成功删除用户数据库。

2. 使用 Transact-SQL 语言删除用户数据库

使用 drop database 语句删除用户数据库的语法格式如下。

```
drop database database_nane {,...n }
```

说明：database_name 是要删除的用户数据库的名称；使用 drop database 命令可以一次删除一个或多个用户数据库；使用 drop database 命令删除用户数据库时，系统中必须存在所要删除的用户数据库；另外，正在使用的用户数据库无法删除。

例 3-5 删除用户数据库商品管理。

```
drop database 商品管理
go
```

3.5 用户数据库的分离与附加

在 SQL Server 2016 中，用户数据库可以通过分离脱离服务器的管理，同时保持数据文件和日志文件的完整性。

与分离用户数据库对应的是附加用户数据库，附加用户数据库可以很方便地在 SQL Server 2016 服务器之间利用分离后的数据文件和日志文件组织新的用户数据库，附加的用户数据库和分离时完全一致。

数据库管理员使用数据库的分离和附加功能，可以方便地将用户数据库在不同的服务器之间移动。

3.5.1 使用对象资源管理器分离用户数据库

分离用户数据库是将用户数据库从 SQL Server 服务器实例中删除，但是用户数据库的数据文件和日志文件在磁盘中依然存在。具体操作步骤如下。

（1）启动 SQL Server Management Studio，在对象资源管理器中展开“数据库”节点，右键单击要分离的用户数据库（此处以选择用户数据库 goods_management 为例），在弹出的快捷菜单中选择“任务”，然后在“任务”的下一级菜单中选择“分离”命令。

（2）弹出 “分离数据库”对话框，如图 3-14 所示，单击“确定”按钮即可。此时，被分离的用户数据库（goods_management）在对象资源管理器中消失不见。

3.5.2 使用对象资源管理器附加用户数据库

在 SQL Server 2016 中，用户可以在数据库实例中附加被分离的用户数据库。具体操作步骤如下。

（1）启动 SQL Server Management Studio，在对象资源管理器中右键单击“数据库”，在弹出的快捷菜单中选择“附加”命令（此处以附加用户数据库 goods_management 为例）。

（2）弹出 “附加数据库”对话框，如图 3-15 所示，单击“添加”按钮。

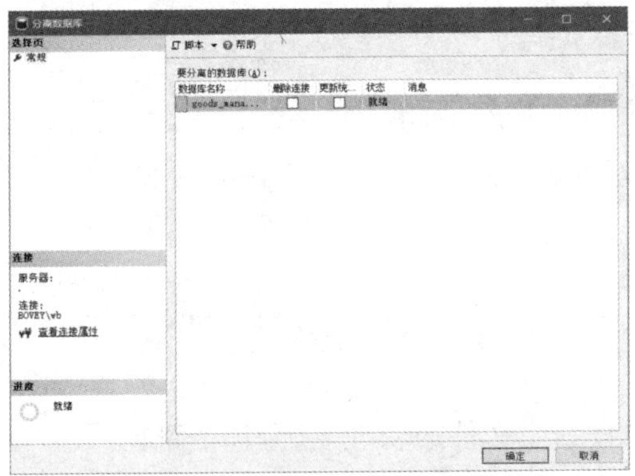

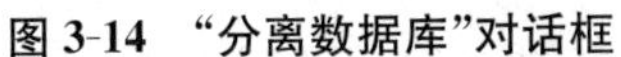

图 3-14 “分离数据库”对话框

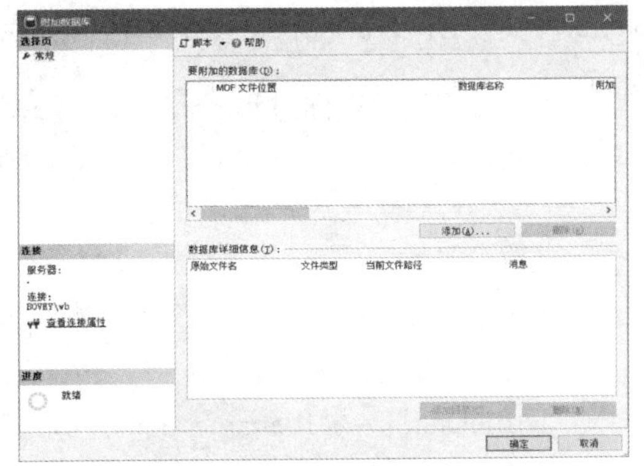

图 3-15 “附加数据库”对话框

(3) 弹出“定位数据库文件”对话框，在对话框左侧窗格展开 D 盘，选中 data 文件夹，然后在对话框右侧单击选择“goods_management_m. mdf”文件，如图 3-16 所示，单击“确定”按钮。

(4) 回到“附加数据库”对话框，如图 3-17 所示，单击“确定”按钮，用户数据库的附加任务操作成功。此时，在对象资源管理器中就会重新出现被附加的用户数据库 goods_management。

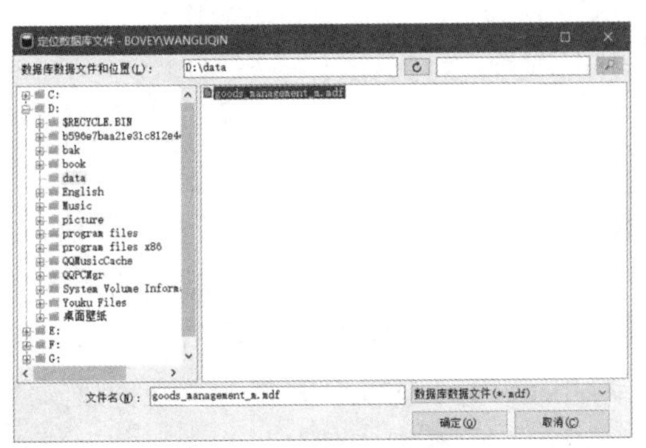

图 3-16 定位数据库文件

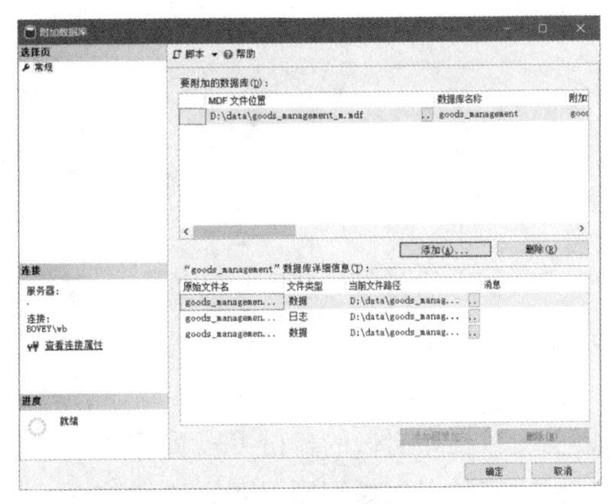

图 3-17 回到“附加数据库”对话框

3.5.3 使用 Transact-SQL 语言分离用户数据库

可以使用系统存储过程 sp_detach_db 分离用户数据库，简单语法格式如下。

```
exec[ute] sp_detach_db [@dbname=]'database_name'
```

参数说明如下。

[@dbname=]‘database_name’：指定要分离的用户数据库的名称。

例 3-6 分离用户数据库 goods_management。

```
exec sp_detach_db @dbname='goods_management'
go
```

3.5.4 使用 Transact-SQL 语言附加用户数据库

可以使用系统存储过程 sp_attach_db 附加用户数据库，简单语法格式如下。

```
exec[ute] sp_attach_db [@dbname=]'database_name'
, [@filename1=]'filename_n'[ ,...16 ]
```

参数说明如下。

[@dbname=]'database_name'：指定要附加的用户数据库的名称。该名称在本服务器中必须是唯一的。

[@filename1=]'filename_n'[,…16]：用户数据库文件的物理名称，包括路径，最多可以指定 16 个文件名。要附加的用户数据库文件位置如果与分离时的用户数据库文件位置相同，可以只指定主数据文件的带路径的物理名称，否则需要将构成被附加用户数据库的所有数据文件和日志文件的带路径的物理文件名称一一指定，文件之间用逗号隔开。

例 3-7 附加用户数据库 goods_management。

```
exec sp_attach_db @dbname='goods_management'
@filename1='d:\data\goods_management_m.mdf',
@filename2='d:\data\goods_management_n.ndf',
@filename3='d:\data\goods_management_l.ldf'
go
```

3.6 数据库的备份与还原

数据库的备份与还原是数据库管理员维护数据库安全性和完整性必不可少的操作，合理地对数据库进行备份可以将那些可预见的、不可预见的问题可能对数据库造成的损害降到最低。当 SQL Server 2016 的服务器出现故障，或者数据库遭到某种程度的破坏时，利用以前对数据库所做的备份可以重建或恢复数据库。因此，为了防止计算机的软硬件故障或对数据库的误操作等原因而导致的数据丢失或数据库崩溃，数据库的备份与还原工作就成了一项不容忽视的数据库管理任务。

3.6.1 数据库的备份

数据库备份是对 SQL Server 的数据库或事务日志进行复制，记录在进行备份操作时数据库中所有数据的状态，如果数据库因意外而损坏，这些备份文件将用来对数据库进行还原。

1. 数据库备份的类型

1）完整备份

完整备份是指对数据库内的所有对象进行备份。如果数据库很大，采用这种方式将很费时间，甚至造成系统访问缓慢。虽然完整备份比较费时间，但是数据库还是需要定期做完整备份，而且对数据库第一次做备份必须选择完整备份。

2）差异备份

差异备份是指备份从上一次数据库完整备份后数据库发生变动的部分。

3）事务日志备份

事务日志备份是指备份至上次进行完整数据库备份、差异数据库备份或事务日志备份以来数据库的事务处理记录。可以使用事务日志备份将数据库恢复到特定的即时点或恢复到故障点。但是，利用事务日志备份恢复数据库时要注意其时间顺序，不能搞错。

4）文件和文件组备份

文件和文件组备份是指只备份特定的数据库文件或文件组，常用于超大型数据库的备份。

2. 使用对象资源管理器备份数据库

以对用户数据库 goods_management 做完整备份为例，操作步骤如下。

(1) 启动 SQL Server Management Studio，在对象资源管理器中展开“数据库”节点，右键单击需要备份的用户数据库“goods_management”，在弹出的快捷菜单中选择“任务”，然后在“任务”的下一级菜单中选择“备份”命令。

(2) 弹出“备份数据库”对话框，“数据库”选择“goods_management”；第一次备份数据库，“备份类型”设置为“完整”（下次再备份，可以选择其他备份类型）；“备份组件”选择“数据库”；目标备份到设置为“磁盘”，如图 3-18 所示，然后单击“删除”按钮，将默认备份目标删除，再单击“添加”按钮。

说明：备份目标可选择默认设置，也可以另外指定。本例选择另外指定。

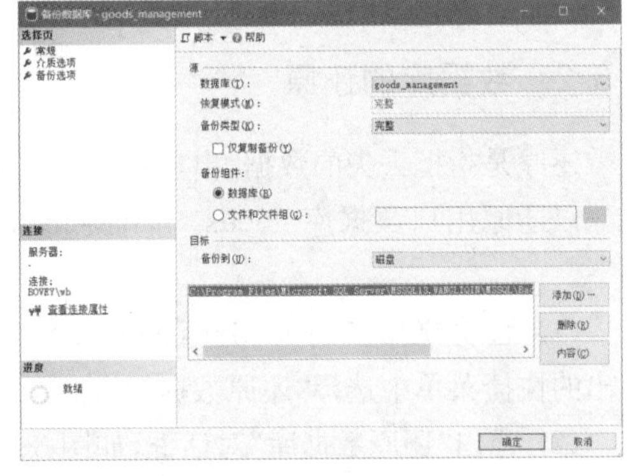

图 3-18 “备份数据库”对话框设置

(3) 弹出“定位数据库文件”对话框，展开 D 盘，选中 data 文件夹，然后为备份文件命名（如“goods_management.bak”），如图 3-19 所示，单击“确定”按钮。

(4) 弹出“选择备份目标”对话框，选择备份目标，如图 3-20 所示，单击“确定”按钮。

图 3-19 “定位数据库文件”对话框设置

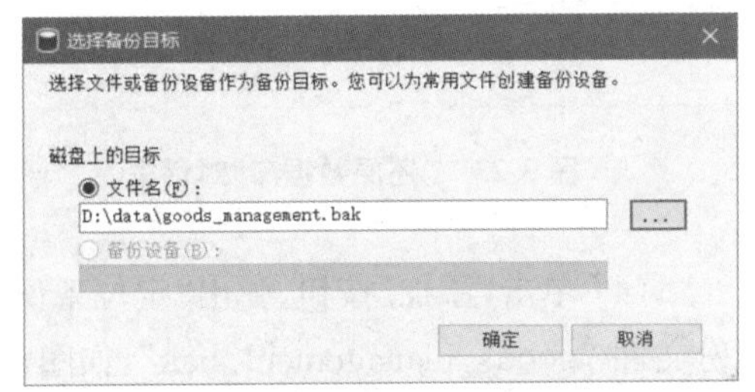

图 3-20 选择备份目标

（5）再次回到“备份数据库”对话框，如图 3-21 所示，单击“确定”按钮。

有兴趣的读者也可以在单击“确定”按钮之前，对备份数据库的“介质选项”和“备份选项”选择页进行相应的设置。

（6）备份成功，弹出如图 3-22 所示的对话框，单击“确定”按钮。

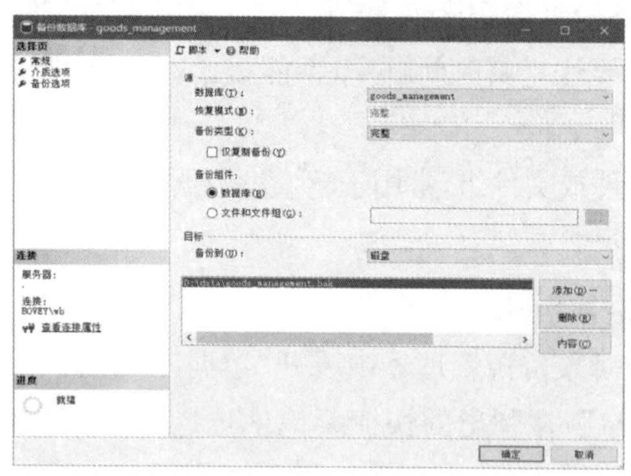

图 3-21　回到“备份数据库”对话框

图 3-22　备份成功完成对话框

3.6.2　数据库的还原

还原是指把丢失的数据、出现错误的数据或遭受破坏的数据还原到原来的正常状态。

以还原用户数据库 goods_management 为例（先删除 goods_management），操作步骤如下。

（1）启动 SQL Server Management Studio，在对象资源管理器中右键单击“数据库”，在弹出的快捷菜单中选择“还原数据库”命令。

（2）弹出“还原数据库”对话框，如图 3-23 所示。

（3）在“还原数据库”的“常规”选择页，选择“设备”，然后单击“设备”右侧的按钮[...]，弹出“选择备份设备”对话框，如图 3-24 所示。

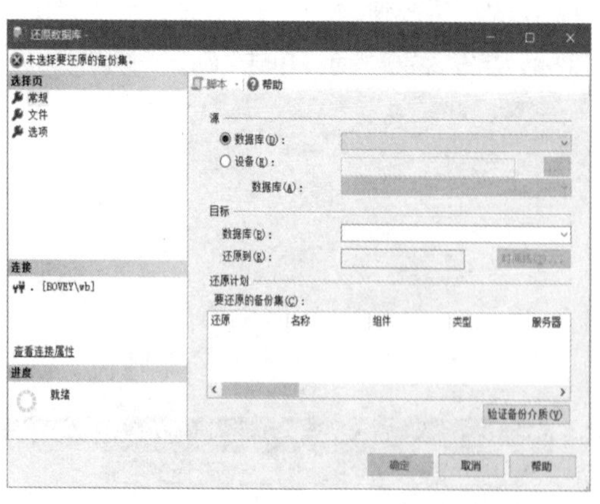

图 3-23　“还原数据库”对话框

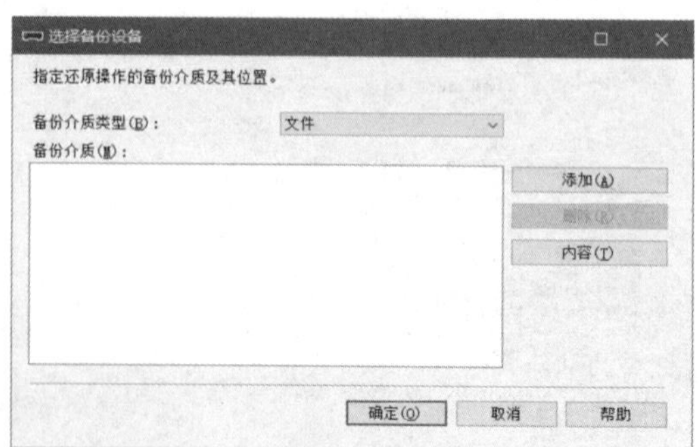

图 3-24　“选择备份设备”对话框

（4）单击“添加”按钮，弹出“定位备份文件”对话框，展开 D 盘，选中 data 文件夹，选择备份文件 “goods_management. bak”，如图 3-25 所示，单击“确定”按钮。

（5）回到“选择备份设备”对话框，如图 3-26 所示，单击“确定”按钮。

图 3-25　选择备份文件

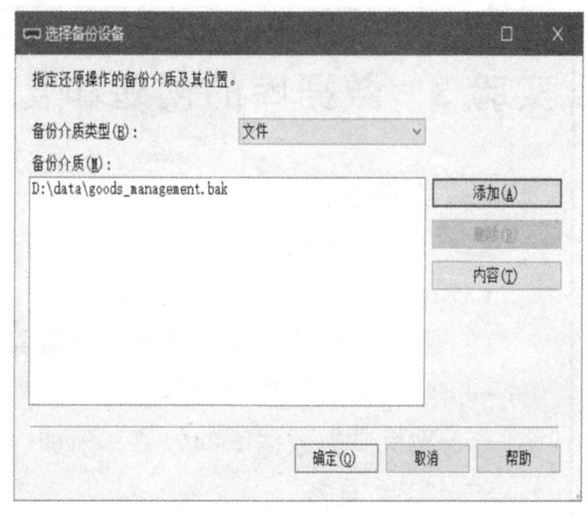

图 3-26　回到“选择备份设备”对话框

（6）回到“还原数据库”对话框，如图 3-27 所示，单击“确定”按钮。

（7）还原数据库成功，弹出如图 3-28 所示的对话框，单击“确定”按钮。此时，在对象资源管理器中可以看到被删除的用户数据库 goods_management。

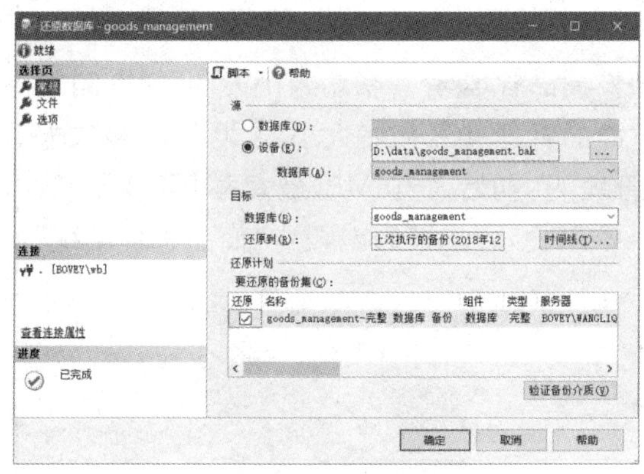

图 3-27　回到“还原数据库”对话框

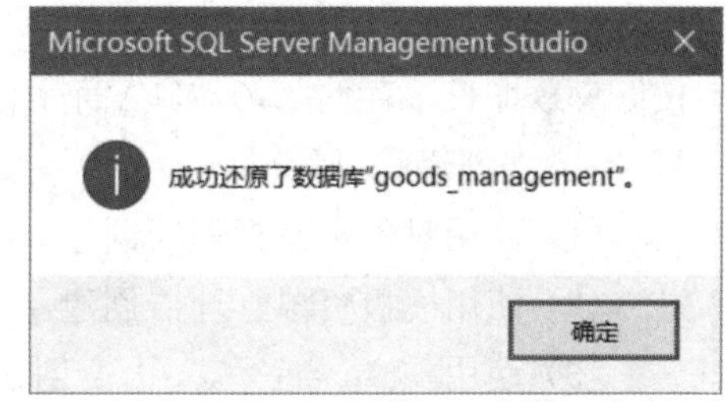

图 3-28　成功还原数据库对话框

实验 3 数据库的创建和管理

一、实验目的

(1) 了解系统数据库的作用，理解数据库的存储结构。

(2) 掌握数据库基础知识。

(3) 熟练掌握使用对象资源管理器和 Transact-SQL 语言创建数据库的方法。

(4) 学会修改和查看数据库。

(5) 熟练掌握数据库的分离和附加、备份和还原的操作。

二、实验准备

(1) 以数据库管理员的身份连接数据库服务器。

(2) 了解使用对象资源管理器创建数据库和管理数据库的方法。

(3) 了解创建和管理数据库的 Transact-SQL 语句的相关语法格式。

(4) 了解数据库的分离和附加、备份和还原的相关概念和操作方法。

三、实验内容和操作步骤

1. 创建数据库

创建数据库“商品管理系统”：主数据文件“商品管理_m”，初始大小为 30 MB，最大大小不受限制，按 10%增长；次要数据文件“商品管理_n”，初始大小为 20 MB，最大大小不受限制，按 2 MB 增长；日志文件“商品管理_l”，初始为 10 MB，最大大小不受限制，按 5 MB 增长。存储路径：“D:\商品管理系统\”(提示：如果 D 盘没有“商品管理系统”目录，请先创建此目录)。

(1) 使用对象资源管理器创建。

(2) 使用模板资源管理器创建。

(3) 使用 Transact-SQL 语言创建。

```
create database 商品管理系统
on primary
(
name='商品管理_m', --数据文件的逻辑名称
filename='D:\商品管理系统\商品管理 m.mdf',--物理名称，注意目录必须存在
size=30mb, --数据文件的初始大小
maxsize=unlimited, --数据文件的最大值
filegrowth=10%   --数据文件增长方式为按比例增长
),
(
name=__________________,
filename=__________________,
size=__________________,
maxsize=__________________,
filegrowth=__________________)
```

```
log on
(
name=____________________,
filename=____________________,
size=____________________,
maxsize=____________________,
filegrowth=____________________
)go
```

2. 修改数据库

（1）使用对象资源管理器为“商品管理系统”增加一个数据文件“商品管理 a_n”，初始大小为 10 MB，最大大小为 100 MB，增长方式是按 10%增长。

（2）使用 Transact-SQL 语言为数据库增加一个日志文件“商品管理 a_l”，初始大小为 1 MB，最大大小不受限制，按 10%增长。

```
____________________ database 商品管理系统
____________________
(
name='____________________',
filename='D:\商品管理系统\商品管理 a_l.ldf',
size=____________________,
maxsize=____________________,
filegrowth=____________________
)
```

（3）将主数据文件“商品管理_m”的初始大小更改为 10 MB。

```
alter database 商品管理系统
____________________ file
(
name='商品管理_m',
____________________=10mb
)
```

3. 管理数据库

（1）备份数据库。要求用对象资源管理器将数据库“商品管理系统”完整备份到“D:\商品管理系统\备份\”中（提示：首先在 D 盘创建“备份”文件夹）。

（2）完成备份操作后，用对象资源管理器将数据库“商品管理系统”删除。

（3）还原“商品管理系统”数据库。

（4）数据库的分离与附加。

① 使用对象资源管理器将数据库“商品管理系统”分离。

② 使用对象资源管理器附加数据库“商品管理系统”。

习题3

一、单项选择题

1. 数据库中的数据一般存放在(　　)中。
   A. 内存　　B. cpu　　C. 寄存器　　D. 磁盘
2. SQL Server 2016 安装程序会创建 4 个系统数据库，下列(　　)不是系统数据库。
   A. master　　B. model　　C. pubs　　D. msdb
3. SQL Server 2016 中的数据库文件有三类，其中主数据文件的后缀为(　　)。
   A. . ndf　　B. . ldf　　C. . mdf　　D. . idf
4. 在数据库系统中，对数据操作的最小单位是(　　)。
   A. 字节　　B. 数据项　　C. 记录　　D. 字符
5. 添加日志文件的语句是(　　)。
   A. add file　　B. add log file
   C. modify file　　D. remove file
6. 下列说法错误的是(　　)。
   A. 每个数据文件有且只有一个主数据文件
   B. 一个数据库可以有多个辅助数据文件
   C. 日志文件可以存放于任意文件组中
   D. 主数据文件默认为 primary 文件组
7. 当数据库损坏时，数据库管理员可通过(　　)恢复数据库。
   A. 日志文件　　B. 主数据文件
   C. delete 语句　　D. 联机帮助文件
8. 数据库的备份与恢复是对数据库的(　　)。
   A. 设计　　B. 保护　　C. 操纵　　D. 运行的管理
9. 如果数据库 test 损坏，可用(　　)语句对其进行还原。
   A. restore database from disk='c:\mssq\backup\test. bak' to test
   B. restore database test from'c:\mssq\backup\test. bak'
   C. restore test from disk='c:\mssq\backup\test. bak'
   D. restore database test from disk='c:\mssq\backup\test. bak'

二、填空题

1. SQL Server 2016 所支持的备份类型有__________、__________、和__________。
2. 数据库创建以后，删除数据库用__________语句，修改数据库用__________语句。
3. __________记录 SQL Server 系统的所有系统级信息。
4. sp_addumpdevice 命令的主要功能是__________。

三、判断题

1. 备份数据库的命令为 backup database。 （ ）
2. tempdb 数据库是用户建立新数据库的模板数据库。 （ ）
3. 对于数据的一致性、完整性和正确性，设计是至关重要的。 （ ）
4. 数据仓库很快就要取代数据库。 （ ）
5. 所有数据库都能执行分离操作。 （ ）
6. 数据库差异备份只记录自上次数据库备份后发生更改的数据。 （ ）
7. 日志文件不属于任何文件组，文件组只实现对数据文件的管理。 （ ）

四、简答题

1. SQL Server 2016 的系统数据库有哪些？它们各自的功能是什么？
2. 为什么要设立日志文件？
3. 什么是分离用户数据库？什么是附加用户数据库？
4. 什么是数据库的备份和恢复？

第4章 数据表

数据表用于存放数据库中的数据，是 SQL Server 2016 中最基本的数据对象。在第 3 章数据库及其管理中，我们根据“商品管理系统”的需要创建了“goods_management”数据库。这个数据库现在只是个空壳，还没有存放任何商品信息的相关数据，它只是在计算机上占了一个位置。本章将学习如何使用 SQL Server 2016 的数据表对商品信息数据进行组织和管理。

本章主要内容如下。

- 数据表的结构设计。
- 数据表的创建、修改、删除。
- 约束、默认值和规则的使用。
- 表数据的添加、删除和修改。

4.1 数据表的概念

SQL Server 2016 是关系数据库管理系统。关系数据库的主要特征是用二维表来存储和管理数据，每个数据库由若干个相互之间有联系的数据表构成。数据表是存放数据库中数据的对象，按照行和列的格式组织数据。

每个表都有一个表名，由若干数据行组成，表的第一行是各个数据列的列标题，其余各行每一行都代表一条记录。每条记录由若干个数据项组成，每个数据项称为字段或属性，每个列标题即为字段名或属性名，每个数据项的值称为属性值。

如图 4-1 所示的客户信息表，表中的每一列分别代表客户的客户编号、客户姓名、邮箱、家庭、地址、联系电话；client_id、client_name、mobile、home_address、email 是列名，即字段名或属性名；表中的每一行数据代表一个客户的基本信息。

	client_id	client_name	mobile	home_address	email
1	201863516	马兰	13797284133	湖北武汉	1501563221@qq.com
2	201863517	吴玉山	13477607316	湖北荆门	1668851040@qq.com
3	201863519	王小丽	15197721321	湖北仙桃	wang@qq.com
4	201863541	徐燕	17795781334	辽宁大连	xu@qq.com
5	201863543	刘一鸣	15897584166	河南郑州	13798284133@qq.com
6	201863544	李旺	15972881324	湖北荆州	1226095146@qq.com
7	201863545	李玉刚	15555243251	湖北公安	13797284133@qq.com
8	201863546	张华	15973245261	湖北黄冈	zhang@163.com
9	201863547	杨雪	13477261278	湖南长沙	yang@qq.com
10	201863555	朱子超	13997884321	湖北黄冈	1042383560@qq.com
11	201863577	李林	13540137881	湖北仙桃	13351862485@163.com
12	201863589	罗飞	18899705621	湖北武汉	luo@163.com
13	201863599	李月	15071710475	湖北公安	li@qq.com

图 4-1 客户信息表

4.2 设计数据表

数据表是对数据进行存储和操作的一种逻辑结构，每个数据表都是一个存储数据的实体，具有唯一的名称。

4.2.1 商品管理数据库的表结构

“goods_management”数据库由客户信息表、商品信息表、进货信息表、销售信息表、库存信息表组成。各表的表结构设计如下。

(1) 客户信息表(client)的表结构如表 4-1 所示。

表 4-1 client 的表结构

列名含义	列名(字段名)	数据类型	长度/字符	是否允许为空	约束
客户编号	client_id	char	10	否	primary key
客户姓名	client_name	nchar	4	否	—
联系电话	mobile	char	11	否	unique
地址	home_address	nvarchar	30	否	—
邮箱	email	varchar	30	是	check: * @ * . *

(2) 商品信息表(goods)的表结构如表 4-2 所示。

表 4-2 goods 的表结构

列名含义	列名(字段名)	数据类型	长度/字符	是否允许为空	约束
商品编号	goods_id	char	10	否	primary key
商品条码	goods_barcode	varchar	20	否	—
商品名称	goods_name	nvarchar	20	否	—
产地	production_place	nvarchar	30	否	—

(3) 进货信息表(purchase)的表结构如表 4-3 所示。

表 4-3 purchase 的表结构

列名含义	列名(字段名)	数据类型	长度/字符	是否允许为空	约束
进货编号	purchase_id	char	10	否	primary key
商品编号	goods_id	char	10	否	foreign key
进货单价	purchase_price	decimal	(6,2)	否	check:>=0
进货数量	purchase_num	int	—	否	check:>=0
进货金额	purchase_money	decimal	(8,2)	是	进货单价 * 进货数量
进货日期	purchase_date	datetime	—	否	default:getdate()

(4) 销售信息表(sale)的表结构如表 4-4 所示。

表 4-4 sale 的表结构

列名含义	列名(字段名)	数据类型	长度/字符	是否允许为空	约束
销售编号	sale_id	char	10	否	primary key
商品编号	goods_id	char	10	否	foreign key
客户编号	client_id	char	10	否	foreign key
销售单价	sale_price	decimal	(6,2)	否	check:>=0
销售数量	sale_num	int	—	否	check:>=0
销售金额	sale_money	decimal	(8,2)	是	销售单价 * 销售数量
销售日期	sale_date	datetime	—	否	default:getdate()

(5) 库存信息表(stock)的表结构如表 4-5 所示。

表 4-5 stock 的表结构

列名含义	列名(字段名)	数据类型	长度/字符	是否允许为空	约束
商品编号	goods_id	char	10	否	primary key
库存数量	stock_num	int	—	否	check:>=0

商品管理数据库中各表之间的关系如图 4-2 所示。

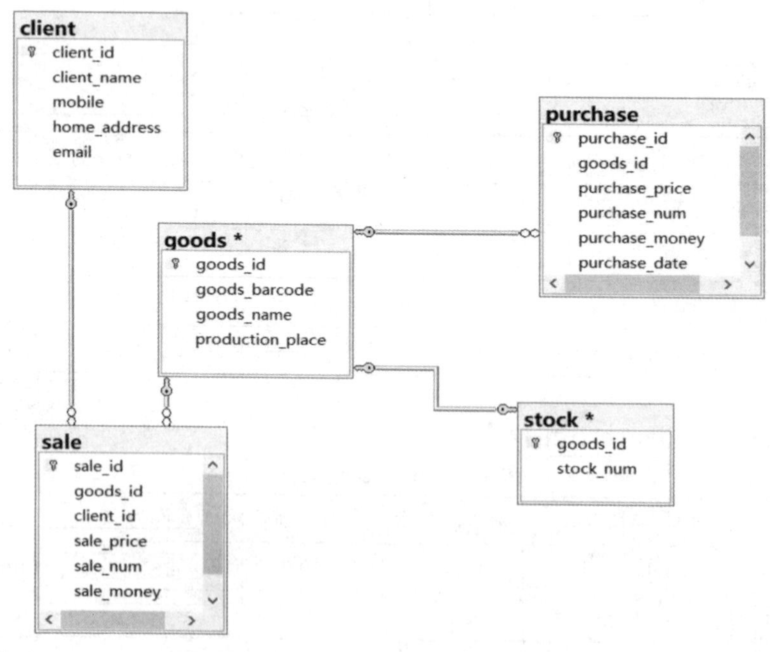

图 4-2 商品管理数据库中各表之间的关系

4.2.2 商品管理数据库的表数据

(1) 客户信息表(client)的表数据如表 4-6 所示。

表 4-6　client 的表数据

client_id	client_name	mobile	home_address	email
201863516	马兰	13797284133	湖北武汉	1501563221@qq. com
201863544	李旺	15972881324	湖北荆州	1226095146@qq. com
201863517	吴玉山	13477607316	湖北荆门	1668851040@qq. com
201863545	李玉刚	15555243251	湖北公安	13797284133@qq. com
201863519	王小丽	15197721321	湖北仙桃	wang@qq. com
201863546	张华	15973245261	湖北黄冈	zhang@163. com
201863541	徐燕	17795781334	辽宁大连	xu@qq. com
201863547	杨雪	13477261278	湖南长沙	yang@qq. com
201863543	刘一鸣	15897584166	河南郑州	13798284133@qq. com
201863589	罗飞	18899705621	湖北武汉	luo@163. com
201863599	李月	15071710475	湖北公安	li@qq. com
201863577	李林	13540137881	湖北仙桃	13351862485@163. com
201863501	杨华	13477470750	湖北武汉	yang@163. com
201863555	朱子超	13997884321	湖北黄冈	1042383560@qq. com

(2) 商品信息表(goods)的表数据如表 4-7 所示。

表 4-7　goods 的表数据

goods_id	goods_barcode	goods_name	production_place
us00100001	6936983800013	钢笔	湖北武汉
us00200001	6916987800021	铅笔	湖北荆州
fd00300001	6956998700248	彩虹糖	湖北仙桃
fd00400001	6956954800235	士力架	湖南长沙
fd00200001	6941238400286	鸡蛋	湖北荆州
fd00300002	6949854623659	冰淇淋	湖北仙桃
dk00100001	6921354965413	牛奶	湖北武汉
us00100002	6905416413246	伞	湖北武汉
we00100001	6956523538546	鞋	湖北武汉
dk00300001	6941846414323	矿泉水	湖北仙桃
we00400001	6951321446412	大衣	湖南长沙
us00200002	6951654112311	笔记本	湖北荆州
we00300001	6904564413214	帽子	湖北仙桃
us00300001	6904546546544	纸	湖北仙桃

说明：goods_id(商品编号)的 10 个字符的含义是商品类别(2 个)+产地(3 个)+商品序号(5 个)，其中前 2 个字符“us”表示使用类商品，“fd”表示食物类商品，“dk”表示饮品类商

品，“we”表示穿戴类商品；第 3～5 个字符“001”表示湖北武汉，“002”表示湖北荆州，“003”表示湖北仙桃，“004”表示湖南长沙。

(3) 进货信息表(purchase)的表数据如表 4-8 所示。

表 4-8 purchase 的表数据

purchase_id	goods_id	purchase_price	purchase_num	purchase_money	purchase_date
0622000001	us00100001	2.5	50	125	2018/6/22
0623000002	us00200001	1	30	30	2018/6/23
0628000003	fd00300001	4	28	112	2018/6/28
0622000004	fd00400001	4.5	36	162	2018/6/22
0627000005	fd00200001	1	24	24	2018/6/27
0623000006	fd00300002	2	36	72	2018/6/23
0627000007	dk00100001	2.5	18	45	2018/6/27
0623000008	us00100002	28	15	420	2018/6/23
0622000009	we00100001	128	6	768	2018/6/22
0623000010	us00200002	2	32	64	2018/6/23
0627000011	we00300001	255	5	1 275	2018/6/27
0622000012	us00200002	2.5	30	75	2018/6/22
0623000013	we00300001	22	14	308	2018/6/23
0627000014	us00300001	1	28	28	2018/6/27
0622000015	we00100001	128	5	640	2018/6/22
0627000016	fd00300001	4	30	120	2018/6/27
0622000017	us00100001	2.5	55	137.5	2018/6/22
0623000018	fd00200001	1	22	22	2018/6/23
0623000019	fd00300002	2	38	76	2018/6/23
0623000020	dk00100001	2.5	66	165	2018/6/23
0622000021	us00200001	1	33	33	2018/6/22
0622000022	dk00300001	2	29	58	2018/6/22
0623000023	us00200001	1	66	66	2018/6/23
0628000024	dk00100001	2.5	66	165	2018/6/28
0623000025	fd00200001	1	54	54	2018/6/23
0628000026	fd00300002	2	33	66	2018/6/28
0629000027	we00400001	255	8	2 040	2018/6/29
0629000028	we00300001	22	32	704	2018/6/29
0629000029	us00300001	1	96	96	2018/6/29

(4) 销售信息表(sale)的表数据如表 4-9 所示。

表 4-9　sale 的表数据

sale_id	goods_id	client_id	sale_price	sale_sum	sale_money	sale_date
0702000001	us00100002	201863516	2.5	28	70	2018/7/2
0703000002	us00100002	201863544	30	10	300	2018/7/3
0701000003	fd00300001	201863517	5	20	100	2018/7/1
0629000004	fd00400001	201863545	5	32	160	2018/6/29
0630000005	dk00300001	201863519	3	10	30	2018/6/30
0701000006	us00200001	201863546	3.5	42	147	2018/7/1
0702000007	we00100001	201863541	155	3	465	2018/7/2
0630000008	fd00300001	201863547	5	3	15	2018/6/30
0701000009	fd00200001	201863543	1.5	22	33	2018/7/1
0702000010	us00100001	201863555	2.5	20	50	2018/7/2

(5) 库存信息表(stock)的表数据如表 4-10 所示。

表 4-10　stock 的表数据

goods_id	stock_num
us00100001	63
us00200001	129
fd00300001	35
fd00400001	4
fd00200001	78
fd00300002	107
dk00100001	150
us00100002	5
we00100001	8
dk00300001	3
we00400001	13
us00200002	30
we00300001	45
us00300001	124

4.3　创建数据表

4.3.1　使用对象资源管理器创建数据表

例 4-1　使用对象资源管理器创建表 4-1 所示的客户信息表(client)。

在 SQL Server 2016 中，使用对象资源管理器创建数据表的操作步骤如下。

(1) 启动 SQL Server Management Studio，在对象资源管理器中展开"goods_management"数据库，右键单击"表"，在弹出的快捷菜单中选择"新建"命令，再选择"表"，如图 4-3 所示。

(2) 在弹出的"表设计器"窗格中，根据表 4-1 客户信息表(client)的表结构，分别输入各字段的列名、数据类型、长度、是否允许为空等属性(约束的创建见本章 4.6)，如图 4-4 所示。

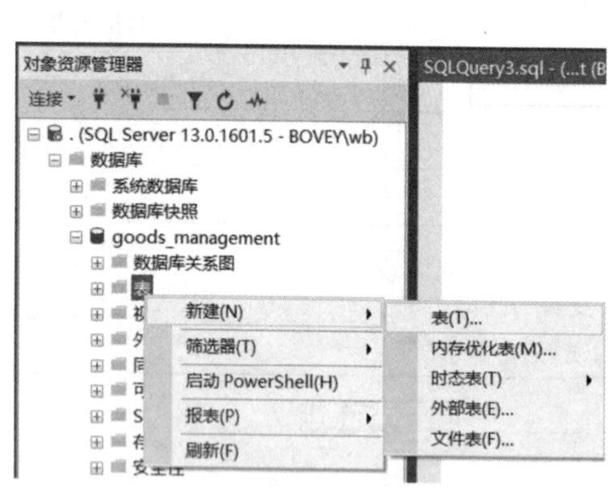

图 4-3　新建表

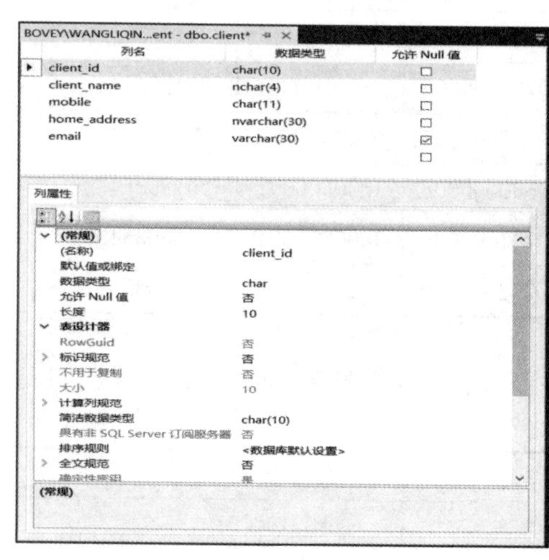

图 4-4　定义表结构和列属性

(3) 单击"保存"按钮，在弹出的"选择名称"对话框中输入表名"client"，如图 4-5 所示，然后单击"确定"按钮完成数据表的创建。

图 4-5　输入表名

4.3.2　使用 Transact-SQL 语言创建数据表

在 Transact-SQL 中，使用 create table 语句创建数据表。

1. create table 语句的语法格式

```
create table[database_name.[schema_name].|schema_name.]table_name
(
column_name  data_type [null|not null],
……
[constraint constraint_name] [primary key|foreign key|unique|default|check][constraint_
expression][,…n]
]
```

参数说明如下。

(1) database_name:要在其中创建数据表的数据库名称,必须是现有的数据库的名称。如果不指定,则 database_name 默认为当前数据库。

(2) table_name:新创建的表的名称。表名必须遵循标识符命名规则。

(3) column_name:表中字段的名称。字段名必须遵循标识符命名规则,并且在表中唯一。

(4) data_type:指定字段的数据类型,可以是系统数据类型,也可以是用户自定义数据类型。

(5) null|not null:指定数据列是否允许为空,null 表示允许为空,not null 表示不允许为空。

(6) constraint_name:约束的名称。为实现表数据的完整性,可以为表定义(primary key|foreign key|unique|default|check)约束;也可以在表创建完成之后通过对表定义信息的修改为数据表增加约束。约束的定义详见本章 4.6 的内容。

(7) constraint_expression:约束的表达式,详见本章 4.6 的内容。

2. 使用 create table 创建数据表实例

例 4-2 使用 Transact-SQL 语言创建表 4-4 所示的销售信息表(sale)。

```
use goods_management
go
create table sale
  (sale_id char(10) not null,
  goods_id char(10) not null,
  client_id char(10) not null,
  sale_price decimal(6,2) not null,
  sale_num int not null,
  sale_money decimal(8,2),
  sale_date datetime not null
)
```

4.4 修改数据表

数据表创建以后,在使用过程中可能需要对表的结构进行修改。对于数据库中已存在的表,可以更改表名称、增加和删除列、修改列的属性、添加约束。建议在设计表结构时考虑周全,尽量不要修改已存在的表。

4.4.1 使用对象资源管理器修改数据表

例 4-3 使用对象资源管理器修改例 4-1 所创建的客户信息表(client),为其增加新的列出生日期(birthday),数据类型为 smalldatetime,允许空值。

在 SQL Server 2016 中,使用对象资源管理器修改数据表——增加列的操作步骤如下。

（1）启动 SQL Server Management Studio，在对象资源管理器中展开“goods_management”数据库，展开“表”节点，右键单击“dbo. client”，在弹出的快捷菜单中选择“设计”命令，如图 4-6 所示。

（2）在弹出的“表设计器”窗格中，在 email 列下方分别输入列名 birthday、选择数据类型 smalldatetime，勾选“允许 Null 值”，如图 4-7 所示。

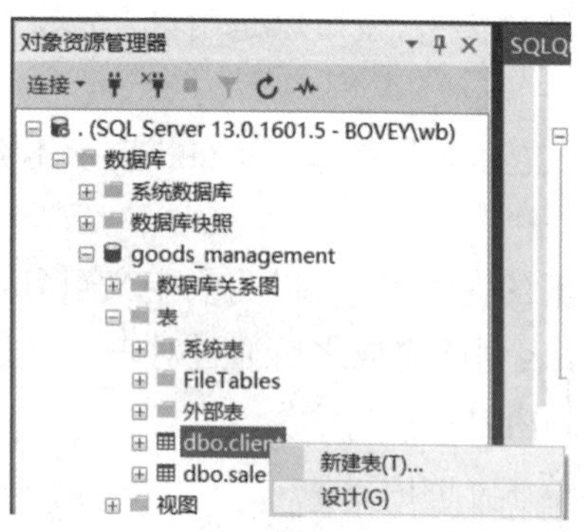

图 4-6　选择修改数据表操作

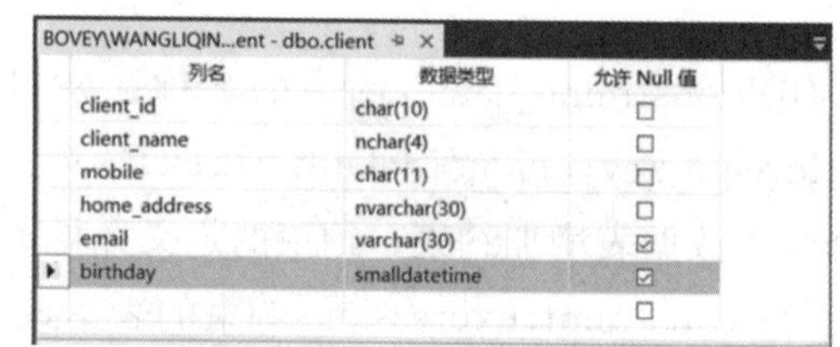

图 4-7　修改表结构，增加列 birthday

（3）单击“保存”按钮。

例 4-4　使用对象资源管理器修改客户信息表（client），删除名为 birthday 的列。

在 SQL Server 2016 中，使用对象资源管理器修改数据表——删除列的操作步骤如下。

（1）启动 SQL Server Management Studio，在对象资源管理器中展开“goods_management”数据库，展开“表”节点，右键单击“dbo. client”，在弹出的快捷菜单中选择“设计”命令。

（2）在弹出的“表设计器”窗格中，选中 birthday 列，右键单击，在弹出的快捷菜单（见图 4-8）中选择“删除列”命令。

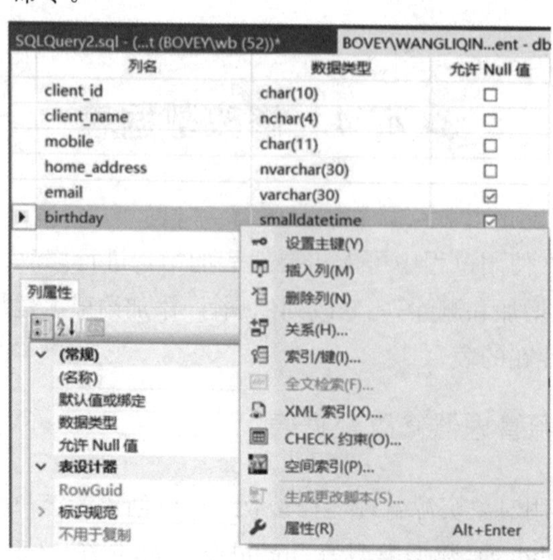

图 4-8　修改表结构，删除列 birthday

（3）单击“保存”按钮。

4.4.2 使用 transact-SQL 语言修改数据表

在 Transact-SQL 中，使用 alter table 语句修改数据表。

alter table 语句的语法格式如下。

```
alter table table_name
{[alter column column_name
{new data_type [(precision [,scale])]
[null|not null]
|add
{[<column_defintion>][,...n]
|drop{[constraint]constraint_name|column column_name}[,...n]
```

参数说明如下。

（1）table_name：要修改的数据表的名称。

（2）alter column：修改列的定义。

（3）add：增加新列或约束。

（4）drop：删除列或约束。

例 4-5 使用 alter table 语句修改例 4-1 所创建的客户信息表（client），为其增加新的列性别（gender），数据类型为 nchar，长度为 1 个字符，允许空值。

```
use goods_management
go
alter table client
   add gender nchar(1) null
go
```

例 4-6 使用 alter table 语句修改客户信息表（client），将客户姓名列的数据类型修改为 varchar，最大长度为 30 个字符。

```
use goods_management
go
alter table client
  alter column client_name varchar(30)
go
```

例 4-7 使用 alter table 语句修改客户信息表（client），删除名为 gender 的列。

```
use goods_management
go
alter table client
   drop column gender
go
```

4.5 数据完整性

数据完整性是指数据库中数据的正确性和一致性，是数据库设计中一个非常重要的问题，用于防止数据库中存在不合语义的数据以及错误数据的输入和输出。数据完整性技术包括数据完整性约束条件和数据完整性检查。数据完整性约束条件是指为维护数据库的数据完整性，DBMS 提供的定义在数据库数据上的语义约束条件；数据完整性检查是检查数据库中数据是否满足数据完整性约束条件的机制。

在 SQL Server 中，根据数据完整性约束条件所作用的数据库对象和范围的不同，将数据完整性分为实体完整性、域完整性、参照完整性和用户自定义完整性四种。

1. 实体完整性

实体完整性可以理解成表中数据行的完整性，把表中的每一条记录当作一个实体，它要求表中所有的数据行都是唯一的，表中不能有重复记录。实体完整性的作用对象是数据表中的记录。要满足实体完整性，一般要求表中有一个主键，它的值不能为空并且能够唯一地标识对应的记录。通常可以通过创建索引、unique 约束，primary key 约束或 identity 属性来实现数据的实体完整性。

2. 域完整性

域完整性可以理解成表中数据列的完整性，用于限制指定列输入的数据的有效性。域完整性要求表中指定列的数据具有正确的数据类型和格式、有效的数据范围。通常可以通过定义数据类型、是否允许为空、check 约束、foreign key 约束、default 约束来实现域完整性。

3. 参照完整性

参照完整性又称为引用完整性。参照完整性用于保证主表(参照表)和从表(被参照表)之间数据的一致性。在 SQL Server 中，参照完整性主要通过定义 foreign key 约束来实现。

4. 用户自定义完整性

用户自定义完整性是指在数据库中定义不属于其他任何完整性分类的特定业务规则。可以通过定义存储过程或触发器来实现用户自定义完整性。

4.6 约　束

约束是强制实现数据完整性的一种方法，它可以保障录入表中的数据的有效值和正确性，维护表与表之间数据的一致性。SQL Server 提供了五种强制列中数据完整性的机制，即 primary key(主键)约束、foreign key(外键)约束、check(检查)约束、unique(唯一)约束、default(默认)约束。

4.6.1 primary key(主键)约束

能够唯一地标识数据表中的每一行的一列或多列的组合称为表的主键。通过为数据表定义主键约束,可以强制实现表的实体完整性。

一个表只能设置一个 primary key 约束,而且 primary key 约束中的列不能接受空值和重复值。如果 primary key 约束定义在多列的组合上,则其中单列的值可以重复,但 primary key 约束定义中多个列的组合的值必须唯一。

1. 使用对象资源管理器设置 primary key(主键)约束

例 4-8 使用对象资源管理器为客户信息表(client)创建主键约束。

在 SQL Server 2016 中,使用对象资源管理器设置主键约束的操作步骤如下。

(1) 启动 SQL Server Management Studio,在对象资源管理器中展开“goods_management”数据库,展开“表”节点,右键单击“dbo. client”,在弹出的快捷菜单中选择“设计”命令。

(2) 在弹出的“表设计器”窗格中,选中 client_id 列,右键单击,在弹出的快捷菜单中选择“设置主键”命令,如图 4-9 所示;设置成功,则前方方格中会出现一把金色钥匙,如图 4-10 所示。

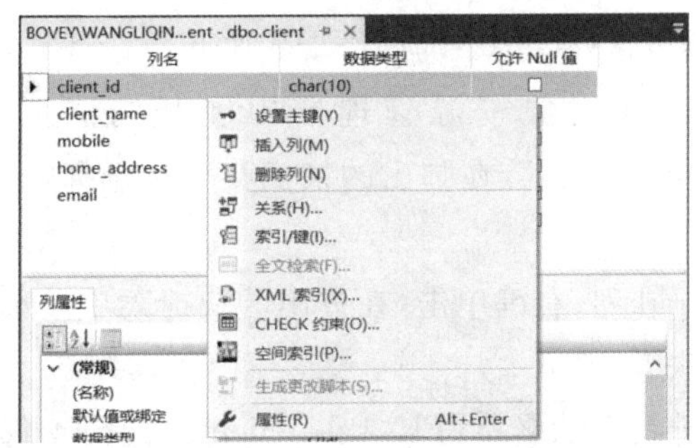

图 4-9 设置主键约束

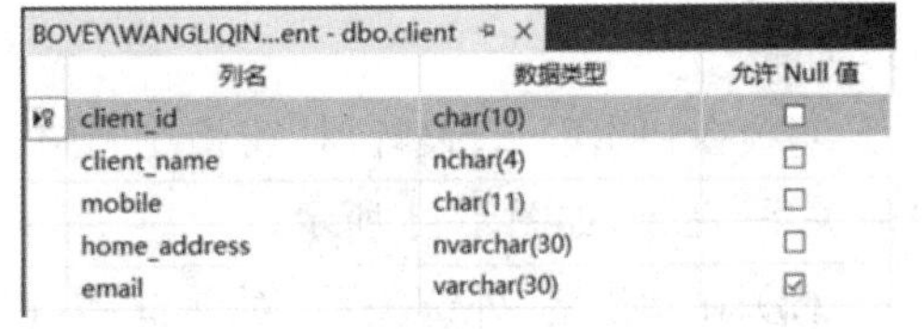

图 4-10 主键约束设置成功

说明:如果是将多列的组合设置为主键约束,则按下 Ctrl 键,同时选中多列,然后右键单击进行相应操作。

(3) 单击“保存”按钮。

2. 使用 Transact-SQL 语言创建 primary key (主键)约束

修改数据表时,设置主键约束的语法格式如下。

```
alter table table_name
add constraint constraint_name
primary key [clustered|nonclustered](column_name[,…n ])
```

说明:clustered|nonclustered 表示所创建的是聚集索引或非聚集索引,默认为 clustered(聚集索引与非聚集索引详见第 7 章内容)。

例 4-9 使用 Transact-SQL 语言为已存在的销售信息表(sale)设置主键约束。

```
alter table sale
add constraint pk_sale
primary key (sale_id)
```

例 4-10 使用 Transact-SQL 语言创建表 4-3 所示的进货信息表(purchase)并在创建表的同时为其设置主键约束。

```
create table purchase
(purchase_id char(10) primary key,
  goods_id char(10) not null,
  purchase_price decimal(6,2) not null,
  purchase_num int not null,
  purchase_money decimal(8,2),
  purchase_date datetime not null
)
```

4.6.2 foreign key(外键)约束

1. 使用对象资源管理器设置 foreign key(外键)约束

例 4-11 使用对象资源管理器将 client_id 设置为 sale 表的外键结束。

在 SQL Server 2016 中,使用对象资源管理器设置外键约束的操作步骤如下。

(1) 启动 SQL Server Management Studio,在对象资源管理器中展开"goods_management"数据库,展开"表"节点,右键单击"dbo. client",在弹出的快捷菜单中选择"设计"命令。

(2) 在弹出的"表设计器"窗格中,选中 client_id 列,右键单击,在弹出的快捷菜单中选择"关系"命令,如图 4-11 所示。

(3) 在弹出的"外键关系"对话框中,设置外键约束的名称(FK_sale_client),如图 4-12 所示。

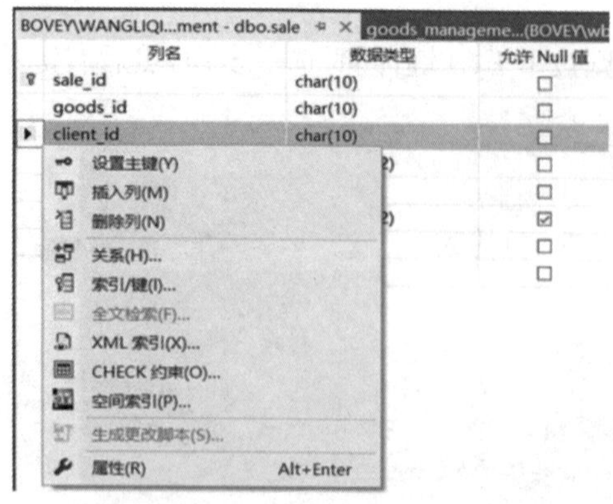

图 4-11 选择"关系"命令

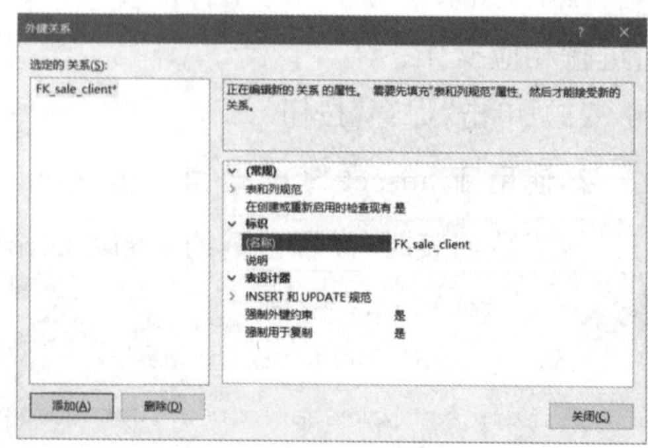

图 4-12 设置外键约束的名称"FK_sale_client"

(4) 选中“外键关系”对话框中的“表和列规范”属性，如图 4-13 所示，“表和列规范”属性的右侧出现“...”按钮，单击该按钮。

(5) 弹出“表和列”对话框，在“主键表”中选择“client”表，字段选择“client_id”字段；在“外键表”中选择“sale”表，字段选择“client_id”字段，如图 4-14 所示，然后单击“确定”按钮。

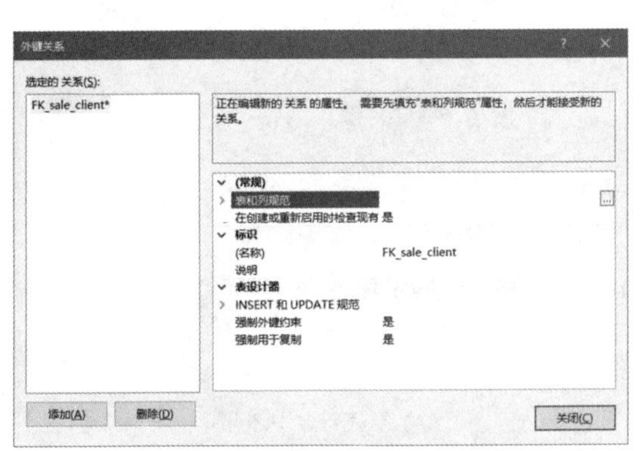

图 4-13 选中“表和列规范”属性

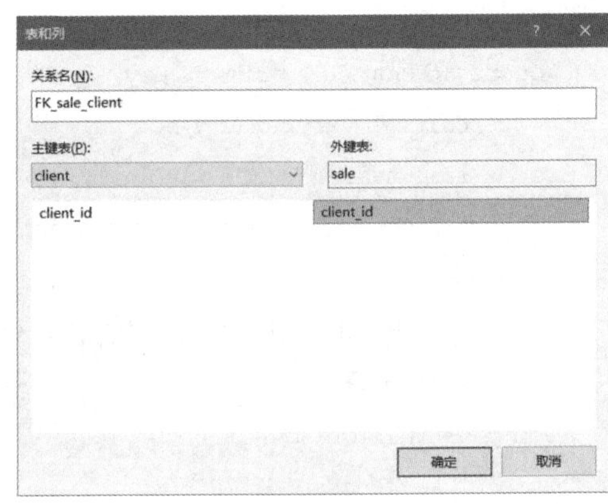

图 4-14 设置表和列

(6) 单击“保存”按钮，弹出如图 4-15 所示的“保存”对话框，单击“是”按钮，即可完成外键约束的创建。此时，在对象资源管理器中，可以查看到外键 FK_sale_client，如图 4-16 所示。

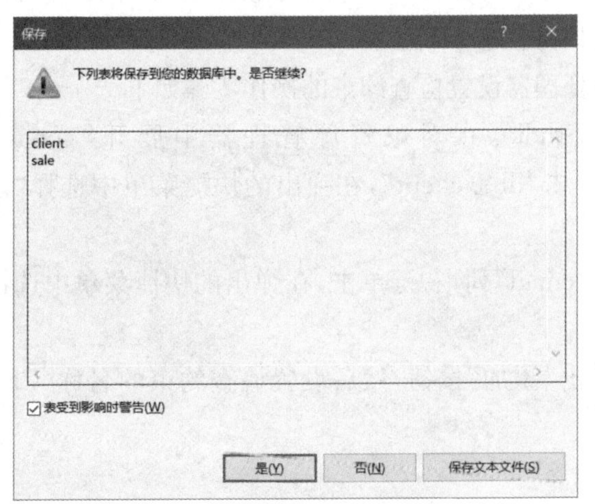

图 4-15 保存外键约束对话框

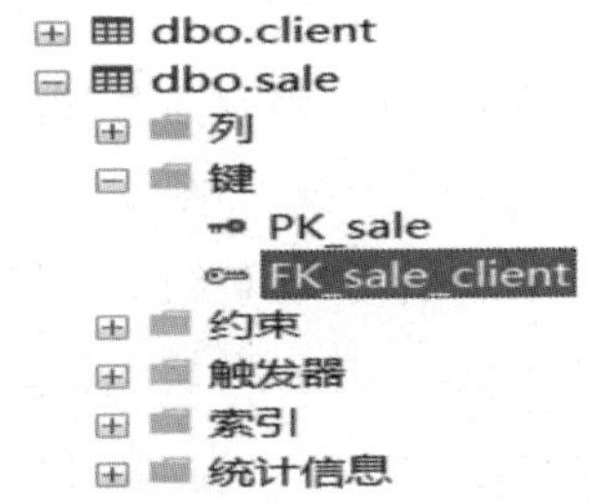

图 4-16 查看外键约束“FK_sale_client”

2. 使用 Transact-SQL 语言创建 foreign key(外键)约束

使用 Transact-SQL 语言创建外键约束的语法格式如下。

```
alter table table_name
add constraint constraint_name foreign key
peferences referenced_table_name (ref_column)
```

参数如下。

(1) referenced_table_name：foreign key 约束引用的主表的名称。

(2) ref_column：foreign key 约束所引用的主表中的某列。

例 4-12 使用 Transact-SQL 语言将 goods_id 列设置为进货信息表(purchase)的外键约束，建立与商品信息表(goods)之间的联系。

(1) 首先创建商品信息表(goods)，将 goods_id 列设置为主键约束。

```
create table goods
(goods_id char(10) primary key,
goods_barcode varchar(20) not null,
goods_name nvarchar(20) not null,
Production_place nvarchar(30) not null
)
```

(2) 将 goods_id 列设置为进货信息表(purchase)的外键约束。

```
alter table purchase
add constraint fk_purchase
foreign key(goods_id)
references goods (goods_id)
```

4.6.3 check(检查)约束

1. 使用对象资源管理器设置 check(检查)约束

例 4-13 使用对象资源管理器为“client”表的“email”字段设置检查约束，使其满足正确的邮箱格式(“ * @ ** ”，其中“ * ”可以是任意多个字符)。

在 SQL Server 2016 中，使用对象资源管理器设置检查约束的操作步骤如下。

(1) 启动 SQL Server Management Studio，在对象资源管理器中展开“goods_management”数据库，展开“表”节点，右键单击“dbo. client”，在弹出的快捷菜单中选择“设计”命令。

(2) 在弹出的“表设计器”窗格中，选中“email”列，右键单击，在弹出的快捷菜单中选择“CHECK 约束”命令，如图 4-17 所示。

(3) 在弹出的“检查约束”对话框中，单击“添加”按钮，然后设置检查约束的名称(CK_client_email)，如图 4-18 所示。

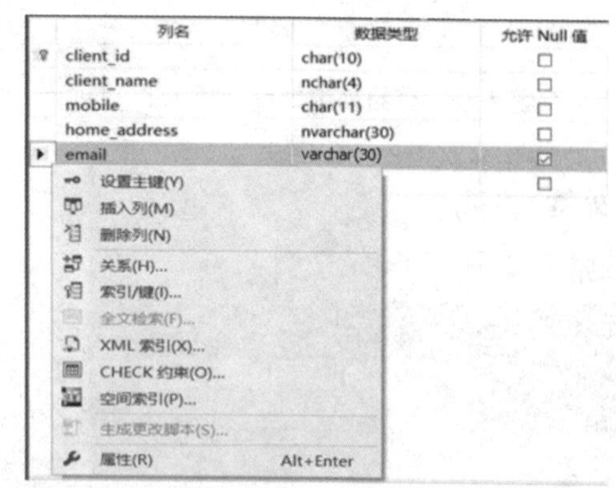

图 4-17 选择“CHECK 约束”命令

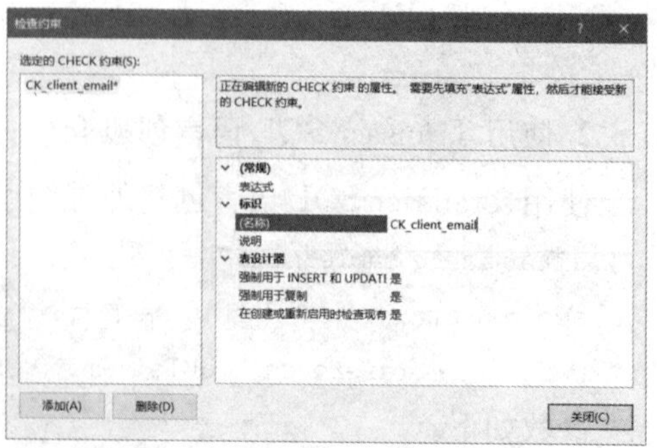

图 4-18 设置检查约束的名称“CK_client_email”

(4) 选中“检查约束”对话框中的“表达式”属性，如图 4-19 所示，“表达式”属性的右侧出现“...”按钮，单击该按钮。

(5) 弹出“CHECK 约束表达式”对话框，在其中输入 CHECK 约束表达式(email like '_%@_%._%')，如图 4-20 所示，然后单击“确定”按钮。

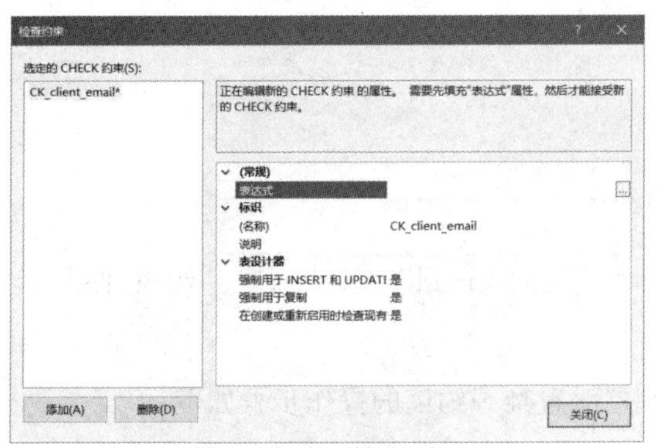

图 4-19　选择“表达式”属性

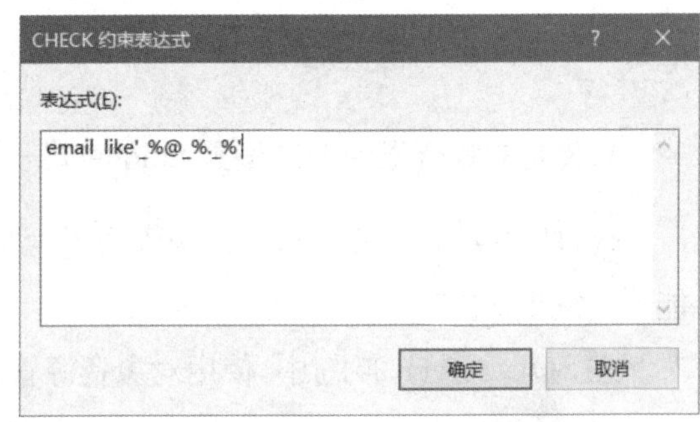

图 4-20　编辑 CHECK 约束表达式

(6) 回到“检查约束”对话框，如图 4-21 所示，单击“关闭”按钮。

(7) 回到“表设计器”窗口，单击“保存”按钮。此时，在对象资源管理器中展开“goods_management”下的“表”节点，展开“client”节点，右键单击“约束”节点，选择“刷新”命令，就可以看到名为“CK_client_email”的检查约束，如图 4-22 所示。

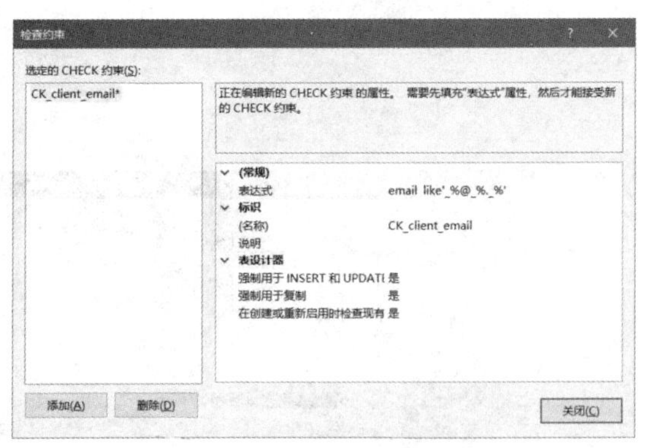

图 4-21　回到“检查约束”对话框

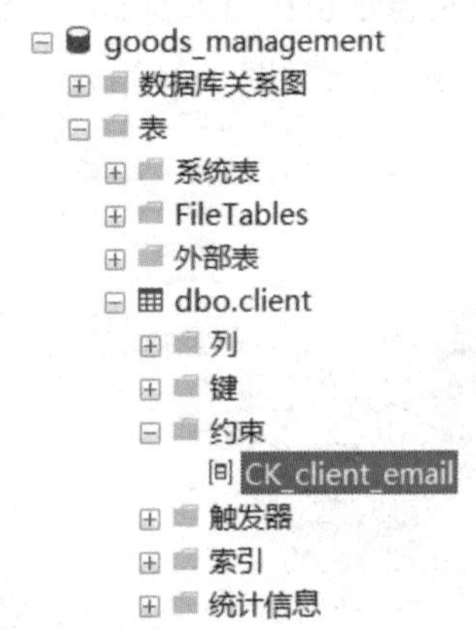

图 4-22　查看“CK_client_email”检查约束

说明：本例中的 CHECK 约束表达式使用了 like 进行字符串的匹配来限制“email”字段的取值范围，like 及通配符的使用将在第 5 章详细介绍。

2. 使用 Transact-SQL 语言创建 check(检查)约束

修改数据表时，设置检查约束的语法格式如下。

```
alter table table_name
add constraint constraint_name
check (logical_expression)
```

例 4-14 使用 Transact-SQL 语言为已存在的销售信息表(sale)设置检查约束，要求 sale_price 列的取值必须大于或等于零。

```
alter table sale
add constraint ck_sale
check(sale_price>=0)
```

4.6.4 unique(唯一)约束

1. 使用对象资源管理器设置 unique(唯一)约束

例 4-15 使用对象资源管理器为“client”表的“email”字段设置唯一约束，使其不能输入重复值。

在 SQL Server 2016 中，使用对象资源管理器设置唯一约束的操作步骤如下。

(1) 启动 SQL Server Management Studio，在对象资源管理器中展开“goods_management”数据库，展开“表”节点，右键单击“dbo. client”，在弹出的快捷菜单中选择“设计”命令。

(2) 在弹出的“表设计器”窗格中，选中“email”列，右键单击，在弹出的快捷菜单中选择“索引/键”，如图 4-23 所示。

(3) 弹出“索引/键”对话框，已经创建的索引或键显示在左侧窗格中，单击“添加”按钮，右侧窗格显示正在编辑新的唯一键或索引的属性，在“(名称)”右侧设置唯一约束的名称(IX_client_email)，如图 4-24 所示。

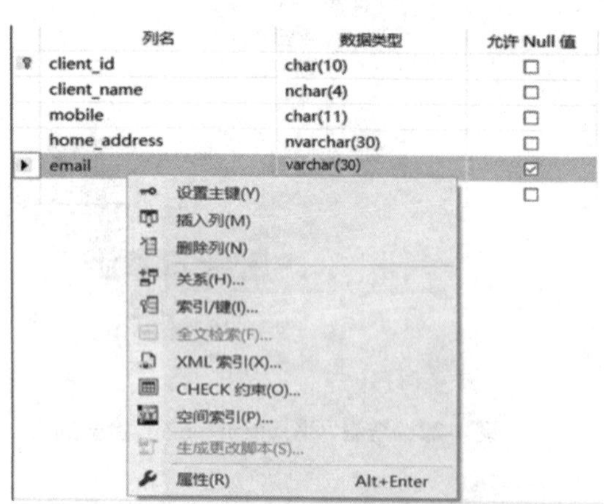

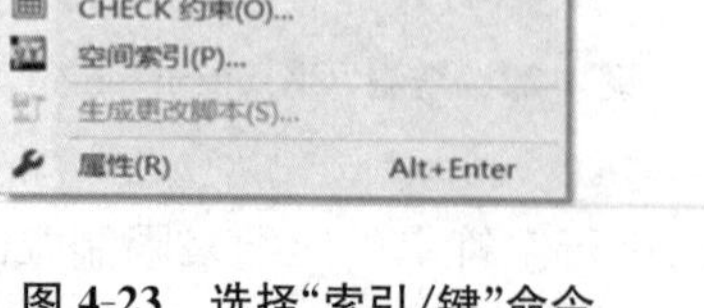

图 4-23 选择“索引/键”命令

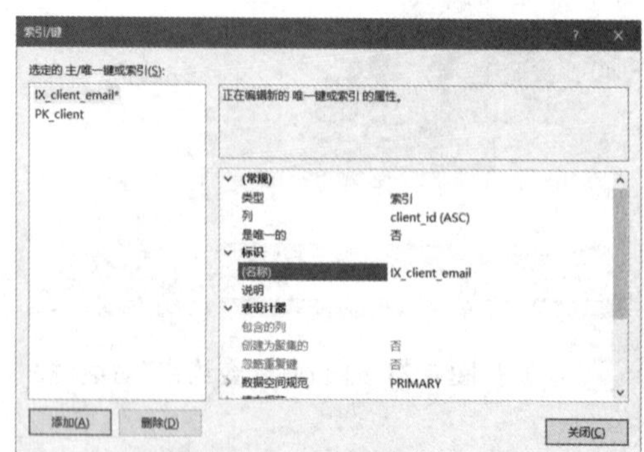

图 4-24 设置唯一约束的名称“IX_client_email”

(4) 选中“索引/键”对话框中的“是唯一的”属性，将其设置为“是”，如图 4-25 所示，然后单击“关闭”按钮。

(5) 单击“保存”按钮。此时，在对象资源管理器中展开“goods_management”下的“表”节点，展开“client”节点，右键单击“索引”节点，选择“刷新”命令，就可以看到名为“IX_client_email”的唯一约束，如图 4-26 所示。

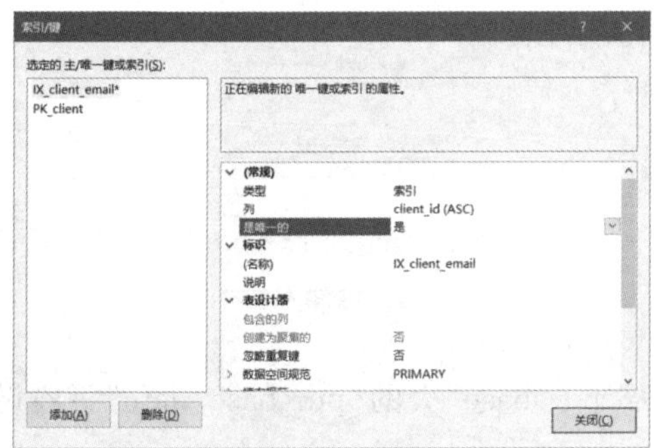

图 4-25　将“是唯一的”属性设置为“是”

图 4-26　查看“IX_client_email”唯一约束

2. 使用 Transact-SQL 语言创建 unique(唯一)约束

修改数据表时,设置唯一约束的语法如下。

```
alter table table_name
add constraint constraint_name
unique [clustered|nonclustered] (column_name[,…n ])
```

例 4-16　使用 Transact-SQL 语言为已存在的客户信息表(client)的 mobile 列设置唯一约束,要求 mobile 列的取值必须唯一,不允许出现重复值。

```
alter table client
add constraint un_mobile
unique (mobile)
```

4.6.5　default(默认)约束

1. 使用对象资源管理器设置 default(默认)约束

例 4-17　使用对象资源管理器为“sale”表的“sale_date”字段设置默认值为系统当前日期的默认约束。

在 SQL Server 2016 中,使用对象资源管理器设置默认约束的操作步骤如下。

(1) 启动 SQL Server Management Studio,在对象资源管理器中展开“goods_management”数据库,展开“表”节点,右键单击“dbo. sale”,在弹出的快捷菜单中选择“设计”命令。

(2) 在弹出的“表设计器”窗格中,选中“sale_date”列,在“列属性”窗格中的“默认值或绑定”右侧输入“getdate()”,如图 4-27 所示。

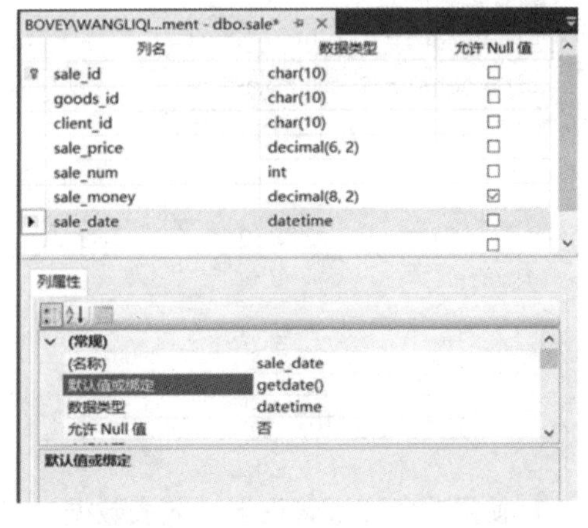

图 4-27　设置“默认值或绑定”

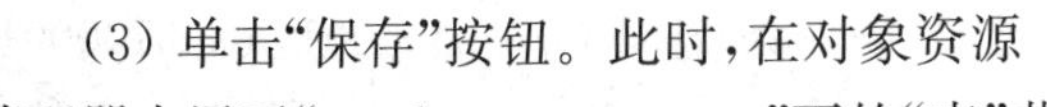

(3) 单击“保存”按钮。此时,在对象资源管理器中展开“goods_management”下的“表”节点,展开“sale”节点,右键单击“约束”节点,

选择“刷新”命令，就可以看到新建的默认约束。

2. 使用 Transact-SQL 语言创建 default(默认)约束

修改数据表时，设置默认约束的语法格式如下。

```
alter table table_name
add constraint constraint_name
default constraint_expression for column_name
```

参数说明：constraint_expression 为默认值。

例 4-18 使用 Transact-SQL 语言为“purchase”表的“purchase_date”字段设置默认值为系统当前日期的默认约束。

```
alter table purchase
add constraint df_purchase_date
default getdate() for purchase_date
```

4.6.6 删除约束

1. 使用对象资源管理器删除约束

例 4-19 使用对象资源管理器删除“purchase”表中名为“df_purchase_date”的约束。

在 SQL Server 2016 中，使用对象资源管理器删除约束的操作步骤如下。

(1) 启动 SQL Server Management Studio，在对象资源管理器中展开“goods_management”数据库，展开“表”节点，展开“purchase”节点，展开“约束”节点，右键单击“df_purchase_date”，在弹出的快捷菜单中选择“删除”命令。

(2) 在弹出的“删除对象”对话框中，单击“确定”按钮。

2. 使用 Transact-SQL 语言删除约束

删除约束的语法格式如下。

```
alter table table_name
drop constraint constraint_name
```

例 4-20 使用 Transact-SQL 语言删除客户信息表(client)中名为“un_mobile”的约束。

```
alter table client
drop constraint un_mobile
```


4.7 插入、修改和删除表数据

4.7.1 插入表数据

1. 使用对象资源管理器插入表数据

例 4-21 向销售信息表(sale)中插入一条记录(0702000001，us00100001，201863516，2.5，28，70，2018-7-2)。

在 SQL Server 2016 中,使用对象资源管理器插入一条记录的操作步骤如下。

(1) 启动 SQL Server Management Studio,在对象资源管理器中展开"goods_management"数据库,展开"表"节点,右键单击"dbo. sale",在弹出的快捷菜单中选择"编辑前 200 行"命令,在打开的表窗口中逐个输入相应的数据信息,如图 4-28 所示。

(2) 单击 Enter 键,完成数据行的输入,数据插入成功后,表的显示如图 4-29 所示。

BOVEY\WANGLIQI...ment - dbo.sale　BOVEY\WANGLIQI...ment - dbo.sale

	sale id	goods id	client id	sale price	sale num	sale money	sale date
	070200000	us0010000	20186351	2.5	28	70	2018/7/2
*	NULL	NULL	NULL	NULL	NULL	NULL	NULL

图 4-28　输入表数据

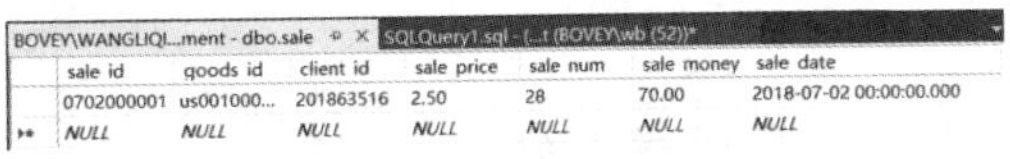

BOVEY\WANGLIQI...ment - dbo.sale　SQLQuery1.sql - (...t (BOVEY\wb (52))*

	sale id	goods id	client id	sale price	sale num	sale money	sale date
	0702000001	us001000...	201863516	2.50	28	70.00	2018-07-02 00:00:00.000
*	NULL	NULL	NULL	NULL	NULL	NULL	NULL

图 4-29　数据插入成功

2. 使用 Transact-SQL 语言插入表数据

插入表数据的语法格式如下。

```
insert[into] table_name[(column_name [,...n])]
values(expression [,...n])
```

参数说明如下。

(1) table_name:要插入数据的表的名称。

(2) column_name:要插入数据的字段名。

(3) expression:与 column_name 对应的字段的值,字符型和日期型的值都需要用单引号。

例 4-22　向客户信息表(client)中插入一条记录(201863516,马兰,13797284133,湖北武汉,1501563221@qq. com)。

```
insert client(client_id,client_name,mobile,home_address,email)
values ('201863516','马兰','13797284133','湖北武汉','1501563221@qq.com')
```

当向表中所有的列都插入数据时,字段名可以省略,但必须保证 values 后的各项数据位置和类型与表结构的定义完全一致。因此,上例也可以写为

```
insert client
values ('201863516','马兰','13797284133','湖北武汉','1501563221@qq.com')
```

4.7.2　修改表数据

1. 使用对象资源管理器修改表数据

使用对象资源管理器修改表数据,与插入表数据操作类似,鉴于篇幅,这里不再赘述。

2. 使用 Transact-SQL 语言修改表数据

修改表数据的语法格式如下。

```
update table_name
set column_name=expression[,...n]
[where search_conditions]
```

参数说明如下。

(1) table_name:要修改数据的表的名称。

(2) column_name:要修改的数据所对应的字段名。

(3) expression:新值。

(4) search_conditions:修改条件,只有满足条件的记录才会被修改;如果不设置修改条件,则修改表中所有记录。

例 4-23 将客户信息表(client)中客户马兰的联系电话修改为"13593840508"。

```
update client
set mobile='13593840508'
where client_name='马兰'
```

4.7.3 删除表数据

1. 使用对象资源管理器删除表数据

例 4-24 删除例 4-21 向销售信息表(sale)中插入的那条记录。

在 SQL Server 2016 中,使用对象资源管理器删除表数据的操作步骤如下。

(1) 启动 SQL Server Management Studio,在对象资源管理器中展开"goods_management"数据库,展开"表"节点,右键单击"dbo. sale",在弹出的快捷菜单中选择"编辑前 200 行"命令,在打开的表窗口中选中例 4-21 所插入的数据行,右键单击,选择"删除"命令,如图 4-30 所示。

(2) 在弹出的对话框中单击"是"按钮,如图 4-31 所示,即可完成数据行的删除操作。

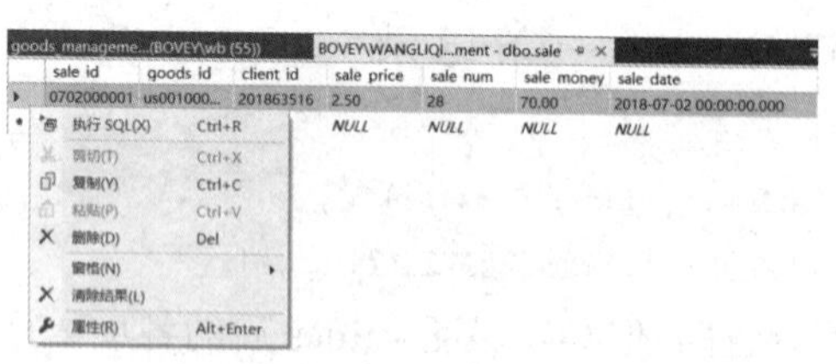

图 4-30 选择"删除"命令

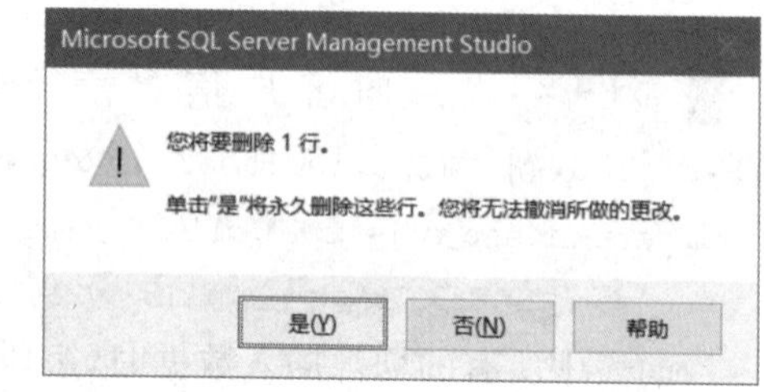

图 4-31 单击"是"按钮确定删除数据行

2. 使用 Transact-SQL 语言删除表数据

使用 delete 语句可以从表中删除一条或多条记录,删除表数据的语法格式如下。

```
delete from table_name
[where search_conditions]
```

参数说明如下。

(1) table_name:要删除数据的表的名称。

(2) search_conditions:删除数据的条件,只有满足条件的记录才会被删除;如果不设置删除数据的条件,则删除表中所有记录。

例 4-25 将客户信息表(client)中的客户马兰的信息删除。

```
delete from client
where client_name='马兰'
```

使用 delete 语句删除表中的记录时,如果有关联表存在,那么应当先删除外键表中的相关记录,这样才能删除主键表中的记录。

4.8 删除数据表

1. 使用对象资源管理器删除数据表

例 4-26 删除销售信息表(sale)。

在 SQL Server 2016 中,使用对象资源管理器删除数据表的操作步骤如下。

(1) 启动 SQL Server Management Studio,在对象资源管理器中展开"goods_management"数据库,展开"表"节点,右键单击"dbo. sale",在弹出的快捷菜单中选择"删除"命令。

(2) 在弹出的"删除对象"对话框中,单击"确定"按钮即可。

2. 使用 Transact-SQL 语言删除数据表

删除数据表的语法格式如下。

```
drop table table_name[,...n]
```

其中 table_name 为要删除的数据表的名称。

例 4-27 删除客户信息表(client)。

```
drop table client
```

数据表的删除操作一旦完成,表中的数据也同时被删除。

4.9 数据的导入和导出

数据库管理系统有很多,为了整合异构数据源,更好地实现数据共享,SQL Server 2016 提供了强大的数据导入和导出功能。

4.9.1 数据的导入

数据的导入是指将其他数据源(如 Excel、Access、Oracle 等)中的数据复制到 SQL Server 2016 的数据库中。这里以例 4-28 为例,介绍数据导入的方法和步骤。

例 4-28 将 D 盘根目录下的 Excel 表 client_new(见图 4-32)导入数据库"goods_management"中,生成一个名为"client_new"的数据表。

数据导入的操作步骤如下。

(1) 启动 SQL Server Management Studio,在对象资源管理器中展开"数据库"节点,右键单击"goods_management",在弹出的快捷菜单中选择"任务"命令,在任务子菜单中再选择"导入数据"命令,如图 4-33 所示。

(2) 在弹出的"SQL Server 导入和导出向导"对话框(见图 4-34)中单击"下一步"按钮。

client_id	client_name	mobile	home_address	email
201863516	马兰	13797284133	湖北武汉	1501563221@qq.com
201863544	李旺	15972881324	湖北荆州	1226095146@qq.com
201863517	吴玉山	13477607136	湖北荆门	1668851040@qq.com
201863545	李玉刚	15555243251	湖北公安	13797284133@qq.com
201863519	王小丽	15197721321	湖北仙桃	wang@qq.com
201863546	张华	15973245261	湖北黄冈	zhang@163.com
201863541	徐燕	17795781334	辽宁大连	xu@qq.com
201863547	杨雪	13477261278	湖南长沙	yang@qq.com
201863543	刘一鸣	15897584166	河南郑州	13798284133@qq.com
201863589	罗飞	18899705621	湖北武汉	luo@163.com
201863599	李月	15071710475	湖北公安	li@qq.com
201863577	李林	13540137881	湖北仙桃	13351862485@163.com
201863501	杨华	13477470750	湖北武汉	yang@163.com
201863555	朱子超	13997884321	湖北黄冈	1042383560@qq.com

图 4-32　Excel 表 client_new

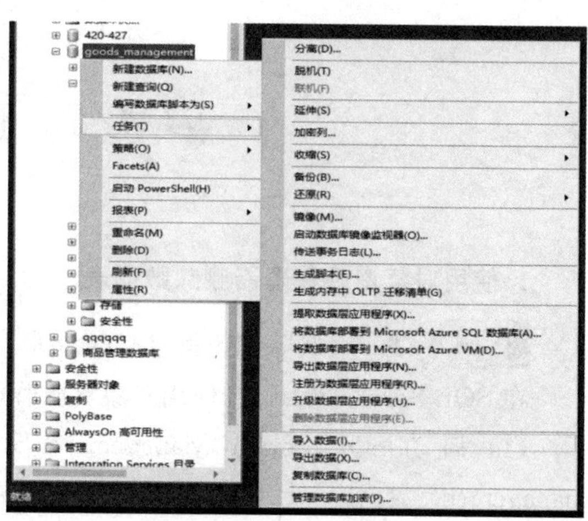

图 4-33　选择“导入数据”命令

(3) 选择数据源。此处以将 Excel 中的数据导入为例，故数据源选择为“Microsoft Excel”。对于 Excel 文件路径的设置，可以单击“浏览”按钮，找到存放在 D 盘中的 Excel 表格文件“client_new”(作为目标文件，本例 Excel 表格文件的地址为 D:\client_new. xlsx)，勾选“首行包含列名称”，如图 4-35 所示，然后单击“下一步”按钮。

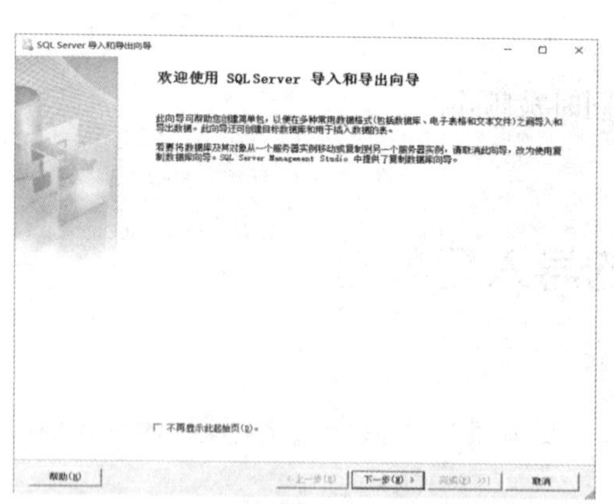

图 4-34　“SQL Server 导入和导出向导”对话框

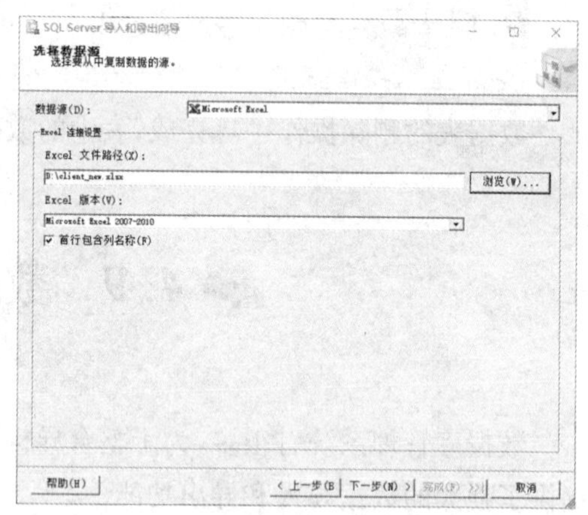

图 4-35　选择数据源(一)

(4) 选择目标。目标选择“SQL Server Native Client 11. 0”，服务器名称、身份验证方式的设置原则上应与本机连接数据库服务器时的设置一致，数据库选择“goods_management”，如图 4-36 所示，设置完成后，单击“下一步”按钮。

(5) 在“指定表复制或查询”对话框中选择第一个选项“复制一个或多个表或视图的数据”，如图 4-37 所示，单击“下一步”按钮。

(6) 在“选择源表和源视图”对话框中勾选“client_new”，单击“下一步”按钮，如图 4-38 所示。

(7) 在“保存并运行包”对话框中勾选“立即运行”，如图 4-39 所示，单击“下一步”按钮。

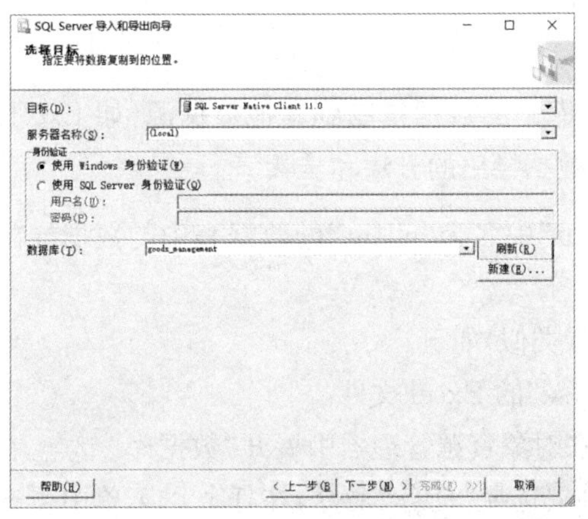

图 4-36　选择目标(一)

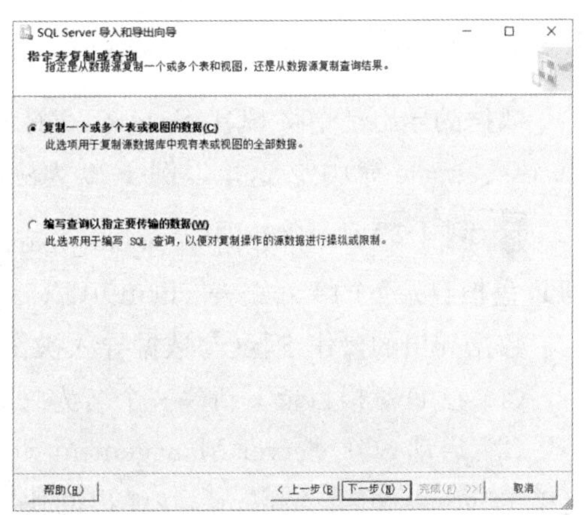

图 4-37　指定表复制或查询(一)

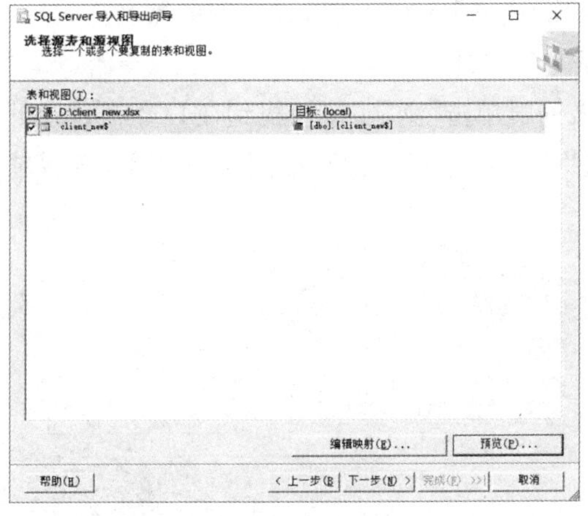

图 4-38　选择源表和源视图(一)

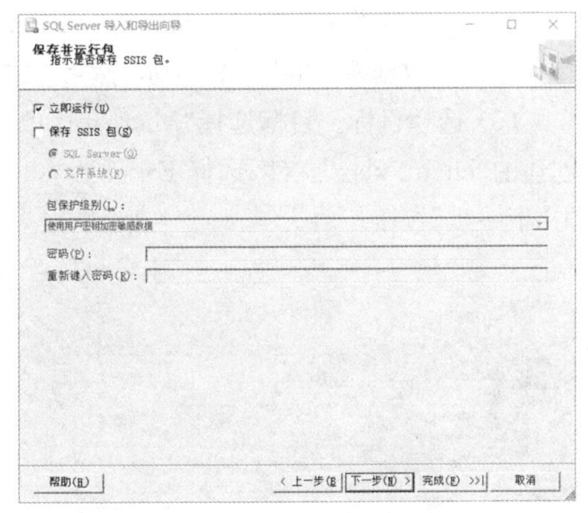

图 4-39　保存并运行包操作(一)

(8) 在“完成向导”对话框(见图 4-40)中单击“完成”按钮。

(9) 弹出“执行成功”对话框(见图 4-41)，单击“关闭”按钮，完成数据的导入操作。

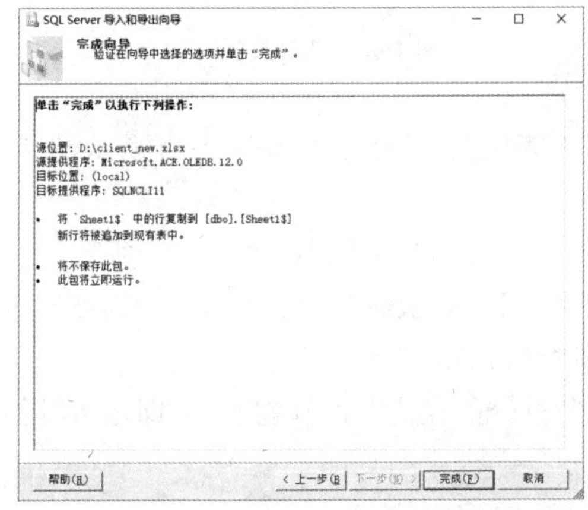

图 4-40　“完成向导”对话框(一)

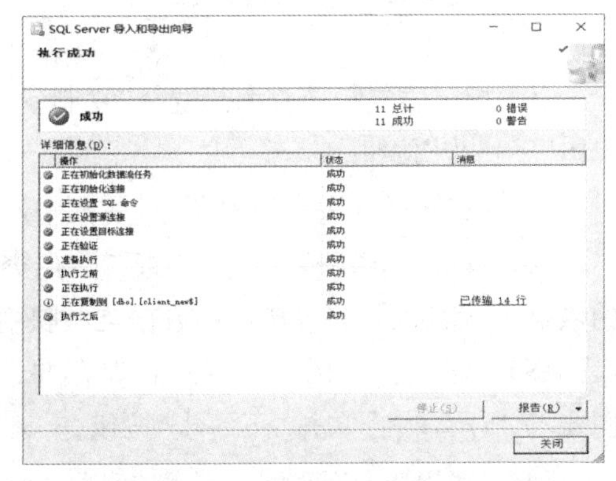

图 4-41　“执行成功”对话框(一)

4.9.2 数据的导出

数据的导出是指将 SQL Server 2016 的数据库中的数据复制到其他数据源(如 Excel、Access、Oracle 等)中。这里以例 4-29 为例,介绍数据导出的方法和步骤。

例 4-29 将数据库“goods_management”中名为“client”的数据表中的数据导出到 D 盘根目录下的 Excel 表“client”中。

数据导出的操作步骤(与数据导入操作的步骤类似)如下。

(1) 在 D 盘根目录下新建一个名为“client. xlsx”的 Excel 文件。

(2) 启动 SQL Server Management Studio,在对象资源管理器中展开“数据库”节点,右键单击“goods_management”,在弹出的快捷菜单中选择“任务”命令,在任务子菜单中再选择“导出数据”命令。

(3) 在弹出的“SQL Server 导入和导出向导”对话框中单击“下一步”按钮。

(4) 选择数据源。数据源选择“SQL Server Native Client 11. 0”,设置服务器名称、身份验证方式和数据库,如图 4-42 所示,然后单击“下一步”按钮。

(5) 选择目标。目标选择“Microsoft Excel”,通过单击“浏览”按钮找到在 D 盘根目录下创建的“client. xlsx”文件,选择 Excel 版本,勾选“首行包含列名称”,如图 4-43所示,然后单击“下一步”按钮。

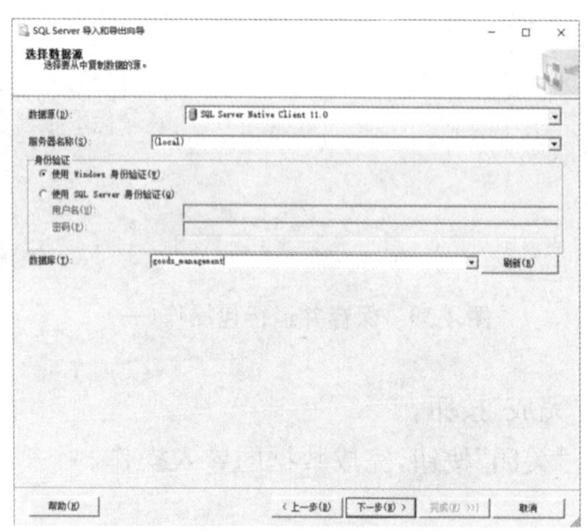

图 4-42 选择数据源(二)

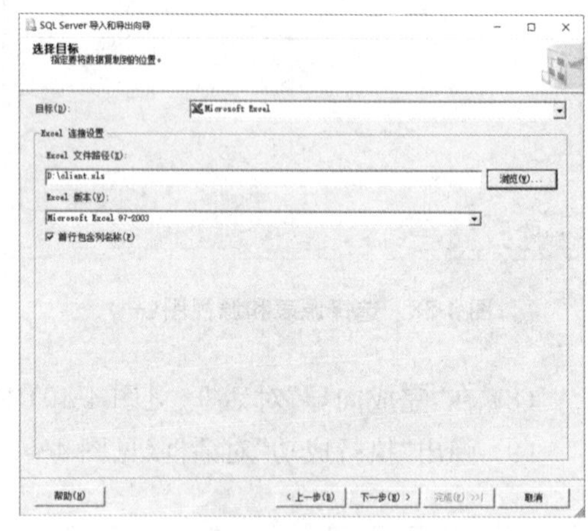

图 4-43 选择目标(二)

(6) 指定表复制或查询。选择“复制一个或多个表或视图的数据”,如图 4-44 所示,然后单击“下一步”按钮。

(7) 在“选择源表和源视图”对话框中勾选表“client”来确定数据源,如图 4-45 所示。

(8) 单击“编辑映射”,弹出“查看数据类型映射”对话框,从该对话框可以查看到被导出的数据表或者视图的表映射和数据类型映射,如图 4-46 所示。

(9) 单击“下一步”按钮,弹出“保存并运行包”对话框,在该对话框勾选“立即运行”,如图 4-47 所示,然后单击 “下一步”按钮。

(10) 弹出“完成向导”对话框,如图 4-48 所示,单击“完成”按钮。

(11) 弹出“执行成功”对话框,如图 4-49 所示,单击“关闭”按钮,完成数据的导出操作。

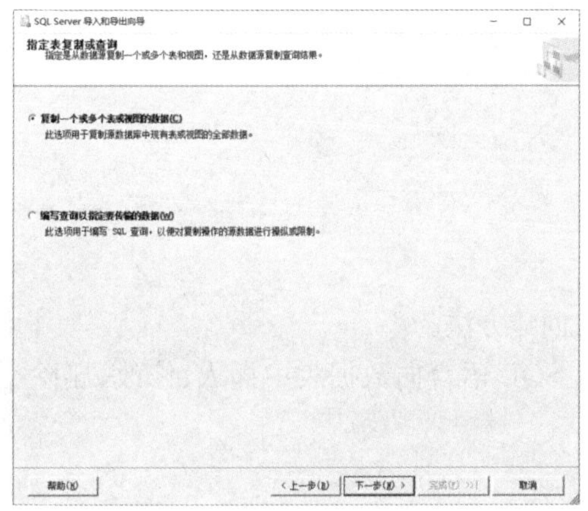

图 4-44 指定表复制或查询(二)

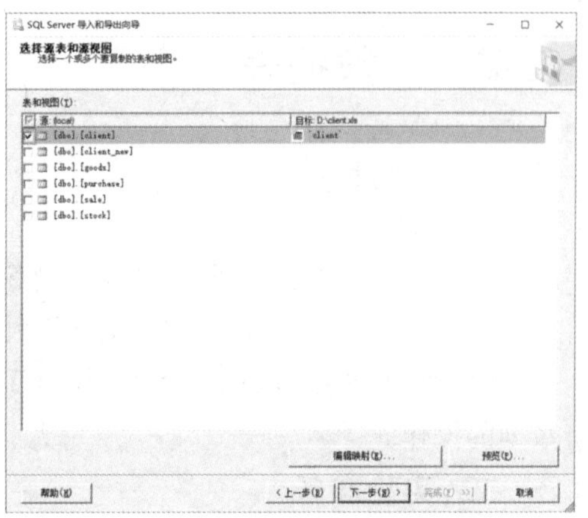

图 4-45 选择源表和源视图(二)

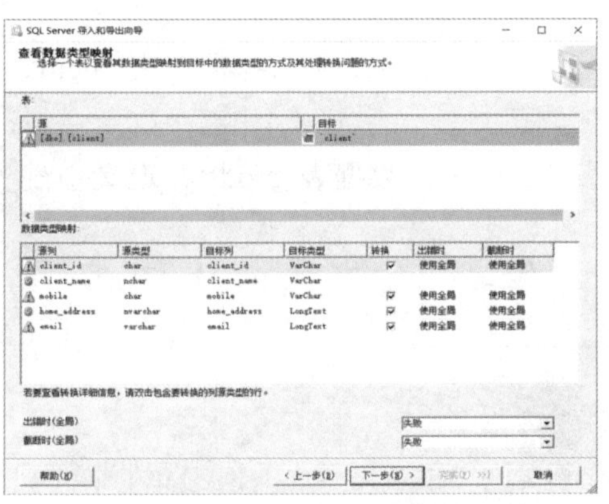

图 4-46 查看数据类型映射

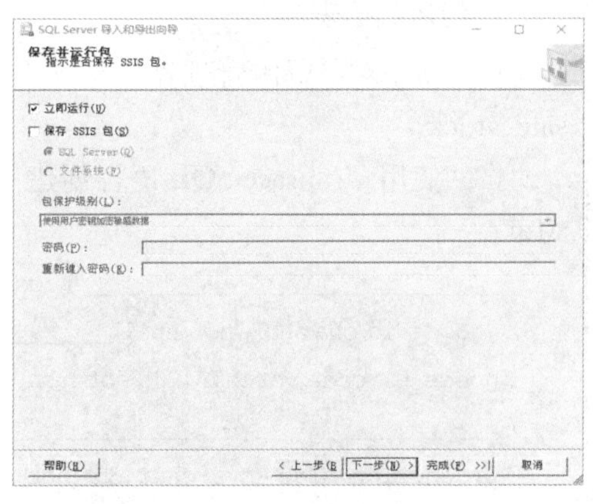

图 4-47 保存并运行包操作(二)

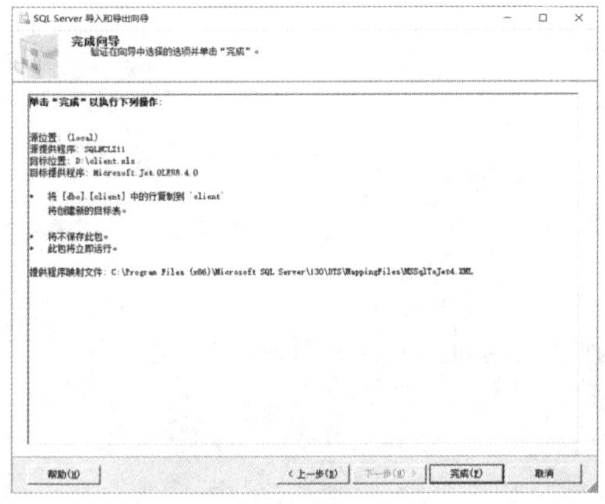

图 4-48 “完成向导”对话框(二)

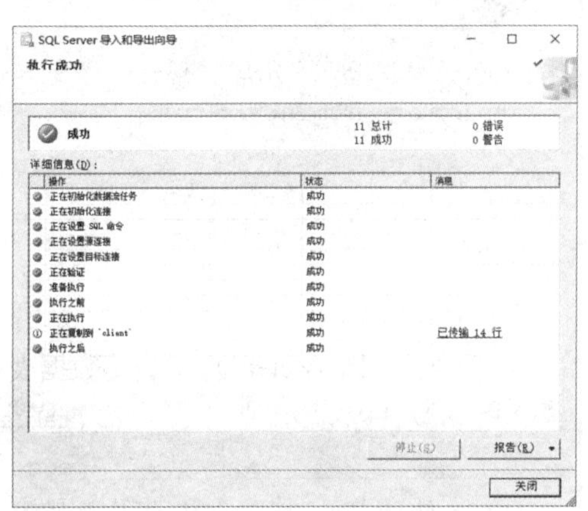

图 4-49 “执行成功”对话框(二)

实验 4　数据表□□□

一、实验目的

(1) 理解数据表的基本概念。

(2) 掌握数据表的创建、修改和删除。

(3) 理解数据完整性概念,掌握 5 种约束的创建方法。

(4) 掌握使用对象资源管理器和 Transact-SQL 语言向数据表中插入、修改、删除数据的操作。

二、实验准备

(1) 创建用户数据库 goods_management。

(2) 为数据表定义列名称、数据类型、长度、是否允许为空、约束等。

三、实验内容和操作步骤

1. 创建数据表

(1) 使用对象资源管理器创建 4.2 节表 4-1、表 4-4、表 4-5 所示的数据表 client、sale、stock。

(2) 使用 Transact-SQL 语言创建 4.2 节表 4-2 所示的数据表 goods 并定义主键约束。

```
______________________________ goods
(goods_id char(10) not null ____________________,
goods_barcode varchar(20) not null,
________________________________________
production_place nvarchar(30) not null )
```

(3) 使用 Transact-SQL 语言创建 4.2 节表 4-3 所示的数据表 purchase。

```
create table purchase
(purchase_id char(10) ,
________________________________________
purchase_price decimal(6,2) not null,
purchase_num int not null,
________________________________________
________________________________________
)
```

2. 修改数据表

(1) 使用 Transact-SQL 语言为数据表 client 新增一列 age,数据类型为整型,允许为空。

```
______________________________ table client
______________________________ age int
```

(2) 使用 Transact-SQL 语言删除数据表 client 的 age 列。

```
alter table client
______________________________ age
```

(3) 使用 Transact-SQL 语言为数据表 client 添加主键约束。

```
__________________ client
____________________________ pk_cusno
____________________________ (clint_id)
go
```

(4) 使用 Transact-SQL 语言为数据表 client 的 mobile 列添加唯一约束。

```
alter table client
add __________________ ix_mobile
____________________________
go
```

(5) 使用 Transact-SQL 语言为数据表 client 的 email 列添加检查约束。

```
alter table client
add constraint ck_email
_____________________________________
go
```

(6) 使用对象资源管理器为数据表 purchase 的 goods_id 列建立外键约束。

3. 插入数据

使用 insert 语句向数据表 purchase 中插入数据。

```
_____________________________________
values('0622000001','us00100001',2.5,50,125,'2018-6-22')
_____________________________________
values('0628000003','fd00300001',56,2,112,'2018-6-28')
```

4. 修改数据

(1) 将 purchase 表中商品编号为"0622000001"的商品的进货日期修改为"2018-9-22"。

```
____________________________
___________________ purchase_date='2018-9-22'
___________________ goods_id='0622000001'
```

(2) 将 purchase 表中所有商品的进货单价和进货金额在原来的基础上增加百分之十。

```
____________________________
___________________ purchase_price=purchase_price*(1+0.1),
purchase_money=purchase_money*(1+0.1)
```

5. 删除数据

(1) 删除 purchase 表中 2018-6-22 的进货记录。

```
____________________________ purchase
where ____________________________
```

(2) 删除 purchase 表中全部的进货记录。

```
____________________________
____________________________
```

习题 4

一、单项选择题

1. 删除数据表的语句是(　　)。

A. drop table　　B. alter table

C. update table　　D. delete table

2. 如果把学生看成实体,某个学生的姓名叫“苏珊”,则苏珊应看成是(　　)。

A. 记录型　　B. 属性值　　C. 记录值　　D. 属性

3. 建立学生表时,限定性别字段必须是男或女是实现数据的(　　)。

A. 域完整性　　B. 实体完整性　　C. 参照完整性　　D. 以上都不是

4. 下列有关主键和外键的描述中正确的是(　　)。

A. 一个表中最多只能有一个主键,可以有多个外键

B. 一个表中最多只能有一个外键、一个主键

C. 一个表中可以有多个主键、多个外键

D. 一个表中最多只能有一个外键,可以有多个主键

5. 下列不可以为空的约束是(　　)。

A. 主键约束　　B. 检查约束

C. 唯一约束　　D. 默认约束

6. 当表中的某一属性列被设置了主键约束,则该属性列也同时具有(　)。

A. check 约束和 unique 约束

B. not null 约束和 unique 约束

C. check 约束和 not null 约束

D. 以上选项均错误

7. 创建银行的贷款情况表时,“还款日期”默认为当天,且必须晚于“借款日期”,应采用(　　)约束。

A. 检查　　B. 主键　　C. 外键　　D. 默认

二、填空题

1. 在一个表中,主键的个数为__________。

2. 数据完整性是指存储在数据库中的数据正确无误并且相关数据具有一致性。根据数据完整性机制所作用的数据库对象和范围的不同,数据完整性可以分为__________、__________、__________和__________四种,其中主键约束可以实现__________完整性。

3. __________约束对输入列设置条件,以限制输入值,保证数据库的完整性。

4. SQL Server 2016 中,以__________开头的标识符表示临时表或临时存储过程。

5. 有唯一约束的列值不能有两个值__________,但允许有一个为__________。

6. 表是由行和列组成的，行有时也称为__________，列有时也称为__________。

三、判断题

1. 主键是能够唯一标识关系中一行数据的属性或属性的组合。 （ ）
2. 不同的记录可以具有重复的主键值或空值。 （ ）
3. 一个表中的主键可以是一个或多个字段。 （ ）
4. 一个数据表中只能有一个主键约束，但可以有多个 unique 约束。 （ ）
5. 主键约束中的字段不能接受空值，unique 约束的字段也不能接受空值。 （ ）
6. 数据表是数据的集合，是用来存储数据和操作数据的逻辑结构。 （ ）
7. delete 语句可以用来删除数据表。 （ ）

四、简答题

数据完整性可分为哪几种类型？它们分别是什么含义？

五、应用题

1. 假如你是一个关注健康计划的数据库管理员，请使用下面的语句来创建 physicians 表。

```
create table dbo.physicians
(physician_no int identity (100, 2) not null,
f_name varchar (25) not null,
l_name varchar (25) not null,
street varchar (50) null,
city varchar (255) null,
state varchar (255) null,
postal_code varchar (7) null,
co_pay money not null constraint phys_co_pay default (10)
)
go
```

(1) 已增加了参加活动的医师的服务报酬，你如何将所有医生的 co_pay 字段值增加 12%？

(2) 必须提供最少多少个列值才能把一个新的行添加到表中？

(3) 你如何从 physicians 表中删除所有行？

2. 有学生信息表（学号、姓名、年龄、性别、电话、系别），课程信息表（课程号、课程名、课程学分），成绩表（学号、课程号、成绩）。要求用 Transact-SQL 语句完成以下任务。

(1) 创建成绩表（要求定义主键约束）。

(2) 将所有同学的课程号为“01”的课程的成绩加 5 分。

第5章 数据查询

数据查询就是根据客户端的要求，数据库服务器搜索出用户所需要的数据并按照用户规定的格式和要求返给客户端。数据查询是数据库管理系统最重要的功能。无论是创建数据库，还是创建数据表，最终的目的都是利用数据，而利用数据的前提就是需要从数据库中查询所需要的数据。

select 查询语句是 SQL Server 中使用频率最高的语句。select 语句由一系列共同确定检索哪些数据的子句组成，具有强大的数据查询功能。

本章主要内容如下。

- 数据查询语句基础。
- where 子句及使用关键字查询。
- order by 子句。
- 使用聚合函数及分组统计查询。
- 多表连接查询。
- 嵌套查询。

5.1 数据查询语句基础

5.1.1 select 语句的语法格式

select 语句的完整语法较复杂，其主要子句结构如下。

```
select select_list
[into new_table_name]
from table_list
[where search_conditions]
[group by group_by_list]
[having search_conditions]
[order by order_list[asc|desc]]
```

参数说明如下。

(1) select_list：指定需要查询的字段列表，字段之间用逗号隔开。这个列表中的数据列既可以是数据表或视图中的字段名，又可以是其他表达式。如果使用 *，则表示查询数据表中的全部字段。

(2) into new_table_name：将查询结果存储到新表中，new_table_name 是新表的名称。

(3) from table_list：用于指定查询数据所在的数据表列表。如果是多个数据表，各数据表之间用逗号隔开。

(4) where search_conditions：指定限制返回数据行数的搜索条件。

(5) group by group_by_list:group by 子句根据 group_by_list 提供的字段将结果集分组,如果 select 子句的 select_list 中包含聚合函数,则计算每组的汇总值。

(6) having search_conditions:having 子句通常与 group by 子句一起使用,用于设置分组查询结果集的附加筛选条件;search_conditions 用来定义筛选条件。

(7) order by order_list [asc|desc]:用于指定结果集中记录的排列顺序;order_list 指定排序所依据的字段列表,字段之间用逗号隔开;asc 关键字表示升序排列查询结果;desc 关键字表示降序排列查询结果。如果没有指定 asc 和 desc 中的任何一个关键字,那么 asc 就是默认的关键字。如果没有 order by 子句,数据库管理系统将根据输入表中数据的存放位置来显示数据。

5.1.2 select 语句中各子句的顺序和功能

在 select 语句中,可以根据实际应用需要省略可选子句,但可选子句在使用时必须按适当的顺序出现。select 语句中各子句的排列顺序和主要作用如表 5-1 所示。

表 5-1 select 语句中各子句的排列顺序和主要作用

顺 序 号	子句关键词	子 句 功 能
1	select	从指定数据表中选取指定字段的数据
2	from	指定查询数据所在的数据表列表
3	where	指定数据行的搜索条件
4	group by	对结果集进行分组,常与聚合函数一起使用
5	having	指定分组查询的附加搜索条件
6	order by	指定结果集的排序方式

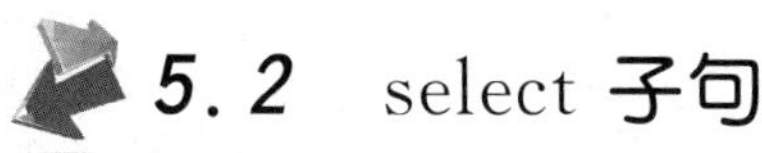

5.2 select 子句

5.2.1 查询所有列

使用星号(*)通配符可以查询表中的所有列,此时数据库服务器会按用户创建表时定义的数据列的顺序来显示所有的列。

例 5-1 查询所有客户的信息。

```
select *
from client
```

说明:使用“*”通配符时要慎重,在不需要查询所有列时,尽量避免使用,以免占用过多的资源。

5.2.2 查询指定列

当执行 select 语句时,select 子句可以选取数据表中指定字段的数据。

例 5-2 查询所有客户的姓名和联系电话。

```
select client_name,mobile
from client
```

说明:在指定数据列的查询中,列的显示顺序由 select 子句指定,与数据在表中的存储顺序无关。

5.2.3 改变列标题显示

通常,在查询结果中显示的列标题就是创建表时使用的列名,但是在实际使用过程中有时候为列名取个新名称可能会帮助用户更清楚明白地理解查询数据。

可以根据需要利用'列标题'=列名或者列名 as '列标题'(as 可省略,但中间空格不能省略)来修改查询结果各字段显示的名称。

例 5-3 查询所有客户的姓名和联系电话,要求列标题用中文字段名显示。

```
select 客户姓名=client_name , 联系电话=mobile
from client
```

或者

```
select client_name as 客户姓名,mobile as 联系电话
from client
```

或者

```
select client_name 客户姓名,mobile 联系电话
from client
```

5.2.4 消除结果的重复信息

使用 distinct 关键字能够将返回的结果集中的重复数据行删除,使返回的结果更简洁。

例 5-4 查询所有的产地信息。

```
select distinct production_place
from goods
```

使用 distinct 关键字后,消除的是 select 子句查询结果的列的重复信息。如果 select 子句查询的列为多列,那么只有这些列的信息同时重复,记录才会被消除。如果表中有多个为 null 的数据,服务器会把这些数据视为相等。

5.2.5 返回查询的部分数据

在 SQL Server 2016 中,提供了 top 关键字,用以让用户指定返回一定数量的数据。

例 5-5 查询前 8 位客户的姓名、联系电话和地址。

```
select top 8 client_name,mobile,home_address
from client
```

例 5-6 查询前 30% 客户的姓名、联系电话和地址。

```
select top 30 percent client_name,mobile,home_address
from client
```

说明:top n 表示返回最前面的 n 行,n 表示返回的行数;top n percent 表示返回前面的 n%行。

5.3 into 子句

into 子句将查询结果存储到新表中。通常可以使用 into 子句创建临时表，以便在开发过程中使用。

例 5-7 将客户信息表中前 30% 客户的姓名、联系电话和地址插入新表中。

```
select top 30 percent client_name,mobile,home_address
into new_client
from client
```

5.4 where 子句

在一个数据表中通常存放着大量的记录，而用户往往只是需要其中满足要求的部分记录，这时就需要用到 where 子句。where 子句用于设置查询条件、限制查询范围、提高查询效率，使得查询语句的结果集中只包含那些满足查询条件的记录。where 子句使用时必须紧跟在 from 子句后面。where 子句中的条件表达式可以是算术表达式，也可以是逻辑表达式。

5.4.1 使用比较运算符

在 where 子句中常用的比较运算符有=（等于）、<（小于）、>（大于）、<>不等于、!=（不等于）、!>（不大于）、!<（不小于）、>=（大于或等于）、<=（小于或等于）。

例 5-8 查询"湖北荆州"的客户的姓名和联系电话。

```
select client_name,mobile
from client
where home_address='湖北荆州'
```

例 5-9 查询进货数量大于或等于 50 的商品的商品编号、进货单价、进货数量和进货日期。

```
select goods_id,purchase_price,purchase_num,purchase_date
from purchase
where purchase_num>=50
```

5.4.2 使用逻辑运算符

可以使用逻辑运算符（not、and 或 or）将多个单独的搜索条件组合在一个 where 子句中，形成一个复合的搜索条件。数据库管理系统对每一个单独的搜索条件求值，然后执行布尔运算来确定整个 where 子句的值是 true 还是 false。只有那些满足整个 where 子句的值是 true 的条件的记录才会出现在结果集中。

例 5-10 查询 2018 年 6 月 23 日进货数量大于或等于 50 的商品的商品编号、进货单价、进货数量和进货日期。

```
select goods_id,purchase_price,purchase_num,purchase_date
from purchase
where purchase_num>=50 and purchase_date='2018/6/23'
```

例 5-11 查询“湖北荆州”和“湖北武汉”两地的客户的姓名和联系电话。

```
select client_name,mobile
from client
where home_address='湖北荆州' or home_address='湖北武汉'
```

在查询语句中,逻辑运算符(and、or、not)可以同时使用,但是需要注意运算的优先级问题,其中 not 运算符的优先级最高,然后是 and,最后是 or。为了增强程序的可读性,一般采用括号()来实现表达式所需要的执行顺序,而不考虑默认的优先顺序。

例 5-12 查询 2018 年 6 月 23 日进货数量大于或等于 50 或者进货单价大于 20 的商品的商品编号、进货单价、进货数量和进货日期。

```
select goods_id,purchase_price,purchase_num,purchase_date
from purchase
where purchase_date='2018/6/23'
and(purchase_num>=50 or purchase_price>20)
```

5.4.3 限定数据范围

在 where 子句中,使用 between…and…可以方便地限制查询数据的范围,使用 not between…and…可以查询限定数据范围之外的记录。

使用 between…and…限制查询数据范围时包含边界值,而使用 not between…and…限制查询数据范围时不包括边界值。

例 5-13 查询进货数量在 50 到 100 之间的商品的商品编号、进货单价、进货数量和进货日期。

```
select goods_id,purchase_price,purchase_num,purchase_date
from purchase
where purchase_num between 50 and 100
```

也可以使用比较运算符和逻辑运算符:

```
select goods_id,purchase_price,purchase_num,purchase_date
from purchase
where purchase_num>=50 and purchase_num<=100
```

例 5-14 查询进货数量不在 50 到 100 之间的商品的商品编号、进货单价、进货数量和进货日期。

```
select goods_id,purchase_price,purchase_num,purchase_date
from purchase
where purchase_num not between 50 and 100
```

也可以使用比较运算符和逻辑运算符：

```
select goods_id,purchase_price,purchase_num,purchase_date
from purchase
where purchase_num<50 or purchase_num>100
```

说明：使用 between…and…表达式查询的效果与使用"＞＝"和"＜＝"的逻辑表达式查询的结果相同；使用 not between…and…进行查询的效果与使用"＞"和"＜"的逻辑表达式查询的结果相同。

5.4.4 确定集合

对于那些列值是一些离散的值，不在一个连续的取值区间的查询情况，利用 between…and…就无能为力了，此时可以利用 SQL Server 提供的另一个关键字 in。in 的引入更方便地限制了检索数据的范围。灵活使用 in 关键字，可以用简洁的语句实现复杂的查询。

例 5-15 查询"湖北荆州"和"湖北武汉"两地的客户的姓名和联系电话。

```
select client_name,mobile
from client
where home_address in('湖北荆州','湖北武汉')
```

说明：本例的代码也可以改写成例 5-11 所示的代码。在大多数情况下，or 运算符与 in 运算符可以实现相同的功能。但是，使用 in 运算符更为简洁，特别是当选择的条件很多时，只需在括号内用逗号间隔各条件即可，而且 in 运算符的运行效率也比 or 运算符要高。另外，使用 in 运算符，它后面所有的条件还可以是另一条 select 语句，即子查询(详见本章嵌套查询的内容)。

5.4.5 模糊查询

在数据查询的实际应用中，用户并不是总能够给出精确的查询条件，因此经常需要根据一些并不确切的条件来搜索数据。SQL Server 提供了 like 子句来实现这类模糊查询。

like 子句通常与通配符一起配合使用，SQL Server 提供了 4 种通配符供用户灵活实现复杂的模糊查询条件。SQL Server 提供的通配符及其功能如表 5-2 所示、所有的通配符只有在 like 子句中才有意义，否则通配符会被当作普通字符处理。

表 5-2 SQL Server 提供的通配符及其功能

通　配　符	功　　能
%(百分号)	可匹配零个或更多个任意类型的字符
_(下划线)	可匹配任意单个字符，常用来限制表达式的字符长度
[ ](封闭的方括号)	表示方括号里列出的任意一个字符
[^]	表示任意一个没有在方括号里列出的字符

1. 通配符%

通配符%表示任意字符，不计字符的多少，甚至可以为 null。

例 5-16 查询所有"李"姓客户的基本信息。

```
select *
from client
where client_name like '李%'
```

通配符%还可以用于在 not like 语句中实现排除查询条件。

2. 通配符_

与通配符%不同，通配符_只能匹配任何单个字符。

例 5-17 查询所有姓“李”而且姓名是两个字的客户的基本信息。

```
select *
from client
where client_name like '李_'
```

3. 通配符[ ]

通配符[ ]用于指定范围(如[a-f])或集合(如[abcdef])中的任何单个字符。满足这些字符其中之一，且位置出现在通配符[]位置的字符串就满足查询条件。

各通配符也可以组合使用，实现复杂的模糊查询。

例 5-18 查询所有姓“李”或姓“王”的客户的基本信息。

```
select *
from client
where client_name like '[李王]%'
```

4. 通配符[^]

与通配符[ ]相反，通配符[^]用于匹配没有出现在方括号中列出的字符。

例 5-19 查询所有不姓“李”也不姓“王”的客户的基本信息。

```
select *
from client
where client_name like '[^李王]%'
```

5. escape 定义转义符

在使用 like 进行模糊查询时，%、_和[ ]会被作为通配符进行处理，但有时用户搜索的字符串中可能本身就需要包含%或_，所以必须使用 escape 关键字对通配符进行转义。

例如，语句 like '%e%' escape'e'就使用了 escape 关键字定义了转义字符 e，此时 e 就成了转义符，将字符串%e%中的第二个百分号作为实际值，而不是通配符。当然，第一个百分符仍然被看作是通配符，因此满足该查询条件的字符串为所有以%结束的字符串。

5.4.6 空值(null)判断查询

如果在创建数据表时没有指定 not null，那么数据表中某些列的值就可以为 null，即没有任何值，是一个未知数。在 where 子句中，利用 is[not]null 来判断一个值是否为 null。

例 5-20 查询所有邮箱为空的客户的基本信息。

```
select *
from client
where email is null
```

例 5-21 查询所有邮箱不为空的客户的基本信息。

```
select *
from client
where email is not null
```

5.5 order by 子句

select 语句获得的查询数据一般是没有排序的，在实际应用中，往往希望查询结果是以符合实际需要的某种顺序输出，因而需要对查询结果进行排序。

在 SQL Server 中，使用 order by 子句对查询结果进行排序。order by 子句可以将查询结果按照一个字段进行排序，也可以同时按照多个字段进行排序。同时，可以选择使用 asc 或 desc 关键字指定按照升序或降序进行排序。如果没有特别说明，则默认以升序进行排序。如果按照多列进行排序，每列之间以逗号分隔，各列在 order by 子句中的顺序决定了排序过程中的优先级，即查询结果首先以第一列的顺序进行排序，而只有当第一列出现相同的信息时，这些相同的信息再按第二列的顺序进行排序，依此类推。

在 SQL Server 中，使用 order by 子句时，需要注意以下几点。

(1) text、ntext、image 或 xml 类型的列，不能使用 order by 子句。

(2) 在默认情况下，order by 子句按升序进行排序，如果用户要求按降序进行排序，则必须使用 desc 关键字。

(3) 除非使用 top 关键字，否则 order by 子句在视图、内联函数、派生表和子查询中无效。

(4) 空值(null)被视为最小值。

(5) 在与 select…into 语句一起使用以从另一来源插入行时，order by 子句不能保证按指定的顺序插入这些行。

(6) order by 子句一定要放在所有子句(除 computer by 子句外)的最后(无论包含多少子句)。

例 5-22 查询所有商品的进货信息，要求按照进货数量由高到低显示。

```
select *
from purchase
order by purchase_num desc
```

例 5-23 查询所有商品的进货信息，要求按照进货数量由高到低显示，如果进货数量相同，则按商品编号由小到大排列。

```
select *
from purchase
order by purchase_num desc,goods_id asc
```

在排序过程中，对于时间、数值类型的字段排序，排序规则是按照时间的早晚、数值的大小排序；对于字符型数据，排序规则是按照 ASCII 码值的先后顺序进行排序。

5.6 group by 子句和 having 子句

在实际的数据查询应用中，常常还需要对通过查询所得到的数据进行分类、统计和汇总等操作，使用 group by 子句和 having 子句可以实现数据的分类、统计和筛选。

5.6.1 聚合函数

聚合函数是 Transact-SQL 提供的系统函数，用于计数或统计，可以返回一列或多列数据的汇总结果。这类函数(除 count 外)仅作用于数值型的列，并且在列上使用聚合函数时不考虑 null 值。

常见的聚合函数及其功能如表 5-3 所示。

表 5-3　常见的聚合函数及其功能

函数名称	功　能
min	求一列中的最小值
max	求一列中的最大值
sum	按列计算值的和
avg	按列计算平均值
count	按列值统计个数

例 5-24　统计客户信息表中客户的人数。

```
select count(*) as '客户人数'
from client
```

例 5-25　统计进货信息表中进货单价的最高值、最低值和平均值。

```
select max(purchase_price),min(purchase_price),avg(purchase_price)
from purchase
```

5.6.2 分组汇总

使用聚合函数只能返回单个汇总结果，而在实际应用中，更多的是需要进行分组汇总统计数据。

group by 子句和聚合函数一起使用可以进行分组统计汇总。group by 关键字后面跟着的列为分组列，分组列中的每个重复值将被汇总为一行。

group by 子句的语法格式如下。

```
group by[all]group_by_expression[,…n]
```

参数说明如下。

(1) all：表示对所有列和结果集(包括不满足 where 子句的列)进行分组。关键字不支持远程查询，对组中不满足搜索条件的汇总列将返回空值。

(2) group_by_expression：执行分组的表达式，也称为分组列。在选择列表内定义的列的别名不能用于指定分组列，text、ntext 和 image 类型的列不能用于分组列。

例 5-26 统计进货信息表中每种商品的总的进货金额。

```
select goods_id, sum(purchase_money)
from purchase
group by goods_id
```

在使用 group by 子句时，需注意以下几点。

(1) 使用 group by 子句为每一个分组产生一个汇总结果，每一个分组只返回一行数据，不返回详细信息。

(2) select 子句中指定的列必须是 group by 子句中指定的列，或 group by 子句和聚合函数一起使用，否则将提示错误。

(3) 如果 group by 子句中包含 where 子句，则只对满足 where 条件的行进行分组汇总。如果 group by 子句使用关键字 all，则 where 子句将不起作用。

例 5-27 统计进货信息表中每种商品总的进货金额，进货单价在 10 以下的商品不参与统计。

```
select goods_id,sum(purchase_money)
from purchase
where purchase_price>=10
group by goods_id
```

5.6.3 分组筛选

使用 group by 子句分组以后，还可以用 having 子句对分组后的统计结果进行再次筛选。having 子句通常与 group by 子句一起使用，用于设置指定组或分组统计结果的搜索条件。having 子句的作用与 where 子句相似，二者的区别如下。

(1) 作用对象不同：where 子句作用于表和视图中的行，而 having 子句作用于组，即 where 子句限制查找的行，having 子句限制查找的组。

(2) 执行顺序不同：若查询语句中同时有 where 子句和 having 子句，执行时，先去掉不满足 where 条件的行，然后分组，分组后去掉不满足 having 条件的组。

(3) where 子句中不能直接使用聚合函数，但 having 子句的条件中可以包含聚合函数。

having 子句的语法格式如下。

```
having <search_condition>
```

其中，search_condition 用于指定组或汇总结果应满足的查询条件。

例 5-28 统计进货信息表中每种商品总的进货金额，并输出总的进货金额大于 500 的信息。

```
select goods_id,sum(purchase_money)
from purchase
group by goods_id
having sum(purchase_money)>500
```

本例先用 group by 子句对进货信息按照 goods_id 进行分组汇总求每种商品总的进货金额，然后用 having 子句限定返回分组汇总后 sum(purchase_money)>500 的组，即只输出那些 sum(purchase_money)>500 的组的记录。

5.7 compute 子句和 compute by 子句

使用 group by 子句对查询数据进行分组汇总，可对每一个组生成一个汇总结果，但无法看到详细信息；而使用 compute 子句和 compute by 子句，既能够看到统计汇总结果，又能够查看详细数据明细。

compute 子句和 compute by 子句的语法格式如下。

```
compute aggregate_function(column_name)[,…n]
[by column_name[,…n]]
```

其中，aggregate_function 表示聚合函数。

例 5-29 对进货信息表中商品编号为“us00100001”的商品的进货金额生成汇总行和明细行。

```
select goods_id,purchase_money
from purchase
where goods_id='us00100001'
order by goods_id
compute sum(purchase_money)
```

执行结果如图 5-1 所示。

例 5-30 统计进货信息表中每种商品总的进货金额，要求生成汇总行和明细行。

```
select goods_id,purchase_money
from purchase
order by goods_id
compute sum(purchase_money) by goods_id
```

执行结果如图 5-2 所示(由于篇幅，仅截取部分结果)。

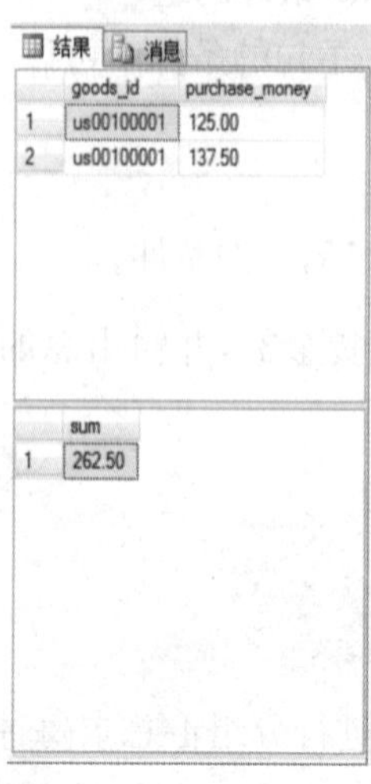

	goods_id	purchase_money
1	us00100001	125.00
2	us00100001	137.50

	sum
1	262.50

图 5-1　例 5-29 的执行结果

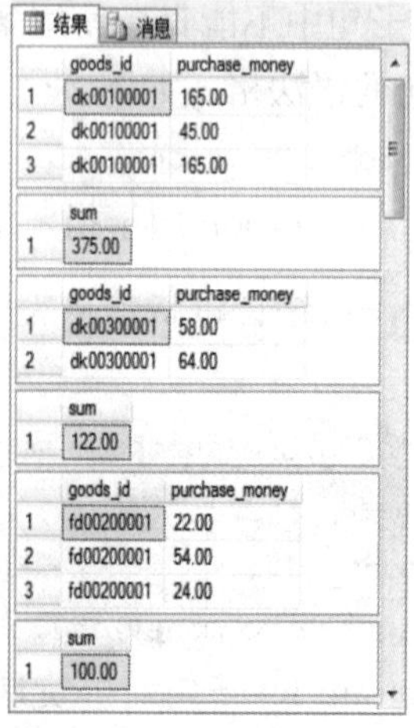

	goods_id	purchase_money
1	dk00100001	165.00
2	dk00100001	45.00
3	dk00100001	165.00

	sum
1	375.00

	goods_id	purchase_money
1	dk00300001	58.00
2	dk00300001	64.00

	sum
1	122.00

	goods_id	purchase_money
1	fd00200001	22.00
2	fd00200001	54.00
3	fd00200001	24.00

	sum
1	100.00

图 5-2　例 5-30 的执行结果

在使用 compute 子句和 compute by 子句时，需要注意以下几点。

（1）compute [by]子句产生非标准行，故不能与 select…into 子句一起使用。

（2）compute 子句中的列必须在 select 子句的字段列表中出现。

（3）compute by 子句表示按指定的列进行明细汇总，必须同时使用 order by 子句。另外，compute by 子句中指定的列必须与 order by 子句中指定的列相同，或者为其子集，而且指定列的顺序也必须相同，不能跳过其中的列。

5.8 连接查询

前面介绍的查询都是针对单一的表，当检索数据时，往往在一个表中不能够得到想要的所有信息，通过连接操作，可以查询出存放在多个表中的不同信息，给用户带来很大的灵活性。多表连接实际上就是实现使用一个表中的数据来选择其他表中的数据。

5.8.1 连接的实现

1. 在 where 子句中实现表的连接

在 select 语句的 where 子句中定义连接的语法格式如下。

```
select column_list
from table_name[,…n]
where{search_condition and join_condition}[,…n]
```

其中，join_condition 表示连接条件。

例 5-31 按照进货数量由高到低显示排名前五的进货信息，要求显示商品编号、商品名称、进货单价和进货数量。

```
select top 5 goods.goods_id,goods_name,purchase_price,purchase_num
from goods,purchase
where goods.goods_id=purchase.goods_id
order by purchase_num desc
```

2. 在 from 子句中实现表的连接

在 from 子句中实现表的连接，需要在 from 子句中指定连接类型，在 on 关键字后指定连接条件，基本连接语法格式如下。

```
select column_list
from join_table
join_type join_table
on(join_condition)
```

参数说明如下。

（1）join_table：参与连接操作的表的名称。

（2）join_type：连接类型，如表 5-4 所示（详见 5.8.2 的介绍）。

表 5-4 连接类型

连接类型		关键字
内连接		[inner] join
外连接	左外连接	left outer join 或 left join
	右外连接	right outer join 或 right join
	全外连接	full outer join 或 full join
交叉连接		cross join

(3) on(join_condition):连接条件,由被连接表中的列和比较运算符、逻辑运算符等构成。

例 5-32 改写例 5-31 的代码,要求在 from 子句中定义表的连接。

```
select top 5 goods.goods_id,goods_name,purchase_price,purchase_num
from goods inner join purchase
on (goods.goods_id=purchase.goods_id)
order by purchase_num desc
```

5.8.2 连接的类型

表的连接有多种类型。当连接表时,连接的类型会直接影响出现在结果集内的数据行。在 SQL Server 中,表的连接类型主要有内连接、外连接和交叉连接。

1. 内连接

内连接(inner join)为典型的连接类型,它是组合两个表的常用方法。内连接使用比较运算符进行表间某列或某些列数据的比较操作,并列出这些表中与连接条件相匹配的数据行。在内连接查询中,只有满足连接条件,数据行才能出现在结果集中。内连接又分为等值连接、自然连接和非等值连接三种。

1) 等值连接

等值连接,即在连接条件中使用等于运算符比较被连接列的列值,其查询结果中列出被连接表中的所有列,包括其中的重复列。

例 5-33 将商品信息表和销售信息表按商品编号进行等值连接,查询 2018 年 7 月 2 日的销售信息。

```
select *
from goods,sale
where goods.goods_id=sale.goods_id
and sale_date='2018/7/2'
```

执行结果如图 5-3 所示。

2) 自然连接

自然连接,即在连接条件中使用等于运算符比较被连接列的列值,其查询结果中相同的公共属性只在结果关系中出现一次。在默认情况下,内连接就是指自然连接。

例 5-34 查询 2018 年 7 月 2 日的销售信息,要求显示销售商品的商品编号、商品名称、销售金额和销售日期。

```
select goods.goods_id,goods_name,sale_money,sale_date
from goods,sale
where goods.goods_id=sale.goods_id
and sale_date='2018/7/2'
```

执行结果如图 5-4 所示。

	goods_id	goods_barcode	goods_name	Production_place	sale_id	goods_id	client_id	sale_price	sale_sum	sale_money	sale_date
1	us00100001	6936983800013	钢笔	湖北武汉	0702000001	us00100001	201863516	2.50	28	70.00	2018-07-02
2	we00100001	6956523538546	鞋	湖北武汉	0702000007	we00100001	201863541	155.00	3	465.00	2018-07-02
3	us00100001	6936983800013	钢笔	湖北武汉	0702000010	us00100001	201863555	2.50	20	50.00	2018-07-02

图 5-3 例 5-33 的执行结果

	goods_id	goods_name	sale_money	sale_date
1	us00100001	钢笔	70.00	2018-07-02 00:00:00.000
2	we00100001	鞋	465.00	2018-07-02 00:00:00.000
3	us00100001	钢笔	50.00	2018-07-02 00:00:00.000

图 5-4 例 5-34 的执行结果

3）非等值连接

非等值连接，即在连接条件中使用除等于运算符以外的其他比较运算符比较被连接列的列值。

2. 外连接

在内连接中，只有两个表中与连接条件匹配的数据行才能出现在结果集中；而在外连接(outer join)中，返回的结果集除了包含符合连接条件的数据行，还可以包含来自另一个表的不满足连接条件的行。外连接分为左外连接、右外连接和全外连接。

1）左外连接

左外连接对连接条件中左边的表不加限制，即如果左表中的某行在右表中没有匹配行，左表中的这行也会显示在查询结果集中，右表中的所有选择列列值为空值(null)。

例 5-35 将客户信息表与销售信息表进行左外连接，查询 2018 年 7 月 2 日的销售信息，要求显示客户编号、客户姓名、销售金额和销售日期。

```
select client.client_id,client_name,sale_money,sale_date
from client left outer join sale
on (client.client_id=sale.client_id)
and sale_date='2018/7/2'
```

执行结果如图 5-5 所示。

2）右外连接

右外连接是对连接条件中右边的表不加限制，即如果右表中的某行在左表中没有匹配行，右表中的这行也会显示在查询结果集中，左表中的所有选择列列值为空值(null)。

例 5-36 将客户信息表与销售信息表进行右外连接，查询 2018 年 7 月 2 日的销售信息，要求显示客户编号、客户姓名、销售金额和销售日期。

```
select client.client_id,client_name,sale_money,sale_date
from client right outer join sale
on (client.client_id=sale.client_id)
and sale_date='2018/7/2'
```

执行结果如图 5-6 所示。

	client_id	client_name	sale_money	sale_date
1	201863501	杨华	NULL	NULL
2	201863516	马兰	70.00	2018-07-02 00:00:00.000
3	201863517	吴玉山	NULL	NULL
4	201863519	王小丽	NULL	NULL
5	201863541	徐燕	465.00	2018-07-02 00:00:00.000
6	201863543	刘一鸣	NULL	NULL
7	201863544	李旺	NULL	NULL
8	201863545	李玉刚	NULL	NULL
9	201863546	张华	NULL	NULL
10	201863547	杨雪	NULL	NULL
11	201863555	朱子超	50.00	2018-07-02 00:00:00.000
12	201863577	李林	NULL	NULL
13	201863589	罗飞	NULL	NULL
14	201863599	李月	NULL	NULL

图 5-5　例 5-35 的执行结果

	client_id	client_name	sale_money	sale_date
1	NULL	NULL	160.00	2018-06-29 00:00:00.000
2	NULL	NULL	30.00	2018-06-30 00:00:00.000
3	NULL	NULL	15.00	2018-06-30 00:00:00.000
4	NULL	NULL	100.00	2018-07-01 00:00:00.000
5	NULL	NULL	147.00	2018-07-01 00:00:00.000
6	NULL	NULL	33.00	2018-07-01 00:00:00.000
7	201863516	马兰	70.00	2018-07-02 00:00:00.000
8	201863541	徐燕	465.00	2018-07-02 00:00:00.000
9	201863555	朱子超	50.00	2018-07-02 00:00:00.000
10	NULL	NULL	300.00	2018-07-03 00:00:00.000

图 5-6　例 5-36 的执行结果

3）全外连接

全外连接对连接条件中的两个表都不加限制，即两个表中的所有行都会包括在结果集中，当左表或者右表中的某行在另一个表中没有匹配行，则另一个表中的所有选择列列值为空值（null）。

例 5-37　将客户信息表与销售信息表进行全外连接，查询 2018 年 7 月 2 日的销售信息，要求显示客户编号、客户姓名、销售金额和销售日期。

```
select client.client_id,client_name,sale_money,sale_date
from client full outer join sale
on (client.client_id=sale.client_id)
and sale_date='2018/7/2'
```

执行结果如图 5-7 所示。

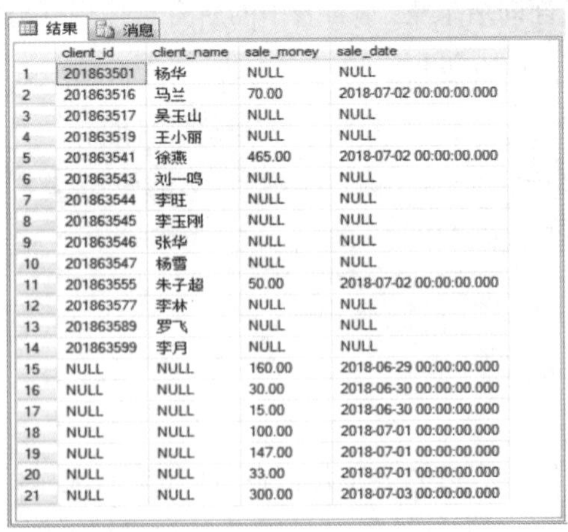

	client_id	client_name	sale_money	sale_date
1	201863501	杨华	NULL	NULL
2	201863516	马兰	70.00	2018-07-02 00:00:00.000
3	201863517	吴玉山	NULL	NULL
4	201863519	王小丽	NULL	NULL
5	201863541	徐燕	465.00	2018-07-02 00:00:00.000
6	201863543	刘一鸣	NULL	NULL
7	201863544	李旺	NULL	NULL
8	201863545	李玉刚	NULL	NULL
9	201863546	张华	NULL	NULL
10	201863547	杨雪	NULL	NULL
11	201863555	朱子超	50.00	2018-07-02 00:00:00.000
12	201863577	李林	NULL	NULL
13	201863589	罗飞	NULL	NULL
14	201863599	李月	NULL	NULL
15	NULL	NULL	160.00	2018-06-29 00:00:00.000
16	NULL	NULL	30.00	2018-06-30 00:00:00.000
17	NULL	NULL	15.00	2018-06-30 00:00:00.000
18	NULL	NULL	100.00	2018-07-01 00:00:00.000
19	NULL	NULL	147.00	2018-07-01 00:00:00.000
20	NULL	NULL	33.00	2018-07-01 00:00:00.000
21	NULL	NULL	300.00	2018-07-03 00:00:00.000

图 5-7　例 5-37 的执行结果

3. 交叉连接

交叉连接（cross join）没有 where 子句，它返回连接所涉及表的所有数据行的笛卡儿积，即两个表中所有数据行的任意组合。第一个表的行数乘以第二个表的行数等于笛卡儿积得到的结果集的行数。

例 5-38　将客户信息表与销售信息表进行交叉连接，要求显示客户编号、客户姓名、销售金额和销售日期。

```
select client.client_id,client_name,sale_money,sale_date
from client cross join sale
```

说明:其中客户信息表有记录 14 条,销售信息表有记录 10 条,因此交叉连接会产生 140 条记录;实际上交叉连接没有实际意义,通常只是用于测试所有可能的情况。

5.9 嵌套查询

嵌套查询是指在一个 select 语句的条件子句中包含另一个或多个 select 语句。其中,外层的 select 语句叫主查询语句,内层的 select 语句叫子查询语句。

嵌套查询的执行过程是:首先执行子查询语句,得到的子查询结果集传递给外层主查询语句,作为外层主查询的查询项或查询条件使用。子查询也可以再嵌套子查询。

使用子查询时,需注意以下几个问题。

(1) 子查询可以嵌套多层。

(2) 子查询需要用圆括号括起来。

(3) 子查询中不能使用 compute[by]子句和 into 子句。

(4) 子查询的 select 语句中不能使用 image、text 和 ntext 数据类型。

(5) 除非在子查询中使用了 top 关键字,否则子查询中不能使用 order by 子句,order by 子句只能对最终查询结果排序。

5.9.1 单值嵌套查询

子查询返回的结果是一个值的嵌套查询称为单值嵌套查询。

由于子查询仅返回一个值,因此在主查询中与它的匹配也相对简单,可直接使用比较运算符进行条件匹配筛选。

例 5-39 查询与客户马兰同地址的客户的基本信息。

```
select *
from client
where home_address=(select home_address
from client
where client_name='马兰')
```

执行结果如图 5-8 所示。

结果 | 消息

	client_id	client_name	mobile	home_address	email
1	201863501	杨华	13477470750	湖北武汉	yang@163.com
2	201863516	马兰	13797284133	湖北武汉	1501563221@qq.com
3	201863589	罗飞	18899705621	湖北武汉	luo@163.com

图 5-8 例 5-39 的执行结果

该查询的执行过程是:首先对子查询求值,求出马兰的地址为"湖北武汉",然后执行外部查询,查找"湖北武汉"的客户的基本信息。

外部查询依赖子查询的结果。

5.9.2 单列多值嵌套查询

子查询的字段列表只有一项,但是根据检索限定条件,子查询返回的结果是单列多值的嵌套查询称为单列多值嵌套查询。

由于子查询返回单列多值,因此在主查询中不能够直接使用比较运算符进行匹配筛选,一般使用关键字[not]in 来确定查询条件是否在子查询的返回值列表中。

例 5-40 查询在 2018 年 7 月 2 日购买了商品的客户的编号、姓名和联系电话。

```
select client_id,client_name,mobile
from client
where client_id in (select client_id
from sale
where sale_date='2018/7/2')
```

执行结果如图 5-9 所示。

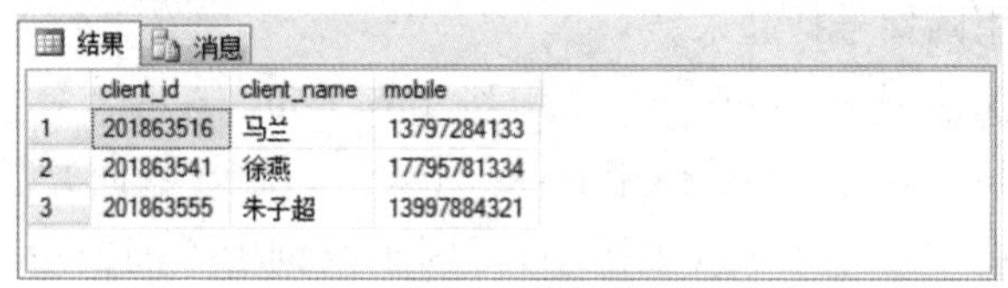

	client_id	client_name	mobile
1	201863516	马兰	13797284133
2	201863541	徐燕	17795781334
3	201863555	朱子超	13997884321

图 5-9　例 5-40 的执行结果

该查询的执行过程是:首先对子查询求值,返回 2018 年 7 月 2 日购买了商品的客户的客户编号(201863516,201863541,201863555),然后外部查询依赖子查询的结果,在客户信息表中查找客户编号与之相匹配的客户的信息。

5.9.3 多列多值嵌套查询

子查询的返回结果是一个多行多列的表的嵌套查询称为多列多值嵌套查询。由于子查询返回多列多值,因此在主查询中只能使用关键字 exists 或 not exists 进行匹配筛选。

[not]exists 用于测试是否存在满足子查询条件的数据行,如果子查询至少返回一行数据记录,则判断存在满足子查询条件的数据行,exists 为 true,not exists 为 false;反之,如果子查询没有返回数据记录,则判断不存在满足子查询条件的数据行,not exists 为 true,exists 为 false。

例 5-41 查询购买了商品的客户的编号、姓名和联系电话。

```
select client_id,client_name,mobile
from client
where exists (select *
from sale
where client_id=client.client_id)
```

执行结果如图 5-10 所示。

	client_id	client_name	mobile
1	201863516	马兰	13797284133
2	201863517	吴玉山	13477607316
3	201863519	王小丽	15197721321
4	201863541	徐燕	17795781334
5	201863543	刘一鸣	15897584166
6	201863544	李旺	15972881324
7	201863545	李玉刚	15555243251
8	201863546	张华	15973245261
9	201863547	杨雪	13477261278
10	201863555	朱子超	13997884321

图 5-10　例 5-41 的执行结果

exists 搜索条件并不真正地使用子查询的结果，它仅仅检查子查询是否返回了任何结果。执行此查询时，首先外部查询考虑客户信息表的第一行(客户编号为 201863516)；接着计算子查询，从而确定在销售信息表中是否存在这样的行，要求行中 client_id 和外部查询中当前行的 client_id 相匹配。因为编号为 201863516 的客户购买了商品，所以子查询的结果不为空，exists 返回 true。因此，客户编号为 201863516 的客户满足嵌套查询条件，要显示在最终结果集中。使用上述过程，检验客户信息表中的所有行，并显示最终的结果集。

使用[not] exists 时，需要注意以下几点。

(1) [not] exists 关键字前没有列名、常量或表达式。

(2) 由[not] exists 关键字引入的子查询的字段列表通常都是 * 。

5.10　联合查询

有多个不同的查询结果集，又希望将它们按照一定的关系合并在一起，组成一个结果集，可以使用联合查询来实现。

使用 union 运算符可以将两个或更多查询的结果合并为一个结果集，该结果集包含集合查询中所有查询的全部行。

union 运算符的语法格式如下。

```
〈query expression〉
union [all]
〈query expression〉
[union [all]〈query expression〉[…n ]]
```

参数说明如下。

(1) 〈query expression〉：查询表达式。

(2) union：指定合并多个结果集并将其作为单个结果集返回。

(3) all：将全部行并入结果集中，包括重复行。如果未指定该参数，则删除重复行。

使用 union 运算符合并两个查询结果集时，必须满足下面的基本准则。

(1) 在用 union 运算符组合的查询语句中，所有选择列表中的表达式(如列名称、算术表达式、聚合函数等)数目必须相同。

（2）用 union 组合的结果集中的对应列或各个查询中所使用的列必须具有相同的数据类型，或者可以在两种数据类型之间进行隐式转换或显式转换。

（3）union 运算符组合的各语句中对应结果集列的顺序必须相同。

（4）使用 union 运算符对集合进行并运算，返回的结果集的列名是第一个查询语句中各列的列名。

例 5-42 使用 union 运算符联合查询“湖北荆州”和“湖北武汉”两地的客户的姓名和联系电话。

```
select client_name,mobile
from client
where home_address='湖北荆州'
union
select client_name,mobile
from client
where home_address='湖北武汉'
```

实验 5 数据查询□□□

一、实验目的

(1) 熟练掌握 select 语句的基本语法。

(2) 掌握使用 order by 子句进行排序,使用 group by 子句进行分组统计。

(3) 掌握常用聚合函数的作用和使用方法。

(4) 掌握连接查询语句和嵌套查询语句的编写。

二、实验准备

(1) 创建用户数据库 goods_management。

(2) 在 goods_management 中创建客户信息表(client)、商品信息表(goods)、进货信息表(purchase)、销售信息表(sale)、库存信息表(stock)。

(3) 使用对象资源管理器或 Transact-SQL 语言向各数据表插入实验数据。

三、实验内容和操作步骤

1. 简单查询

(1) 查询 client 表中的全部数据信息。

```
select ____________________
____________________ client
```

(2) 查询 goods 表中前 n 项或前 n%的数据。

① 查询 goods 表的前 5 行数据。

```
select ____________________
from goods
```

② 查询 goods 表前 5%的数据。

```
select top 5 ____________________*
from goods
```

(3) 排序。

① 将 stock 表中的数据按库存数量进行升序排列。

```
select *
from stock
______________________________
```

② 将 stock 表中的数据按库存数量进行降序排列,再取前 5 行数据。

```
select top 5 *
from stock
______________________________
```

③ 将 sale 表中的数据按销售单价进行升序排列,当销售单价相同时按销售数量升序排列。

```
select *
from sale
______________________________
```

(4) 消除重复行。

查询 client 表中客户的地址信息，要求消除重复的地址值。

```
select ____________________
from client
```

(5) where 条件查询。

① 在 stock 表中查询库存数量少于 30 的商品库存信息。

```
select *
from stock
____________________
```

② 在 purchase 表中查询进货单价在 100 到 300 之间的记录。

```
select *
from purchase
where ____________________
```

③ 在 sale 表中查询销售金额为 30 或 100 的记录。

```
select *
from sale
where ____________________
```

④ 在 client 表中查询所有姓“李”的客户的记录。

```
select *
from client
____________________
```

⑤ 在 client 表中查询所有使用 163 邮箱的客户的记录。

```
select *
from client
______________________________
```

2. 分组统计查询

(1) 查询 goods 表中每个产地所生产的商品的种数。

```
select production_place,count(*) '商品种数'
from goods
______________________________
```

(2) 按进货日期分类统计查询 purchase 表中进货金额的平均值。

```
select purchase_date,____________________ '进货金额平均值'
from purchase
group by ____________________
```

(3) 按进货日期分类统计查询 purchase 表中进货金额的平均值，并要求生成明细行。

```
select ______________________________
from purchase
order by purchase_date
compute avg(purchase_money) by purchase_date
```

3. 连接查询

(1) 查询商品的名称和库存数量。

```
select ______________________________
from goods,stock
where ______________________________
```

或者

```
select goods_name,stock_num
from goods inner join stock
______________________________ stock.goods_id= goods.goods_id
```

(2) 查询所有客户购买商品的信息,要求显示客户编号、客户姓名、商品编号、销售日期。若客户未购买商品,则其对应的商品编号和销售日期显示空值。

```
select client.client_id,client_name,goods_id,sale_date
from client ____________________ sale
on ____________________
```

(3) 查询商品的进货数量和商品名称。

```
select __________________________
from __________________________
______________________________
```

4. 子查询

(1) 查询库存数量在 30 以下的商品的名称。

```
select goods_name
from goods
where goods_id in(select goods_id
from stock
where stock_num<30)
```

(2) 查询进货金额高于平均进货金额的商品名称。

```
select goods_name
from goods
where goods_id in(select goods_id
from purchase
where purchase_money>(select avg(purchase_money)
from purchase)
)
```

(3) 查询购买了商品的客户的姓名和邮箱信息。

```
select client_name,email
from client
where exists(select *
from sale
where client_id=client.client_id
)
```

习题 5

一、单项选择题

1. 不能影响 select 语句返回的结果的行数的关键字是(　　)。
A. top n　　B. where　　C. distinct　　D. order by
2. select 查询中，要把结果中的行按照某列的值进行排序，用到的子句是(　　)。
A. order by　　B. where　　C. group by　　D. having
3. 在 SQL Server 2016 的查询语句中，若查询表记录中所有 au_id 满足前两个字母为“88”的记录，则下列正确的 where 子句是(　　)。
A. where au_id=‘88%’
B. where au_id=link‘88%’
C. where au_id like‘88%’
D. where au_id link‘88%’
4. 下列(　　)关键字在 select 语句中表示所有列。
A. *　　B. asc　　C. desc　　D. distinct
5. 下列语句中可以在查询时去除重复数据的是(　　)。
A. order by　　B. group by　　C. distinct　　D. desc
6. 要查询 xsh 数据库 cp 表中产品名含有“冰箱”的产品情况，可用(　　)。
A. select * from cp where 产品名称=‘冰箱’
B. select * from cp where 产品名称 like ‘冰箱’
C. select * from xsh where 产品名称 like ‘冰箱’
D. select * from cp where 产品名称 like ‘%冰箱%’
7. 数据库 benet 有个员工表 employees，该表有职务列。若想检查哪些员工的信息中没有填写职务一栏，应该使用子句(　　)。
A. select * from employees where 职务=null
B. select * from employees where 职务=‘null’
C. select * from employees where 职务 is null
D. select * from employees where 职务 is ‘null’
8. 查询所有上海厂家且备注为空的学生信息，则 where 条件为(　　)。
A. 厂家名称 like ‘上海%’ and 备注=null
B. 厂家名称 like ‘上海 * ’ and 备注=null
C. 厂家名称 like ‘上海%’ and 备注 is null
D. 厂家名称 like ‘上海_’ and 备注=null
9. 假如有两个表的连接是这样的：table_a inner join table_b。其中 table_a 和 table_b 是两个具有公共属性的表，这种连接生成的结果集(　　)。
A. 包括 table_a 中的所有行，不包括 table_b 的不匹配行
B. 包括 table_b 中的所有行，不包括 table_a 的不匹配行

C. 包括两个表的所有行

D. 只包括 table_a 和 table_b 满足条件的行

10. 执行下面脚本，共有(　　)条记录插入到表 tbltemp 中。

```
create table tbltemp
(tempid integer not null,
  tempdate datetime not null)
go
declare @count integer
set @count=1
while @count<=10
  begin
    if (select count(*) from tbltemp)>8
    begin break end
  else
   insert tbltemp values(@count,getdate())
  set @count=@count+1
end
```

A. 0　　　　B. 10　　　　C. 8　　　　D. 9

二、填空题

1. 语句 select day('2018-6-19'), len('HELLO') 的执行结果是__________和__________。

2. 语句 select year('2018-12-18'), lower('Good'), floor(17.4), ascii('A') 的执行结果是：__________、__________、__________和__________。

3. 内连接用比较运算符比较表中的列值，返回符合连接条件的数据行，从而将两个表连接成一个新表。它通常分为等值连接、__________和__________三种。

4. 对数据进行统计查询时，求最小值的聚合函数是__________；如果要计算表中数据的行数，可以使用聚合函数__________。

三、判断题

1. 在查询语句中，判断某列的值是否为空值，不能使用等于运算符和不等于运算符，而只能使用专门用于判断空值的子句来实现。(　　)

2. 在查询语句中，group by 子句实现分组统计功能，order by 子句实现对结果表的排序功能。(　　)

3. 在 SQL 查询中，使用 where 子句指出的是查询条件。(　　)

4. 使用 having 子句的同时不能使用 where 子句。(　　)

5. 用户可以利用 order by 子句对查询结果按照一个或多个字段进行升序排列或降序排列，默认为升序排列。(　　)

6. top 关键字用来查找结果前 n 条或前 n%条记录。(　　)

四、应用题

1. 现有学生选课关系数据库如表 5-5～表 5-7 所示，请用 Transact-SQL 语言实现下列操作。

表 5-5　学生信息表 student

列　　名	数 据 类 型	长度/字符	列 名 含 义
sno	字符(文本)型	10	学号
sname	字符(文本)型	10	姓名
ssex	字符(文本)型	2	性别
sage	整数(数值)型	—	年龄
sdept	字符型	10	系别

表 5-6　课程信息表 course

列　　名	数 据 类 型	长度/字符	列 名 含 义
cno	字符(文本)型	3	课程号
cname	字符(文本)型	30	课程名
credit	整数(数值)型	—	课程学分

表 5-7　学生选课表 sc

列　　名	数 据 类 型	长度/字符	列 名 含 义
sno	字符(文本)型	10	学号
cno	字符(文本)型	3	课程号
grade	整数(数值)型	—	成绩

(1) 创建学生信息表，并定义主键约束。
(2) 查询每个学生的学号、姓名、选修的课程号和成绩。
(3) 统计各个系的学生人数。
(4) 计算 1 号课程的学生的平均成绩、最高分和最低分。

2. 产品销售数据库(数据库名称 cpxs)中有一产品表(表名 cp)，它的表结构如表 5-8所示。试用 Transact-SQL 语言实现下列操作。

表 5-8　产品表/cp

列　　名	数 据 类 型	列 名 含 义
cpbh	char(4)	产品编号
cpmc	varchar(20)	产品名称
dj	int	单价
kcl	int	库存量

(1) 定义产品表(cp)。

(2) 向产品表(cp)中插入一条记录(0501,冰箱,2500,8)。

(3) 在产品表(cp)中,将产品编号为“0501”的产品的单价在原来基础上增加10%。

(4) 查询单价在2 000～2 999元范围内的产品的名称。

(5) 将所有的产品按照单价的降序排序。

第6章 视图

视图是数据库中的一个对象，它是关系数据库系统为用户提供的一种从多个角度查看数据库中数据的重要机制。视图是从一个或多个基本表导出的虚表。视图和数据表一样，包括数据列和数据行，内容由查询语言定义。视图中并不会真正地存放表中的数据，视图就像一个窗口，通过它用户可以方便、快捷地查看到数据库中自己感兴趣的数据，而数据的物理存放位置仍然是在视图所引用的基本表中。

本章主要内容如下。

- 视图的概念。
- 视图的作用。
- 视图的创建。
- 视图的管理和维护。
- 通过视图查询与更新数据。

6.1 视图概述

6.1.1 视图的概念

视图是保存在数据库中的 select 查询，它的内容由查询语句定义。视图也称作虚表，它的数据来源于 select 查询语句所引用的一个或多个基本表。视图并不真正地存放任何的物理数据，但是它看上去和数据表一样，用户可以通过视图提供的视窗来浏览表中的数据。当数据表中的数据被更新时，通过视图查询到的数据也会跟着发生变化。视图一经定义，就可以像操作数据表一样，除了查询数据外，对视图进行数据的添加、删除和修改。在通过视图对数据进行更新操作时，数据库管理系统实际上是根据视图的定义去对与视图相关的基本表中的数据进行相应的更新的。

6.1.2 视图的作用

虽然对视图的操作最终都会转化成对基本表的操作，视图看起来似乎没什么用处，但是实际上，合理地运用视图会给用户以及数据库的数据管理带来很多好处。

1. 提高数据库中数据的安全性

使用视图可以定制用户查看的数据，屏蔽敏感数据。例如，不希望用户看到客户的联系电话和邮箱，就可以定义一个不包括客户的联系电话和邮箱信息的客户信息视图，然后让用户通过视图来访问客户信息表中的数据，不授予用户直接访问基本表的权限，这样就在一定程度上保护了数据表中的敏感数据，提高了数据库中数据的安全性。

2. 屏蔽数据库中数据的复杂性

用户不必了解数据库中复杂的数据表结构，就可以通过视图方便地使用和管理感兴趣的数据。视图提供给用户的就是用户想要的查询结果。

3. 简化数据查询操作

如果用户需要的数据分散在多个数据表中，并且所用到的查询条件又比较复杂，就需要编写复杂的 select 语句，这时定义视图就可以将表与表之间复杂的连接操作和查询条件对用户隐藏起来，用户只需要简单地查询视图即可。

4. 便于数据共享，使用户能从多角度看到同一数据

当许多用户同时需要按照不同条件查询同一数据表时，数据库的存取速度就会变慢，而采用视图机制，将对数据表的不同查询操作定义成不同的视图，每次查询都在视图上操作，这样不同的用户就可以以不同的方式看到同样的数据，从而在数据共享的基础上大大提升数据查询的效率。

6.2 视图的创建

SQL Server 2016 提供了两种创建视图的方法，即使用 SQL Server Management Studio 中的对象资源管理器创建视图和使用 Transact-SQL 语言创建视图。

在创建或使用视图时，还应该注意以下几点。

(1) 视图的名称必须遵循标识符的命名规则。

(2) 视图的定义不能包含 into 关键字、compute 子句和 compute by 子句。

(3) 视图的定义不能包含 order by 子句，除非在 select 语句的选择列表中有 top 子句。

(4) 不能为临时表创建视图，也不能创建临时视图。

(5) 不能在 after 触发器、规则、默认值的定义中引用视图或与视图相关联。

(6) 如果视图引用的基本表被删除，则在使用该视图时会返回一条错误消息。

(7) 如果视图中的列是由算术表达式、函数或常量派生而来的或者在定义视图时包含多个表的相同列名，则必须为视图中的列定义列名。

6.2.1 使用对象资源管理器创建视图

在 SQL Server 2016 中，使用对象资源管理器创建视图的操作步骤如下。

(1) 启动 SQL Server Management Studio，在对象资源管理器中展开“goods_management”数据库，右键单击“视图”，在弹出的快捷菜单中选择“新建视图”命令，如图 6-1 所示。

(2) 在弹出的“添加表”对话框中，逐个选择创建新视图所需要的基本表或视图，单击“添加”按钮进行添加；也可以按下 Ctrl 键，同时选择多个表或视图，然后单击“添加”按钮一起添加。如图 6-2 所示，借助 Ctrl 键，同时选择 client、goods、sale 三个表，添加成功后，单击

"关闭"按钮。

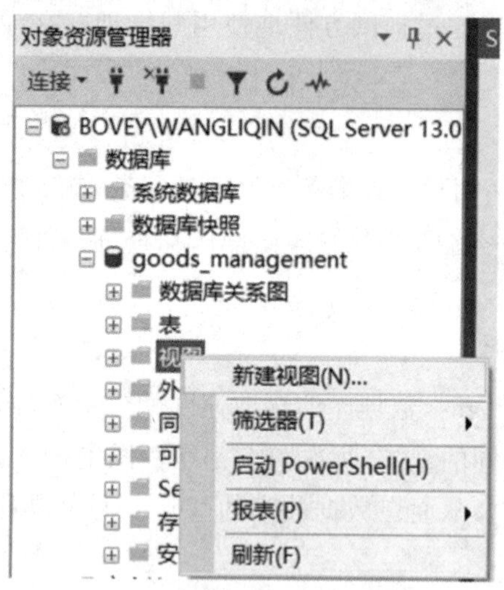

图 6-1　选择"新建视图"命令

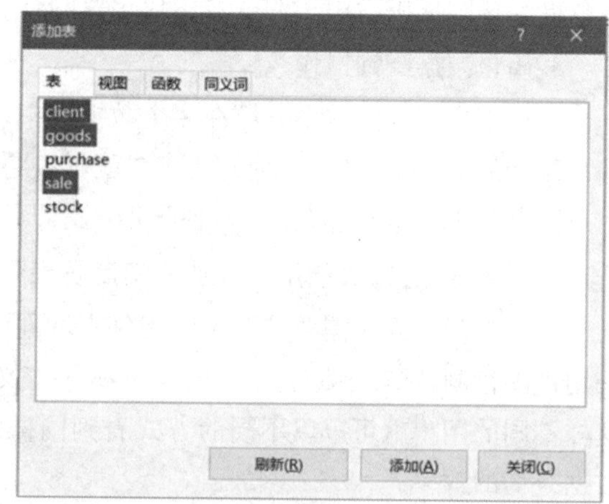

图 6-2　通过"添加表"对话框添加基本表

(3) 打开的视图设计器界面由关系图窗格、条件窗格、SQL 语句窗格和运行结果窗格四部分构成。如图 6-3 所示，在关系图窗格的表结构中勾选视图的数据列；在条件窗格中设置查询的限制条件；SQL 语句窗格会自动生成定义视图的查询语句，用户也可以对自动生成的 SQL 语句进行修改，从而修改视图的定义。

(4) 右键单击"条件窗格"，在弹出的快捷菜单中选择"验证 SQL 句法"和"执行 SQL"命令。选择"执行 SQL"命令如图 6-4 所示。此时，运行结果窗格中会显示视图定义语句所生成的结果，如图 6-5 所示。

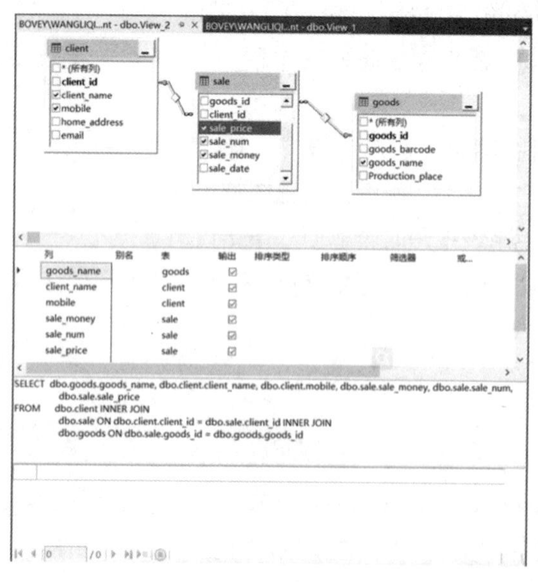

图 6-3　通过视图设计器界面定义视图

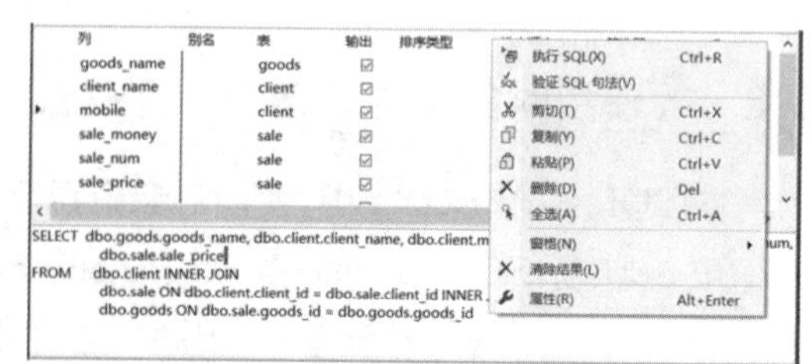

图 6-4　选择"执行 SQL"命令

(5) 单击"保存"按钮，在弹出的"选择名称"对话框中输入视图名称，如图 6-6 所示，单击"确定"按钮，完成视图的创建。

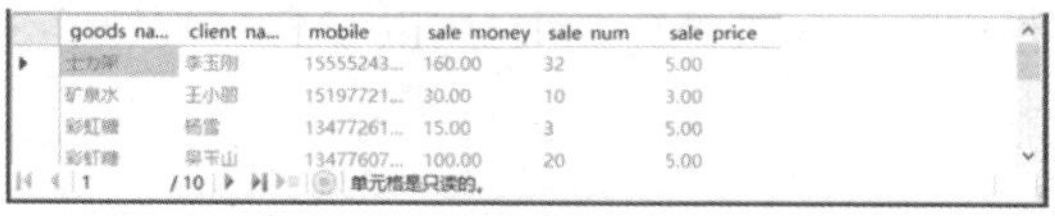

图 6-5　运行结果窗格显示视图数据

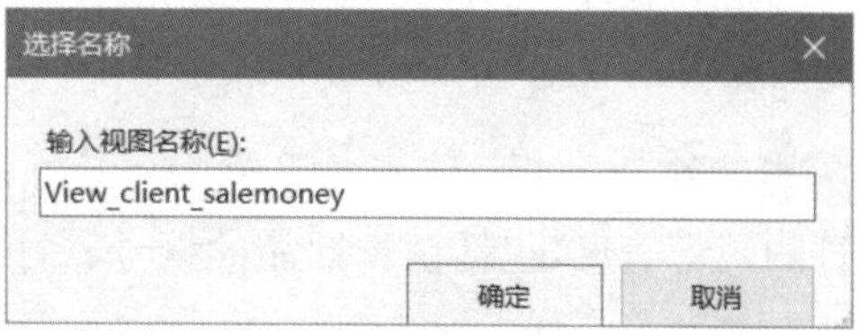

图 6-6　在“选择名称”对话框中输入视图名称

6.2.2　使用 Transact-SQL 语言创建视图

在 Transact-SQL 中，使用 create view 语句创建视图。

1. create view **语句的语法格式**

```
create view view_name [(column [,…n])]
[with encryption]
as select_statement
[with check option]
```

参数说明如下。

（1）create view：表示创建视图，create view 语句必须是批处理中的第一条语句。

（2）view_name：视图的名称，视图的命名必须符合标识符的命名规则。

（3）column：视图中包含的列。视图中的列名要么全部指定，要么全部省略。当视图列是由函数、算术表达式或常量等生成的计算列，或视图是由多表连接查询定义其返回的结果集中包含有不同数据表的同名列时，必须在创建视图时指定视图的列名。若省略该参数，则表示视图列与相应数据表的列名同名。n 表示可以指定多列。

（4）with encryption：表示对定义视图的语句文本进行加密。

（5）as：视图要执行的操作。

（6）select_statement：select 查询语句，是定义视图的主体部分，可以是任意复杂的 select 子句，可以基于多个数据表或视图。

（7）with check option：强制在视图上执行的所有数据更新操作都必须符合由 select_statement 所定义的限制条件，这样就可以保证更新后的数据依然可以通过视图看到。

2. 使用 Transact-SQL **语言创建视图实例**

例 6-1　创建视图 view_client，用以查询客户的姓名、联系电话和地址。

```
create view view_client
as
select client_name,mobile,home_address
from client
```

例 6-2　创建视图 view_goods_purchase，用以查询 2018 年 6 月 23 日的进货信息，包括进货商品的编号、名称、进货单价、进货数量和进货日期。

```
create view view_goods_purchase
as
select goods.goods_id,goods_name,purchase_price,purchase_num,purchase_date
from goods,purchase
```

```
where goods.goods_id=purchase.goods_id
and purchase_date='2018/6/23'
```

例 6-3 使用 with encryption 创建视图 view_goods_sale，用以查询 2018 年 7 月 2 日的销售信息，包括销售商品的编号、名称、销售金额和销售日期。

```
create view view_goods_sale
with encryption
as
select goods.goods_id,goods_name,sale_money,sale_date
from goods,sale
where goods.goods_id=sale.goods_id
and sale_date='2018/7/2'
```

因为视图在创建时使用了 with encryption 语句，所以创建视图 view_goods_sale 的 create view 文本会被加密，as 之后的视图定义内容就看不到了。

例如：执行语句 exec sp_helptext view_goods_sale 查看视图 view_goods_sale 的定义信息，得到如图 6-7 所示的结果，提示"对象'view_goods_sale'的文本已加密"；而执行语句 exec sp_helptext view_client 查看视图 view_client 的定义信息，则能够查看到视图的定义信息，得到如图 6-8 所示的结果。

图 6-7　使用 with encryption 定义的视图的定义信息查询结果

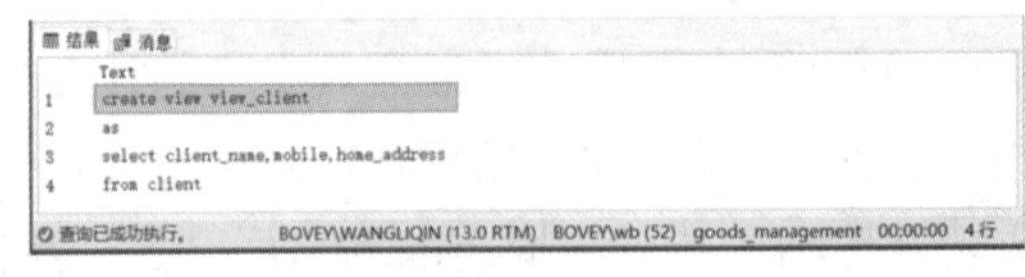

图 6-8　没有使用 with encryption 定义的视图的定义信息查询结果

例 6-4 使用 with check option 创建视图 view_client_wuhan，用于查询湖北武汉的客户的信息。

```
create view view_client_wuhan
as
select *
from client
where home_address='湖北武汉'
with check option
```


因为视图 view_client_wuhan 在创建时使用了 with check option 语句，所以当通过视图将某客户的地址由"湖北武汉"修改成"湖北仙桃"时，就会因修改的属性值不满足定义视图时 select 语句所限定的条件，而拒绝修改数据。

例如，通过视图 view_client_wuhan 将杨华的地址修改为"湖北仙桃"，代码如下。

```
update view_client_wuhan
set home_address='湖北仙桃'
where client_name='杨华'
```

执行结果如图 6-9 所示。

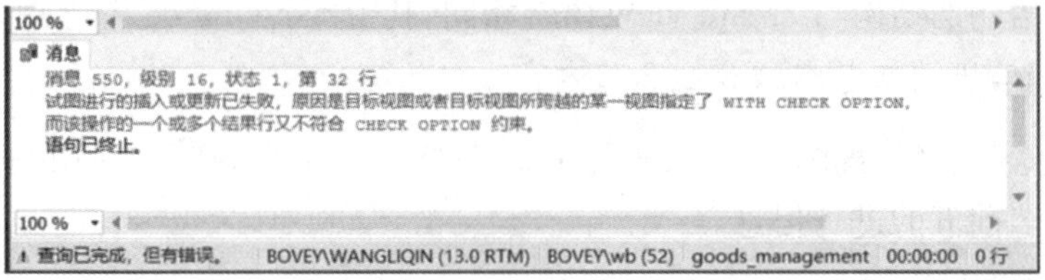

消息 550，级别 16，状态 1，第 32 行
试图进行的插入或更新已失败，原因是目标视图或者目标视图所跨越的某一视图指定了 WITH CHECK OPTION，而该操作的一个或多个结果行又不符合 CHECK OPTION 约束。
语句已终止。

图 6-9　使用了 with check option 定义的视图修改数据的执行结果

6.3 修改视图

6.3.1 使用对象资源管理器修改视图定义

（1）在对象资源管理器中展开“goods_management”数据库，展开“视图”节点，右键单击需要进行修改的视图，在弹出的快捷菜单中选择“设计”命令，如图 6-10 所示。

（2）打开视图设计器界面，可分别在关系图窗格、条件窗格、SQL 语句窗格中进行相应的设置和修改（与视图的创建较类似），如图 6-11 所示。

（3）修改完成后，单击“保存”按钮进行保存即可。

图 6-10　选择“设计”命令

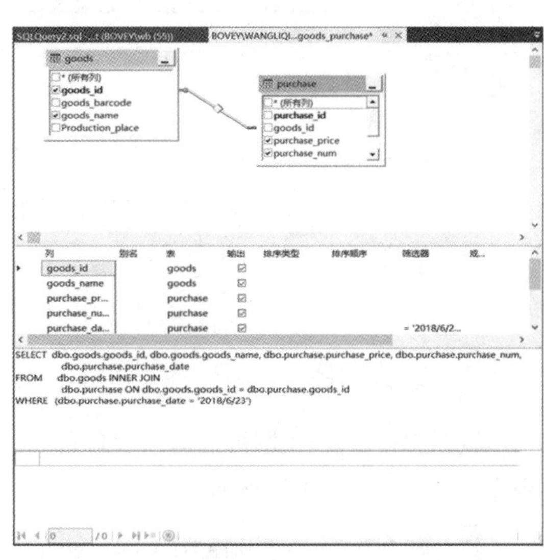

图 6-11　通过视图设计器界面修改视图定义

6.3.2 使用 Transact-SQL 语言修改视图定义

修改视图的定义使用 alter view 语句，语法格式如下。

```
alter view view_name [(column [,…n])]
[with encryption]
as select_statement
[with check option]
```

alter view 语句的结构与 create view 语句相同，其中 view_name 为待修改视图的名称。其他参数的详细信息请参考本章 6.2.2 节内容。

例 6-5 修改视图 view_goods_purchase，要求按照进货数量由高到低显示 2018 年 6 月 23 日排名前五的进货信息。

```
alter view view_goods_purchase
as
select top 5 goods.goods_id,goods_name,purchase_price,purchase_num,
purchase_date
from goods,purchase
where goods.goods_id=purchase.goods_id
and purchase_date='2018/6/23'
order by purchase_num desc
```

视图 view_goods_purchase 修改后的数据如图 6-12 所示。

结果 消息

	goods_id	goods_name	purchase_price	purchase_num	purchase_date
1	dk00100001	牛奶	2.50	66	2018-06-23 00:00:00.000
2	us00200001	铅笔	1.00	66	2018-06-23 00:00:00.000
3	fd00200001	鸡蛋	1.00	54	2018-06-23 00:00:00.000
4	fd00300001	彩虹糖	2.00	38	2018-06-23 00:00:00.000
5	fd00300002	冰淇淋	2.00	36	2018-06-23 00:00:00.000

查询已... BOVEY\WANGLIQIN (13.0 RTM) BOVEY\wb (58) goods_management 00:00:00 5 行

图 6-12 视图 view_goods_purchase 修改后的数据

6.4 通过视图查询和更新数据

6.4.1 查询视图

视图就是虚表，视图被创建以后具备表的许多特征，尤其是查询功能，用户可以像查询数据表一样对视图进行查询。

例 6-6 使用视图 view_client 查询湖北荆州的客户的姓名、联系电话和地址。

```
select*
from view_client
where home_address='湖北荆州'
```

例 6-7 使用视图 view_goods_purchase 查询进货数量排名前三的商品的名称和进货单价。

```
select top 3 goods_name,purchase_price
from view_goods_purchase
```

例 6-8 使用视图 view_goods_sale 查询 2018 年 7 月 2 日的总销售额。

```
select sum(sale_money),sale_date
from view_goods_sale
group by sale_date
```

6.4.2 更新视图

更新视图是指通过视图插入、修改和删除数据。因为视图并不真正存放数据，故而对视图的更新操作最终要转换成对基本表数据的更新。

1. 通过视图插入数据

例 6-9 通过视图 view_client 插入一条客户信息(客户姓名，王丽丽；联系电话，13886599989；地址，湖北荆州)。

```
insert into view_client(client_name,mobile,home_address)
values('王丽丽','13886599989','湖北荆州')
```

注意：当视图依赖多个基本表，或视图中存在计算列时，不能向视图中插入数据。

2. 通过视图修改数据

例 6-10 通过视图 view_client 将杨华的地址修改为“湖北仙桃”。

```
update view_client
set home_address='湖北仙桃'
where client_name='杨华'
```

代码执行结果如图 6-13 所示，此处数据修改成功，而例 6-4 中数据修改失败了，这是因为例 6-4 视图在定义时使用了 with check option，请读者区别。

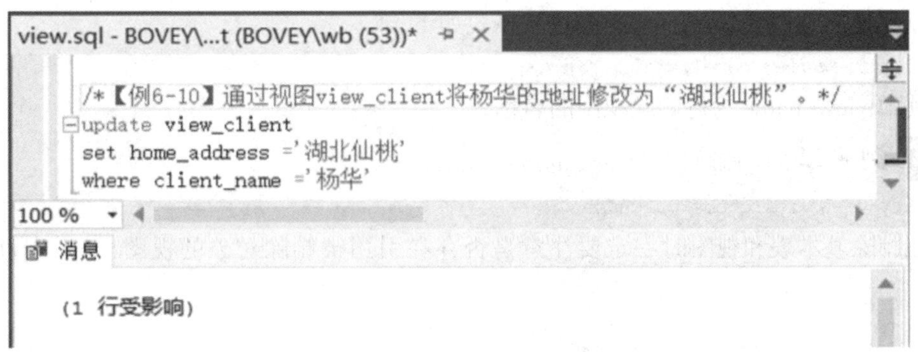

图 6-13 通过视图 view_client 修改数据的结果

3. 通过视图删除数据

例 6-11 通过视图 view_client 删除客户杨华的信息。

```
delete from view_client
where client_name='杨华'
```

6.5 删除视图

6.5.1 使用对象资源管理器删除视图

在对象资源管理器中展开“goods_management”数据库，展开“视图”节点，右键单击需要删除的视图，在弹出的快捷菜单中选择“删除”命令，在弹出的“删除对象”对话框（见图 6-14）中单击“确定”按钮，即可删除视图。

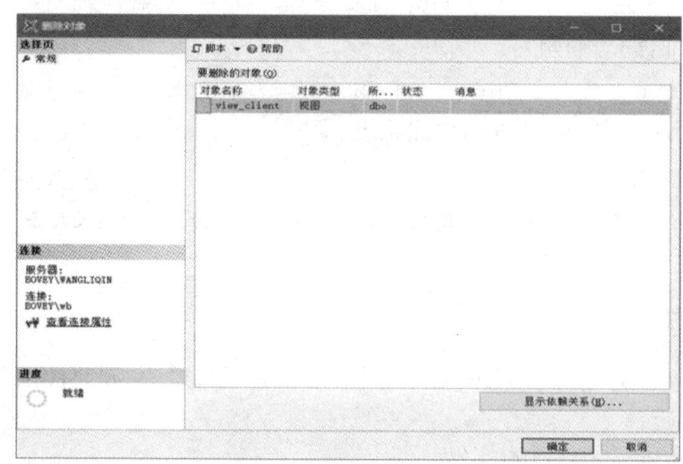

图 6-14 “删除对象”对话框

6.5.2 使用 Transact-SQL 语言删除视图

删除视图使用 drop view 语句，语法格式如下。

```
drop view view_name[,…n]
```

其中 view_name 为待删除视图的名称。

例 6-12 删除视图 view_goods_purchase。

```
drop view view_goods_purchase
```

在删除基本表和视图时一定要注意是否存在引用被删除对象的视图，如果有，应同时删除。

实验 6 视图的应用□□□

一、实验目的

(1) 理解视图的概念。

(2) 熟练利用对象资源管理器和 Transact-SQL 语言创建和修改视图。

(3) 掌握通过视图查询数据、更新数据的方法。

二、实验准备

(1) 创建用户数据库 goods_management。

(2) 在 goods_management 中创建客户信息表(client)、商品信息表(goods)、进货信息表(purchase)、销售信息表(sale)、库存信息表(stock)。

(3) 对象资源管理器或 Transact-SQL 语言向各个数据表插入实验数据。

三、实验内容和操作步骤

1. 创建视图

(1) 创建一个视图(view_stock),用以查询显示库存数量不足 10 的商品的编号、名称、库存数量。要求使用对象资源管理器创建并显示其结果。

(2) 创建一个视图(view_sale),用以查询显示销售单价大于 20,销售数量大于 5 的商品的销售信息。要求使用 Transact-SQL 语言编写代码创建视图并显示其结果。

```
create ______________________________
as
select ______________________________
from ______________________________
```

(3) 创建一个视图(view_sale_money),用以按照商品编号分组统计每种商品 2018 年 7 月的总销售金额。要求使用 Transact-SQL 语言编写代码创建视图并显示其结果。

```
create ____________________
as
select ____________________
from ____________________
where ____________________
```

2. 修改视图定义

(1) 修改视图(view_stock)的定义,用以查询显示库存数量不足 20 的商品的编号、名称、库存数量。要求使用对象资源管理器修改视图的定义。

(2) 修改视图(view_sale)的定义,要求使用 with encryption 选项对视图的定义信息进行加密。要求使用 Transact-SQL 语言编写代码修改视图的定义。

```
alter ____________________
________________________________________
as
select ____________________
from ____________________
```

3. 使用视图

（1）查询视图 view_stock、view_sale、view_sale_money 中的数据。要求使用 Transact-SQL 语言编写代码实现。

```
select * from view_stock
________________________________
________________________________
```

（2）使用 Transact-SQL 语言编写代码查询视图 view_sale，显示销售单价大于 20，销售数量大于 5 的商品的编号、销售单价和销售数量。

```
select ________________
from ________________
```

（3）使用 Transact-SQL 语言编写代码查询视图 view_sale_money，显示 2018 年 7 月总销售金额大于 200 的商品的销售信息。

```
select ________________
from ________________
where ________________
```

（4）向视图 view_sale 中插入一条记录。在 SQL 编辑器窗口中输入以下语句执行。

```
________ into ________________
values ________________________
```

（5）通过视图 view_sale 将销售单价大于 20，销售数量大于 5 的商品的销售单价打 9.5 折进行销售。要求使用 Transact-SQL 语言编写代码实现。

```
________ view_sale
set ________________________________
```

（6）通过视图 view_sale 将编号是 us00100002 的商品的销售信息删除。要求使用 Transact-SQL 语言编写代码实现。

```
________________ view_sale
where ________________________________
```

4. 删除视图

（1）删除视图 view_stock。要求使用对象资源管理器实现。

（2）删除视图 view_sale。要求使用 Transact-SQL 语言编写代码实现。

```
drop ________________________________
```

习题 6

一、单项选择题

1. 数据库中只存放视图的(　　)。
A. 操作　　B. 对应的数据　　C. 定义　　D. 限制
2. 下列关于视图的说法错误的是(　　)。
A. 视图是一种虚表　　B. 视图中也保存有数据
C. 视图也可由视图派生出来　　D. 视图保存 select 语句查询
3. 可以使用(　　)来给视图重新命名。
A. sp_helptext　　B. sp_depends　　C. sp_rename　　D. objname
4. 在 SQL Server 2016 中,建立视图使用的命令是(　　)。
A. create schema　　B. create table
C. create view　　D. create index
5. 下列叙述中不是视图的特点的是(　　)。
A. 为用户集中数据
B. 降低数据库设计的复杂性
C. 存储数据
D. 组织数据,以便导到其他应用程序中
6. 下列方法中不能创建视图的是(　　)。
A. 使用对象资源管理器　　B. 使用 alter view 语句
C. 使用 create view 语句　　D. 使用向导
7. 使用 Transact-SQL 语言通过视图修改基本表中的数据时,关键字是(　　)。
A. create　　B. update　　C. alter　　D. drop
8. 下列关于视图中数据的描述正确的是(　　)。
A. 视图可以存储数据
B. 可以通过视图更新基本表中的数据
C. 更新视图数据只能通过对象资源管理器实现
D. 基本表中的数据发生变化时,视图数据不会改变
9. 假设视图 view1 中有 10 条记录,可获得最前面 5 条记录的命令的语句为(　　)。
A. select 5 * from view1
B. select top 5 * from view1
C. select percent 5 * from view1
D. select percent 20 * from view1
10. 执行系统存储过程(　　),可以查看视图的定义信息。
A. sp_helptext　　B. sp_depends　　C. sp_help　　D. sp_rename

11. 在视图中不能完成的操作是(　　)。
    A. 更新视图　　B. 查询
    C. 基于视图定义新的表　　D. 基于视图定义新的视图
12. Transact-SQL 语言中，删除视图的关键字是(　　)。
    A. delete　　B. drop　　C. clear　　D. remove
13. SQL Server 的视图是从(　)中导出的。
    A. 基本表　　B. 视图
    C. 基本表或视图　　D. 数据库

二、判断题

1. 视图是观察数据的一种方法，只能基于基本表建立。(　　)
2. 视图本身不保存数据，因为视图是一个虚拟的表。(　　)
3. 对视图中的数据进行操作时，系统根据视图的定义操作与视图相关联的基本表。(　　)
4. 当通过视图修改数据时，将对相应的基本表产生影响。(　　)
5. 当创建和删除一个视图时，对相应的基本表没有影响。(　　)
6. 视图可以看成是虚表，因为它是从数据表中提取数据的，自己不存储数据。(　　)
7. 视图是虚表，用户通过视图观察到的数据实际上是基本表中的数据。(　　)

三、填空题

1. 在 SQL Server 2016 中定义视图时，使用________选项可以对视图的定义进行加密，使用________选项可以强制所有通过视图修改的数据必须满足代码中的 select 语句中指定的条件。
2. 视图的优点有________；________；简化数据查询操作；便于数据共享，使用户能从多角度看到同一数据。

四. 简答题

1. 什么是视图？
2. 视图的优点有哪些？

五. 应用题

按照题目要求使用 Transact-SQL 语言编写代码，并在机器上进行调试。

1. 创建一个商品库存充足的视图 view_fullstock，对库存信息表中库存数量超过 50 的商品建立一个视图。
2. 创建一个低库存的视图 view_lowstock，对库存信息表中库存数量小于 10 的商品建立一个视图。
3. 创建一个显示所有产地的视图 view_place。
4. 对湖北武汉所生产的商品单独创建一个视图 view_wuhan。
5. 对商品信息表中的“使用类”商品即以“us”开头的商品创建一个加密视图 view_use。

6. 对商品信息表中的"饮品类"商品即以"dk"开头的商品创建视图 view_drink，要求在视图 view_drink 上执行的所有数据更新操作都必须符合视图定义时 select 语句所设定的限制条件。

7. 通过视图 view_place 查询显示所有产地信息。

8. 通过视图 view_wuhan 查询湖北武汉所生产的商品的信息。

9. 使用系统存储过程 sp_helptext 查看视图 view_wuhan 的定义信息。

10. 修改视图 view_wuhan 的定义信息，将视图中数据修改为 2018 年 7 月 1 当天所有客户购买的商品的具体信息，要求显示客户姓名、商品编号、联系电话、地址、销售日期。

11. 向视图 view_use 添加一组数据('us00800008','6955123500014','瓶子','湖北武汉')。

12. 通过视图 view_use 删除商品编号为"us00800008"的记录。

13. 删除视图 view_drink。

第7章 索引

索引是一种特殊类型的数据库对象，可以用来提高表中数据的访问速度，并且能够强制实施某些数据完整性（如记录的唯一性）。通常只在那些在查询条件中经常使用的字段上创建索引。

本章主要内容如下。

- 索引的概念和索引的创建原则。
- 索引的分类。
- 索引的创建和删除。

7.1 索引概述

7.1.1 索引的概念

对数据的查询速度和处理速度已成为衡量数据库应用系统成败的关键。采用索引来加快数据处理速度是最普遍的查询优化方法。

数据库中的索引类似于图书中的目录。在一本书中，使用目录可以帮助读者迅速找到相关信息，而不必读完全书。在一个数据库中，数据库程序使用索引可以快速定位表中的数据，而不必扫描整个表。书中的目录是各章节标题及所在页码的列表，数据库中的索引是表中的列值以及各列值存储位置（在表中所在的行）的列表。

在良好的数据库设计基础上，有效地使用索引是 SQL Server 实现高性能的基础，SQL Server 采用基于代价的优化模型，它对每一个提交的有关表数据的查询，决定是否使用索引或者使用哪一个索引。因为查询执行的大部分开销是磁盘 I/O，使用索引的主要目的是避免全表扫描，因为全表扫描需要从磁盘上读取表的每一个数据页，如果有索引指向数据值，则查询只需读几次磁盘就可以了，这样可以大幅提升数据库应用系统的查询性能。所以如果创建了合适的索引，就可以利用索引加速数据的查询过程。

但是，索引并不总是提高系统的性能，创建索引需要在数据库中占用存储空间，而且向有索引的表中插入、更新或删除数据的命令的运行时间以及维护索引所需的处理时间会更长。因此，对于索引必须合理规划，在适当的地方增加适当的索引，删除不合理的索引，将有助于优化那些性能较差的 SQL Server 应用系统。

7.1.2 索引的创建原则

虽然索引可以加快查询速度，减少服务器的响应时间，但是它需要牺牲一定的系统性能。对于同一个数据表，索引的有无和创建方式的不同将会带来不同的查询效果。因此，在为表创建索引时，哪些列适合创建索引，哪些列不适合创建索引，需要进行细致的考察。一般而言，创建什么样的索引主要基于用户对数据的查询条件，而这些条件主要体现在 where 子句和 join 表达式中。创建索引一般遵循以下原则。

(1) 主键列经常作为 where 子句的条件和连接查询的连接条件，而且主键可以唯一标识数据行，通过主键可以快速定位表中的数据行，可以在表的主键列创建索引。

(2) 外键列通常用于建立连接查询中表与表之间的联系，定义外键的列可以创建索引，加快数据表间的连接。

(3) 经常在指定范围内查询、需要排序、分组发生的列，或被频繁访问的列，可考虑创建索引。

(4) 经常同时存取多列，且每列都含有重复值，可考虑创建复合索引(多列组合为索引字段)来覆盖一个或一组查询。

(5) 在一个经常做插入操作的表上创建索引时，使用 fillfactor(填充因子)来减少页分裂，同时提高并发度，降低死锁的发生率。如果在只读表上创建索引，则可以把 fillfactor 设置为 100。

(6) 在选择索引键时，尽量选择那些采用小数据类型的列作为键，以使每个索引页能够容纳尽可能多的索引键和指针。通过这种方式，可使一个查询必须遍历的索引页面降到最小。此外，尽可能地使用整数为键值，因为它能够提供比任何数据类型都快的访问速度。

(7) 那些在查询中较少涉及的列、重复值较多的列，不适合创建索引。

(8) 定义为 bit、text、ntext 和 image 数据类型的列，数据量要么很大，要么很小，不宜创建索引。

7.1.3 索引的分类

在 SQL Server 2016 中，提供了多种索引类型。如果以存储结构分类，则索引分为聚集索引(clustered index)和非聚集索引(nonclustered index)两种；如果以数据的唯一性分类，则索引分为唯一索引和非唯一索引；若以键列的个数分类，则索引分为单列索引与多列索引；对 XML 数据类型列创建的索引分为主 XML 索引和辅助 XML 索引。与 SQL Server 的早期版本相比，SQL Server 2016 新增并完善了聚集列存储索引和非聚集列存储索引，在 SQL Server 内存中列存储索引通过使用基于列的数据存储和基于列的查询处理来存储和管理数据，列存储索引适用于主要执行大容量加载和只读查询的数据仓库工作负荷。另外，SQL Server 2016 还新增了空间索引(一种扩展索引)，允许对空间列创建索引。下面具体介绍聚集索引和非聚集索引。

1. 聚集索引

在聚集索引中，表中各行的物理存储顺序与索引键值的逻辑(索引)顺序相同。因为表中的数据行只能按照一种顺序进行存储，因此一个表中只能包含一个聚集索引。聚集索引除了可以加快数据的 select 操作速度外，通常还可以加快 update 和 delete 操作的速度，因为这两种操作需要读取大量的数据。创建或修改聚集索引操作要在磁盘上对表的行进行重组，因而可能要花费很长的时间。如果一个表中包含聚集索引，则该表称为聚集表。

例如我们在日常生活中常用到的汉语字典，它的正文本身按照拼音顺序排序并与拼音检索目录顺序完全一致，拼音检索目录就类似于一个聚集索引。

在聚集索引下，数据在物理上按顺序存储在数据页上，重复值也排在一起，因而在执行那些包含范围检查(between…and…、<、<=、>、>=等)或使用 group by、order by 的查询时，一旦找到具有范围中第一个键值的行，那些具有后续索引值的行保证物理上毗连在一起而不必进一步搜索，避免了大范围扫描，可以大大提高查询速度。

但是，由于数据在物理上按顺序排列在数据页上，因此在聚集索引中不要包含经常修改的列，否则列值修改后，数据行就必须移动到新的位置，从而影响整个 SQL Server 系统的性能。

在选择聚集索引列时，应基于 where 子句和连接操作的类型。聚集索引的候选列通常可以是以下几种。

(1) 主键列。该列常在 where 子句中使用并且插入值是随机的。

(2) 常按范围存取的列。

(3) 常在 group by 或 order by 中使用的列。

(4) 不经常修改的列。

(5) 在连接操作中常使用的列。

2. 非聚集索引

非聚集索引完全独立于数据行的结构，表中数据也并不是按照非聚集索引的顺序存储。非聚集索引不改变表中数据记录的物理存储顺序，数据记录与索引分开存储。在非聚集索引的索引行中保存了非聚集索引键值和行定位器，可以快捷地根据非聚集索引键值来定位记录的存储位置。

在我们的日常生活中，也可能遇到不认识的字，不知道它的发音，这时候，就不能采用拼音检字法找到要查的字，而需要去根据“偏旁部首”查到要找的字，然后根据这个字后面对应的页码直接翻到指定页来找到要找的字。这种结合“部首目录”和“检字表”而查到的字的排序并不是真正的正文的排序方法，这种目录纯粹是目录、正文纯粹是正文的排列方式类似非聚集索引。

在 SQL Server 默认情况下创建的索引是非聚集索引。由于非聚集索引不重新组织表中的数据，而是对每一行存储索引列值并用一个指针指向数据所在的页面，所以一个表可以拥有多个非聚集索引，每个非聚集索引提供访问数据的不同排列顺序。

在创建非聚集索引时，要权衡索引加快查询速度与降低修改速度之间的利弊。另外，还要考虑索引需要使用多少空间、索引键如何选择、是否有许多重复值等问题。

在数据库的实际应用和管理中，聚集索引和非聚集索引的选择如表 7-1 所示。

表 7-1 聚集索引和非聚集索引的选择

场　合	使用聚集索引	使用非聚集索引
列经常被分组排序	应	应
返回某范围内的数据	应	不应
一个或极少不同值	不应	不应
小数目的不同值	应	不应
大数目的不同值	不应	应

续表

场　　合	使用聚集索引	使用非聚集索引
频繁更新的列	不应	应
外键列	应	应
主键列	应	应
频繁修改索引列	不应	应

7.2 创建索引

SQL Server 2016 提供了两种创建索引的方法，即使用 SQL Server Management Studio 中的对象资源管理器创建和使用 Transact-SQL 语言创建。

7.2.1 使用对象资源管理器创建索引

以为 client 表的 client_id 列创建聚集索引为例。在 SQL Server 2016 中，使用对象资源管理器创建索引的操作步骤如下。

(1) 启动 SQL Server Management Studio，在对象资源管理器中展开“goods_management”数据库，展开“表”节点，展开“dbo. client”节点，右键单击“索引”，在弹出的快捷菜单中选择“新建索引”命令，再选择索引类型“聚集索引”，如图 7-1 所示。

(2) 在弹出的“新建索引”对话框中输入索引名称，勾选或不勾选“唯一”复选框决定是否将索引设置为唯一索引(本例中 client_id 列取值唯一，可勾选“唯一”复选框将索引设置为唯一索引，如图 7-2 所示)，然后单击“添加”按钮。

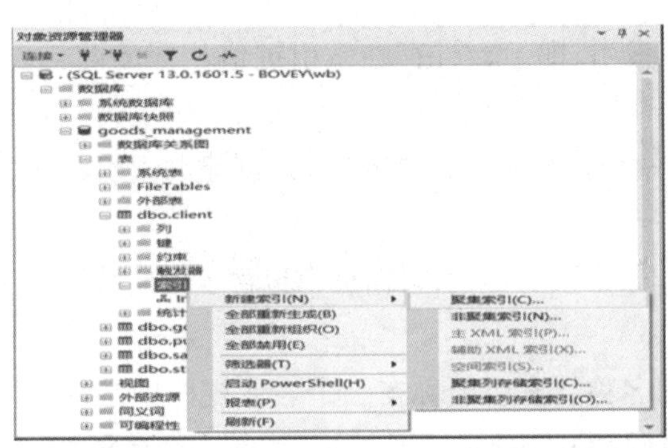

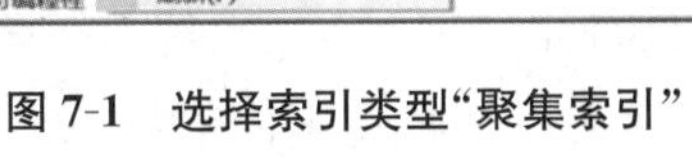
图 7-1　选择索引类型“聚集索引”

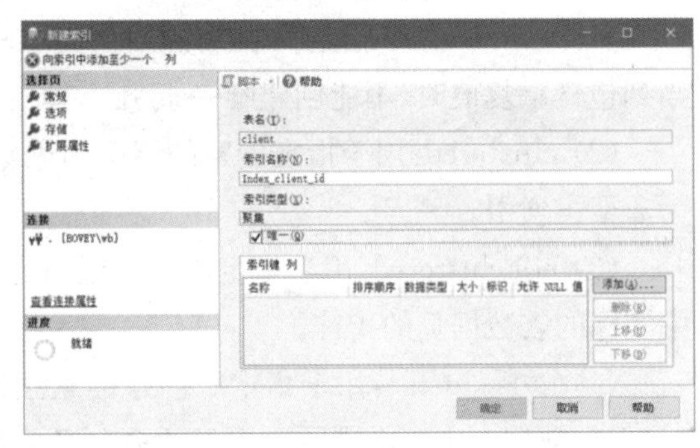

图 7-2　设置“新建索引”对话框

(3) 在打开的“从‘dbo. client’中选择列”对话框中，勾选需要创建为索引的键值(本例选择“client_id”列作为索引键值)，如图 7-3 所示，然后单击“确定”按钮。

(4) 回到“新建索引”对话框，如图 7-4 所示，单击“确定”按钮，索引创建完成。

图 7-3　选择索引列

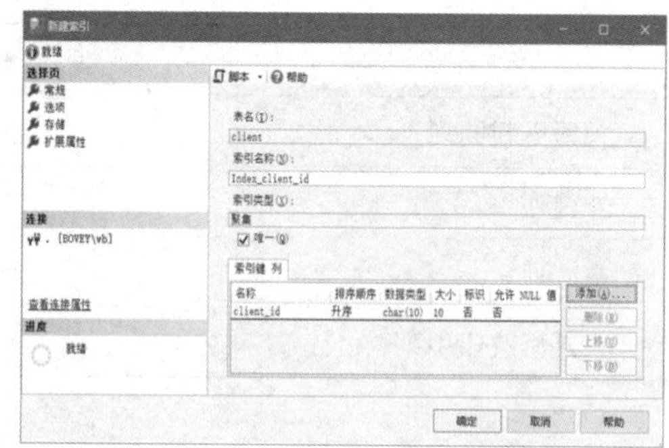

图 7-4　回到“新建索引”对话框

7.2.2　使用 Transact-SQL 语言创建索引

在 Transact-SQL 中，使用 create index 语句创建索引。

1. create index 语句的语法格式

使用 create index 语句可以创建索引，基本语法格式如下。

```
create[unique][clustered|nonclustered]index index_name
on {table_name|view_name}(column_name[asc|desc][,…n])
[with[pad_index]
[[,]fillfactor=fillfactor]
[[,]ignore_dup_key]
[[,]drop_existing]
[[,]statistics_norecompute]
[[,]sort_in_tempdb]
]
[on filegroup]
```

参数说明如下。

(1) unique：用于指定为表或视图创建唯一索引，即不允许存在索引键值相同的两行。当列包含重复值时，不能创建唯一索引。

(2) clustered：用于指定创建的索引为聚集索引。如果此选项省略，则创建的索引默认为非聚集索引。

(3) nonclustered：用于指定创建的索引为非聚集索引，索引数据页中包含了指向数据库中实际的表数据页的指针。

(4) index_name：用于指定所创建的索引的名称。索引名称在一个表或视图中必须唯一，但在数据库中不必唯一。索引的命名必须遵循 SQL Server 2016 中标识符的命名规则。

(5) table_name：用于指定创建索引的表名称，必要时可以选择指定的数据库名称和所有者名称。

(6) view_name：用于指定创建索引的视图名称。

(7) column_name：用于指定被索引的列。指定两个或多个列名组成一个索引时，可以为指定列的组合值创建组合索引，在 table_name 后的圆括号中列出组合索引中要包括的列

（按顺序优先级排列），这种索引称为复合索引。

（8）asc|desc：用于指定某个具体索引列的升序或降序的排序方式，默认值为升序 asc。

（9）pad_index：用于指定索引中间级中每个页（节点）上保持开放的空间。

（10）fillfactor＝fillfactor：填充因子，用于指定在 SQL Server 创建索引的过程中，各索引页叶级的填满程度，fillfactor 的值为 1 到 100。

（11）ignore_dup_key：用于控制当向一个包含唯一索引的列中插入重复数据时 SQL Server 所做的反应。

（12）drop_existing：用于指定应删除并重新创建已命名的先前存在的聚集索引或非聚集索引。

（13）statistics_norecompute：用于指定过期的索引统计不自动重新计算。

（14）sort_in_tempdb：用于指定创建索引时的中间排序结果将存储在 tempdb 数据库中。如果 tempdb 数据库与用户数据库位于不同的磁盘设备上，使用此选项可以减少创建索引所需要的时间，但会增加创建索引时使用的磁盘空间。

（15）on filegroup：用于指定存放索引的文件组。

如果不指定索引类型，SQL Server 将使用非聚集索引作为默认索引类型。当在同一个表中同时创建聚集索引和非聚集索引时，应先创建聚集索引再创建非聚集索引。

2. 使用 Transact-SQL 语言创建索引实例

例 7-1 使用 create index 语句为表 goods 创建一个聚集索引，索引字段为 goods_id，索引名称为 index_goods_id。

```
create clustered index index_goods_id
on goods(goods_id)
```

例 7-2 使用 create index 语句为表 goods 创建一个索引字段为 goods_barcode 和 goods_name 的复合索引，索引名称为 index_barcode_name。

```
create index index_barcode_name
on goods(goods_barcode,goods_name)
```

例 7-3 使用 create index 语句为表 client 创建一个非聚集索引，索引字段为 client_name，索引名称为 index_client_name。

```
create nonclustered index index_client_name
on client(client_name)
```

例 7-4 使用 create index 语句为表 stock 创建一个唯一聚集索引，索引字段为 goods_id，索引名称为 index_goods_id，要求成批插入数据时忽略重复值，不重新计算统计信息，填充因子取 40。

```
create unique clustered index index_goods_id
on stock(goods_id)
with pad_index,
fillfactor=40,
ignore_dup_key,
statistics_norecompute
```

7.3 删除索引

当一个索引不再需要时，可以删除，以释放存储空间。使用对象资源管理器删除索引的方法与删除数据库中其他对象的方法类似，在这里不再赘述。

利用 Transact-SQL 语言删除索引的语法格式如下。

```
drop index table_name.index_name
```

说明：drop index 不能删除系统自动创建的索引，如主键或唯一性约束索引；也不能删除系统表中的索引。

例 7-5 使用 drop index 语句删除 goods 表中名为 index_barcode_name 的索引。

```
drop index goods.index_barcode_name
```

实验7 索引□□□

一、实验目的

(1) 理解索引的意义和作用。

(2) 学会创建唯一索引、聚集索引、非聚集索引。

(3) 学会对索引进行管理和维护。

二、实验准备

(1) 创建用户数据库 goods_management。

(2) 在 goods_management 中创建客户信息表(client)、商品信息表(goods)、进货信息表(purchase)、销售信息表(sale)、库存信息表(stock)。

(3) 使用对象资源管理器或 Transact-SQL 语言向各个数据表插入实验数据。

三、实验内容和操作步骤

1. 创建索引

(1) 使用对象资源管理器为 client 表的 client_name 列创建名为 ix_client_name 的索引。

(2) 使用 create index 语句为 purchase 表的 purchase_id,goods_id 组合列创建一个唯一聚集索引 ix_p_goods。

```
create ____________________ index ix_p_goods
on purchase(purchase_id,goods_id)
```

(3) 使用 create index 语句为 goods 表的 goods_barcode 列创建一个唯一非聚集索引 ix_goods_b。

```
create unique ____________________
on goods(____________________)
```

(4) 使用 create index 语句为 stock 表的 stock_num 列创建一个索引 ix_stock_num。

```
______________________________
______________________________
```

2. 查看索引

(1) 使用对象资源管理器查看各表的索引。

(2) 用系统存储过程 sp_helpindex 查看 client 表的索引信息。

```
exec sp_helpindex client
```

3. 删除索引

(1) 使用对象资源管理器删除索引 ix_client_name。

(2) 使用 drop index 语句删除索引 ix_p_goods。

```
drop index purchase.ix_p_goods
```

习题 7

一、单项选择题

1. 创建索引用(　　)命令。

   A. create schema　　B. create table

   C. create index　　D. create view

2. 在 create index 命令中，如果希望创建一个非聚集索引，使用关键字(　　)。

   A. clustered　　B. nonclustered

   C. primary key　　D. unique

3. 下列关于索引的说法中正确的是(　　)。

   A. 索引可节省磁盘空间

   B. 索引可缩短查询时间

   C. 索引可在执行插入、修改、删除命令时节省时间

   D. 索引与表无关

4. 若所创建的索引的字段取值不允许重复，并且一个表只能创建一个索引，则应该是(　　)。

   A. 聚集索引　　B. 非聚集索引　　C. 唯一索引　　D. 普通索引

5. 应尽量创建索引的情况是(　　)。

   A. 在 where 子句中出现频率较高的列　　B. 具有很多 null 值的列

   C. 记录较少的基本表　　D. 更新频繁的基本表

6. 下面关于聚集索引和非聚集索引的说法正确的是(　　)。

   A. 每个表只能创建一个非聚集索引

   B. 非聚集索引需要较多的硬盘空间和内存

   C. 在一个表上不能同时创建聚集索引和非聚集索引

   D. 一个复合索引只能是聚集索引

二、填空题

1. 为表创建索引后，可以提高________速度。
2. 根据索引的顺序与物理表的存储顺序是否一致，可将索引分为____________和____________。
3. 在 SQL Server 2016 中，顺序和数据表的物理顺序相同的索引是____________。
4. 索引是在基本表的列上创建的一种__________，它同基本表分开存储，使用它能够加快数据的查询速度。
5. 索引会影响对基本表的__________、__________和__________操作的速度。

三、判断题

1. 索引是一个指向表中数据的指针。 ( )
2. 索引是在基本表的列上创建的一种数据库对象。 ( )
3. 表被删除时将同时删除在其上创建的索引。 ( )
4. 从是否改变基本表记录的物理存储的角度,可将索引分为聚集索引和非聚集索引两类。 ( )
5. 与非聚集索引相比,聚集索引的查询速度更快。 ( )

四、简答题

引入索引的主要目的是什么?

第8章 存储过程

存储过程是存储在数据库中的一个可以包含数据操作语句、数据定义语句和参数等的代码段。应用程序可以通过调用存储过程来执行代码段中的语句。存储过程能够使用户对数据库的管理和操作更加灵活和便捷。

本章主要内容如下。

- 存储过程的概念、优点和类型。
- 存储过程的创建。
- 存储过程的执行。
- 存储过程的管理。

8.1 存储过程概述

8.1.1 存储过程的概念

我们利用 SQL Server 数据库存储数据的最终目的是开发各种应用系统来对这些数据进行处理和管理。能够对 SQL Server 数据库执行操作的只有 Transact-SQL 语句，因此各种前台应用开发语言，如 C＃、C＋＋、JAVA 等都是通过 Transact-SQL 语句来执行对数据库的各种操作的。程序中的 Transact-SQL 语句最终都由 SQL Server 服务器上的执行引擎来编译执行。程序每调用一次 Transact-SQL 语句，执行引擎就要进行一次编译，然后执行。此时，如果有很多并发的用户同时对 SQL Server 数据库进行操作，那么 Transact-SQL 语句的执行效率就非常低。为此，SQL Server 提出了存储过程概念。

存储过程是存储在 SQL Server 数据库中的一种编译对象。它是一组为了完成特定功能而编写的 Transact-SQL 语句集。这些 Transact-SQL 语句集经编译后以一个指定的名称存储在数据库中，可以被数据库管理工具、应用程序和其他存储过程调用，同时还可以传递参数。用户通过指定存储过程的名字并给出参数（如果该存储过程带有参数）来执行它。

SQL Server 中的存储过程与一般程序设计语言中的过程或函数类似，存储过程也可以：

(1) 接受输入参数并以输出参数的形式将多个值返回至调用过程或批处理；

(2) 可以包含执行数据库的操作的编译语句；

(3) 可以调用其他过程，向调用过程或批处理返回状态值，以表明成功或失败。

存储过程与函数不同：存储过程不能直接在表达式中使用；存储过程只需编译一次，以后即可多次执行。

8.1.2 存储过程的优点

1. 编程效率高，可复用性好

存储过程可由在数据库编程方面有专长的人员创建，并可独立于程序源代码而单独修改。存储过程一旦创建并存储在数据库中，以后就可以在应用程序中反复调用，编程效率高，可复用性好。

2. 更快的执行速度

数据库管理系统在创建存储过程时对代码进行分析和优化，并在第一次执行时进行语法检查和编译，将编译好的可执行代码存储在内存的一个专门缓冲区中，以后再执行此存储过程时，无须再编译，这样节省了程序处理的时间，提高了执行效率。

3. 减少网络流量

在客户端和服务器的交互过程中，Transact-SQL 语言中的每个代码行在执行时都需要利用网络进行发送。如果代码行被封装成了存储过程，则只需要将执行存储过程的调用语句从客户端发送到服务器，这样一个可能需要数百行 Transact-SQL 代码完成的操作现在只需要一条执行存储过程的代码即可实现，因此存储过程可以显著地减少客户端和服务器之间的网络流量。

4. 增强安全性

在客户端和服务器之间调用存储过程时，只有执行存储过程的语句是可见的，用户无法看到或访问定义存储过程时所涉及的数据库对象，能够防止一般用户对数据表的访问。数据库管理员通过对执行某一存储过程的权限进行限制，能够实现对相应的数据访问权限的限制，避免非授权用户对数据的访问，从而保证数据的安全。

8.1.3 存储过程的类型

按照存储过程定义的主体可将存储过程分为以下 3 类。

1. 系统存储过程

系统存储过程是 SQL Server 系统内置的存储过程，主要存储在 master 数据库中并以“sp_”为命名前缀。系统存储过程主要从系统表中获取信息，从而为数据库管理员管理 SQL Server 提供支持。通过系统存储过程，SQL Server 中的许多管理性或信息性的活动(如了解数据库对象、数据库信息等)都可以被顺利、有效地完成。系统存储过程可以在其他数据库中执行，且不必在存储过程名前加上数据库名。

2. 扩展存储过程

扩展存储过程是指 Microsoft SQL Server 的实例可以动态加载和运行的动态链接库(DDL)，是由用户使用编程语言(如 C、C＃)创建的外部程序，可以弥补 SQL Server 的不足之处，按照需要扩展新的功能。扩展存储过程一般以“xp_” 为命名前缀。

3. 用户定义的存储过程

用户定义的存储过程是指用户自行创建并存储在用户数据库中的存储过程。

8.2 创建存储过程

在 SQL Server 2016 中，既可以使用对象资源管理器创建存储过程，也可以使用

Transact-SQL 语言中的 create procedure 语句创建存储过程。

8.2.1 使用对象资源管理器创建存储过程

在 SQL Server 2016 中，使用对象资源管理器创建存储过程的操作步骤如下。

(1) 启动 SQL Server Management Studio，在对象资源管理器中展开“goods_management”数据库，展开“可编程性”，右键单击“存储过程”，在弹出的快捷菜单中选择“新建”命令，再选择“存储过程”，如图 8-1 所示。

(2) 打开“SQL 编辑器”存储过程模板文件，如图 8-2 所示。

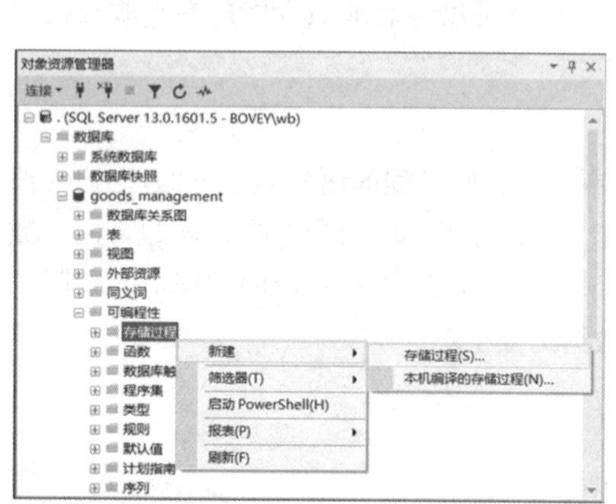

图 8-1 选择“存储过程”

图 8-2 “SQL 编辑器”存储过程模板文件

(3) 在“SQL 编辑器”存储过程模板文件中的相应位置修改模板代码，或者单击“SQL 编辑器”工具栏上的“指定模板参数的值”按钮，弹出如图 8-3 所示的“指定模板参数的值”对话框，在该对话框对与模板相关的参数值进行设定，然后单击“确定”按钮，更新存储过程中的参数值。

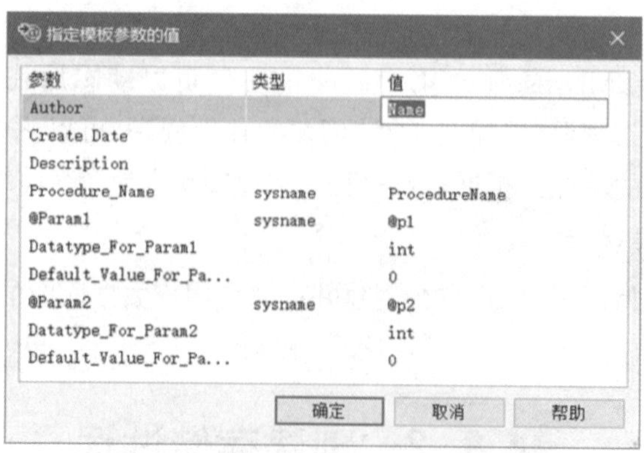

图 8-3 “指定模板参数的值”对话框(二)

(4) 单击“SQL 编辑器”工具栏上的“分析”按钮，检查是否存在语法问题。

(5) 单击“SQL 编辑器”工具栏上的“执行”按钮,完成存储过程的创建。

(6) 单击“标准”工具栏上的“保存”按钮。

8.2.2 使用 Transact-SQL 语言创建存储过程

使用 Transact-SQL 语言创建存储过程的语句为 create procedure，语法格式如下。

```
create proc[edure] procedure_name [;number]
[{@parameter data_type}
[varying] [=default] [output]
][,…n]
[with
{recompile|encryption|recompile,encryption}]
[for replication]
as sql_statement [,…n]
```

参数说明如下。

(1) procedure_name:要创建的存储过程的名称。它后面跟一个可选项 number, number 是一个整数,用来区分一组同名的存储过程,如 proc1、proc2 等。

(2) @parameter:存储过程的参数,参数名称的第一个字符必须是符号@。在 create procedure 语句中,用它可以声明一个或多个参数。当有多个参数时,各参数间用逗号隔开。当调用该存储过程时,用户必须给出所有的参数值,除非定义了参数的缺省值,若参数以@parameter=value 的形式出现,则参数的次序可以不同,否则用户给出的参数值必须与参数列表中参数的顺序保持一致。若某一参数以@parameter=value 的形式给出,那么其他参数也必须以该形式给出。一个存储过程最多有 1 024 个参数。

(3) data_type:参数的数据类型。在存储过程中,所有的数据类型(包括 text 和 image)都可以被用作参数的数据类型;但是,cursor 数据类型只能被用作 output 参数。当定义 cursor 数据类型时,也必须对 varying 和 output 关键字进行定义。对 cursor 数据类型的 output 参数而言,参数个数没有限制。

(4) varying:指定由 output 参数支持的结果集,仅应用于 cursor 类型的参数。

(5) default:参数的缺省值,缺省值必须是常数或空值。如果定义了缺省值,那么即使不给出参数值,该存储过程也可被调用。

(6) output:表明参数是一个返回参数,用 output 参数可以向调用者返回信息。text 类型参数不能用作 output 参数。

(7) recompile:指明 SQL Server 不保存存储过程的执行计划,该存储过程每次执行都需要重新进行编译。

(8) encryption:对存储过程创建的文本进行加密,表明 SQL Server 加密了 syscomments 表,该表的 text 字段是包含 create procedure 语句的存储过程文本。使用该关键字创建存储过程,用户无法通过查看 syscomments 表查看到存储过程的内容。

(9) for replication:指定不能在订阅服务器上执行为复制创建的存储过程。for replication 与 with recompile 选项是互不兼容的。

(10) as:指定存储过程将要执行的动作。

(11) sql_statement:包含在存储过程中的任意数目和类型的 Transact-SQL 语句。

创建存储过程时应注意以下事项。

(1) 作为数据库对象,存储过程的命名必须符合标识符的命名规则。在一个数据库中或对其所有者而言,存储过程的名字必须唯一。建议不要在存储过程名称中使用前缀"sp_",因为此前缀由 SQL Server 系统存储过程使用。可在 procedure_name 前面使用一个"#"(#procedure_name)来创建局部临时存储过程,使用两个"#"(##procedure_name)来创建全局临时存储过程。局部临时存储过程只对创建该存储过程的连接可见,全局临时存储过程则可由所有连接使用。局部临时存储过程在当前会话结束后将被自动删除,全局临时存储过程在使用该过程的最后一个会话结束后被删除。尽量不要使用临时存储过程。

(2) 一个存储过程的最大大小为 128 MB,用户定义的存储过程必须创建在当前数据库中,但临时存储过程是个例外,临时存储过程总是被创建在 tempdb 数据库中。

(3) 在单个批处理中,create procedure 语句不能与其他 Transact_SQL 语句组合使用。

(4) 创建存储过程需要具有相应的权限,数据库所有者具有创建存储过程的默认权限,还可把该权限授权给其他用户。

(5) 存储过程可以嵌套,即在一个存储过程中可以调用另一个存储过程。在被调用存储过程开始运行时,嵌套级将增加,在被调用过程运行结束后,嵌套级将减少。存储过程最多可以嵌套 32 级。

1. 创建不带参数的存储过程

例 8-1 在 goods_management 数据库中创建一个名为 client_proc1 的不带参数的存储过程,该存储过程的功能是从数据表 client 中查询所有地址为湖北荆州的客户的信息。

```
use goods_management
go
create procedure client_proc1
as
select *
from client
where home_address='湖北荆州'
go
```

2. 创建带输入参数的存储过程

例 8-2 在 goods_management 数据库中创建一个名为 client_proc2 的存储过程,该存储过程的功能是从数据表 client 中查询指定地址的客户的信息。

```
use goods_management
go
create procedure client_proc2
@home nvarchar(30)
as
select *
from client
where home_address=@home
go
```

例 8-3 在 goods_management 数据库中创建一个名为 client_proc3 的存储过程，该存储过程的功能是向 client 表中插入一条记录，新记录的值由参数提供。

```
use goods_management
go
create procedure client_proc3
(@cno char(10) ,
@cname nchar(4) ,
@tel char(11) ,
@home nvarchar(30),
@mail varchar (30))
as
insert into client
values(@cno,@cname,@tel,@home,@mail)
go
```

3. 创建带输出参数的存储过程

例 8-4 在 goods_management 数据库中创建一个名为 client_proc4 的存储过程，该存储过程的功能是从数据表 client 中查询所有地址为湖北武汉的客户的信息，并使用输出参数返回湖北武汉的客户的人数。

```
use goods_management
go
create procedure client_proc4
@num int output
as
select *
from client
where home_address='湖北武汉'
select @num=@@rowcount
go
```

例 8-5 在 goods_management 数据库中创建一个名为 client_proc5 的存储过程，该存储过程的功能是从数据表 client 中查询指定地址的客户的信息，并使用输出参数返回指定地址的客户的人数。

```
use goods_management
go
create procedure client_proc5
@home nvarchar(30),@num int output
as
select *
from client
where home_address=@home
select @num=@@rowcount
go
```

8.3 执行存储过程

在 SQL Server 2016 中，既可以使用对象资源管理器执行存储过程，也可以使用 Transact-SQL 语言中的 execute(或 exec)语句执行存储过程。

8.3.1 使用对象资源管理器执行存储过程

在 SQL Server 2016 中，使用对象资源管理器执行存储过程的操作步骤如下(以执行具有输入参数的存储过程 client_proc2 为例，输入参数指定为“湖北仙桃”，查询地址为湖北仙桃的客户的信息)。

(1) 启动 SQL Server Management Studio，在对象资源管理器中展开“goods_management”数据库，展开“可编程性”节点，展开“存储过程”节点，右键单击“dbo. client_proc2”，在弹出的快捷菜单中选择“执行存储过程”命令，如图 8-4 所示。

图 8-4 选择“执行存储过程”命令

(2) 在弹出的“执行过程”对话框中设置参数“@home”的值为“湖北仙桃”，如图 8-5 所示。

(3) 在“执行过程”对话框中单击“确定”按钮，即可在“SQL 编辑器”中查看到存储过程 client_proc2 的执行结果，如图 8-6 所示。

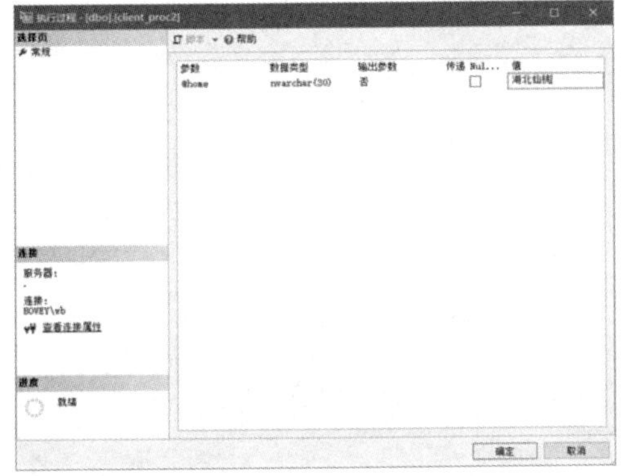

图 8-5　在“执行过程”对话框中设置存储过程输入参数的值

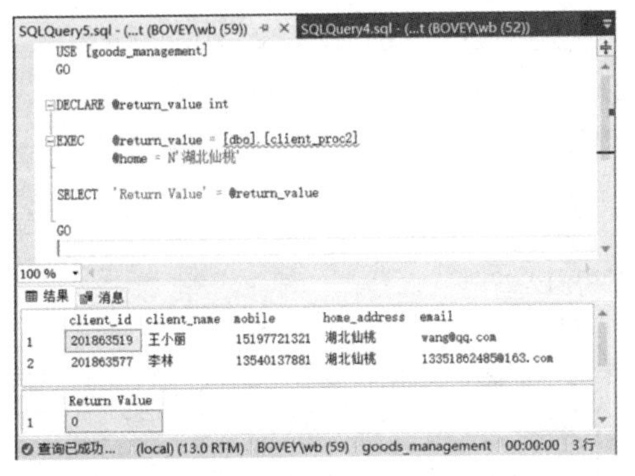

图 8-6　存储过程 client_proc2 的执行结果

8.3.2　使用 Transact-SQL 语言执行存储过程

执行存储过程的 Transact-SQL 语句是 execute(或 exec)语句，语法格式如下。

```
[exec[ute]]
{[[@return_status=]
{procedure_name[;namber]|@procedure_name_var}
[[@parameter=]{value|@variable[output]|[default]][,...n]
[with recompile]}
```

参数说明如下。

(1) @return_status：可选的整形变量，用来存储存储过程向调用者返回的值。

(2) @procedure_name_var：一个变量名，用来代表存储过程的名字。

其他参数和保留字的含义与 create procedure 语句中介绍的一样。

1. 执行不带参数的存储过程

例 8-6　执行 goods_management 数据库中已定义的不带参数的存储过程 client_proc1。

```
exec client_proc1
```

2. 执行带输入参数的存储过程

1) 使用参数名传递参数值

通过语句@parameter=value 给出参数的传递值。当存储过程含有多个输入参数时，参数值可以以任意的顺序指定。对于允许有空值或具有默认值的输入参数，可以不给出参数的传递值。

2) 按位置传递参数值

在存储过程的执行语句中，可以不指定参数名，而直接给出参数的值。当存储过程含有多个输入参数时，参数值的顺序必须与定义存储过程时的输入参数的顺序完全一致。对于允许有空值或具有默认值的输入参数，可以不给出参数的传递值，但是不允许破坏输入参数的指定顺序。

例 8-7　执行 goods_management 数据库中已定义的带输入参数的存储过程 client_proc2，要求从数据表 client 中查询湖北荆州的客户的信息。

(1) 使用参数名传递参数值。

```
exec client_proc2 @home='湖北荆州'
```

(2) 按位置传递参数值。

```
exec client_proc2 '湖北荆州'
```

例 8-8 执行 goods_management 数据库中已定义的带输入参数的存储过程 client_proc3。

(1) 使用参数名传递参数值。

```
exec client_proc3 @cno='201856388',@cname='汪丽丽',@tel='19998786895',@home='湖北荆州',@mail='96688789@qq.com'
```

(2) 按位置传递参数值。

```
exec client_proc3 '201756378','刘飞','15998786895','湖北荆州','6878789@qq.com'
```

3. 执行带输出参数的存储过程

执行带输出参数的存储过程时,为了接收存储过程的返回值,必须声明作为输出的传递参数,并在 exec 语句中指定 output 关键字。

例 8-9 执行 goods_management 数据库中已定义的带输出参数的存储过程 client_proc4。

```
declare @number int
exec client_proc4 @number output
select @number
```

例 8-10 执行 goods_management 数据库中已定义的带输入参数和输出参数的存储过程 client_proc5。

(1) 执行存储过程,查询湖北武汉的客户的信息,并返回湖北武汉的客户的人数。

```
declare @number int
exec client_proc5 '湖北武汉', @number output
select @number
```

(2) 执行存储过程,查询湖北仙桃的客户的信息,并返回湖北仙桃的客户的人数。

```
declare @number int
exec client_proc5 '湖北仙桃', @number output
select @number
```


8.4 管理存储过程

8.4.1 修改存储过程

1. 使用对象资源管理器修改存储过程

在 SQL Server 2016 中,使用对象资源管理器修改存储过程的操作步骤如下。

(1) 启动 SQL Server Management Studio,在对象资源管理器中展开"goods_

management”数据库，展开“可编程性”节点，展开“存储过程”节点，右键单击需要修改的存储过程，在弹出的快捷菜单中选择“修改”命令。

(2) 在打开的“SQL 编辑器”中修改存储过程的参数和 Transact-SQL 语句。

(3) 单击“SQL 编辑器”工具栏上的“分析”按钮，检查是否存在语法问题。

(4) 单击“SQL 编辑器”工具栏上的“执行”按钮，完成存储过程的修改。

(5) 单击“标准”工具栏上的“保存”按钮。

2. 使用 Transact-SQL 语言修改存储过程

在具有相应权限的情况下，用 alter procedure 语句可以对已创建的存储过程进行修改，语法格式如下。

```
alter proc[edure] procedure_name [;number]
[{@parameter data_type}
[varying] [=default] [output]
] [,…n]
[with
{recompile|encryption|recompile,encryption}]
[for replication]
as sql_statement [,…n ]
```

说明：procedure_name 为需要修改的数据库中已存在的存储过程的名称，其余各参数和保留字的具体含义请参考 create procedure 语句。

例 8-11 修改 goods_management 数据库中已存在的名为 client_proc1 的存储过程，对该存储过程指定重编译处理和加密选项。

```
use goods_management
go
alter procedure client_proc1
with recompile,encryption
as
select *
from client
where home_address='湖北荆州'
go
```

8.4.2 查看存储过程

1. 使用对象资源管理器查看存储过程

启动 SQL Server Management Studio，在对象资源管理器中展开“goods_management”数据库，展开“可编程性”节点，展开“存储过程”节点，右键单击需要查看的存储过程，在弹出的快捷菜单中选择“查看依赖关系”命令可以查看该存储过程的依赖信息，选择“属性”命令可以查看该存储过程的相关属性信息。

2. 使用系统存储过程查看存储过程

存储过程创建后，它的名字存储在系统表 sysobjects 中，它创建的源代码存放在系统表 syscomments 中。用户可以通过 SQL Server 提供的系统存储过程 sp_helptext 查看存储过程的定义信息，通过 sp_depends 查看存储过程的相关依赖信息，通过 sp_help 查看存储过程的详细信息。

例 8-12 查看存储过程 client_proc2 的源代码。

```
exec sp_helptext client_proc2
```

说明：如果在创建存储过程时使用了 with encryption 选项，那么无论是使用对象资源管理器还是使用系统存储过程 sp_helptext，都无法查看到存储过程的源代码。

例 8-13 查看存储过程 client_proc2 的相关依赖信息。

```
exec sp_depends client_proc2
```

例 8-14 查看存储过程 client_proc2 的详细信息。

```
exec sp_help client_proc2
```

8.4.3 删除存储过程

1. 使用对象资源管理器删除存储过程

启动 SQL Server Management Studio，在对象资源管理器中展开“goods_management”数据库，展开“可编程性”节点，展开“存储过程”节点，右键单击需要删除的存储过程，在弹出的快捷菜单中选择“删除”命令，然后在弹出的“删除对象”对话框中单击“确定”按钮即可。

2. 使用 Transact-SQL 语言删除存储过程

删除存储过程可以使用 drop procedure 语句。drop procedure 语句可将一个或多个存储过程从当前数据库中删除。它的语法格式如下。

```
drop proc[edure] {procedure}[,…n]
```

例 8-15 将存储过程 client_proc1 从数据库中删除。

```
drop proc client_proc1
```

实验 8　存储过程□□□

一、实验目的

(1) 理解存储过程的概念和优点。

(2) 学会创建存储过程。

(3) 学会执行存储过程。

二、实验准备

(1) 创建用户数据库 goods_management。

(2) 在 goods_management 中创建客户信息表(client)、商品信息表(goods)、进货信息表(purchase)、销售信息表(sale)、库存信息表(stock)。

(3) 使用对象资源管理器或 Transact-SQL 语言向各个数据表插入实验数据。

三、实验内容和操作步骤

1. 创建不带参数的存储过程

(1) 创建名为"p_client_name"的存储过程,用以实现在 client 表中查找姓名为"吴玉山"的客户的信息。

```
create proc p_client_name
as
select *
______________________________
where client_name='吴玉山'
```

执行不带输入参数的存储过程:

```
exec p_client_name
```

(2) 创建一个显示商品条码、商品名称、销售数量、销售单价、销售金额的存储过程,并要求对创建的文本进行加密。

```
create procedure p_sales_ticket
with encryption
as
select goods_barcode,goods_name,sale_num,sale_price,sale_money
from sale,goods
______________________________
```

执行存储过程:

```
exec p_sales_ticket
```

2. 创建带输入参数的存储过程

创建名为"p_client_namex"的存储过程,用以实现在 client 表中查找指定姓名的客户信息。

```
create proc p_client_namex
@name nchar(4)
```

```
as
select *
from client
where client_name=@name
```

执行带输入参数的存储过程：

```
______________________________
```

3. 创建带输入参数和输出参数的存储过程

(1) 创建名为“p_stock_num”的存储过程，用以实现查询 stock 表中指定商品编号的商品的库存数量信息，要求使用输出参数返回指定商品编号的商品的库存数量信息。

```
create proc p_stock_num
@id char(10) ,
@s_num int output
as
select @s_num=stock_num
from stock
where goods_id=@id
```

执行带输入参数和输出参数的存储过程：

```
declare @st_num int
exec p_stock_num 'dk00300001',@st_num ______________
print ________
```

(2) 创建一个库存(小于 30)预警的存储过程“p_inventory_warning”，用以实现当某商品的库存数量小于 30 时，使用输出参数返回该商品的名称、编号和库存数量信息。

```
create procedure ______________________
@g_name nvarchar(20) output,
@g_id char(10) output,
@inventory_num int output
as
select @g_name=goods_name, @g_id=stock.goods_id, @inventory_num=stock_num
from stock,goods
where stock.goods_id=goods.goods_id and stock_num<30
```

执行存储过程：

```
declare @name nvarchar(20),@id char(10) ,@inventory_num ____________
exec p_inventory_warning @name output,@id output,@inventory_num output
print @name
print @id
print @inventory_num
```

4. 查看存储过程

(1) 使用系统存储过程查看名为“p_client_name”的存储过程的信息。

```
exec sp_depends p_client_name
exec sp_help p_client_name
exec sp_helptext p_client_name
```

(2) 使用对象资源管理器查看名为“p_client_namex”的存储过程的信息。

5. 修改存储过程

(1) 使用 alter proc 语句将名为“p_client_name”的存储过程的功能修改为查找客户地址为“湖北荆州”的客户信息。

```
______________________________
as
select *
from client
where home_address='湖北荆州'
```

执行存储过程：

```
exec p_client_name
```

(2) 使用对象资源管理器将名为“p_client_name”的存储过程的功能修改为查找客户地址为“湖北武汉”的客户信息。

6. 删除存储过程

(1) 使用 drop proc 语句删除名为“p_client_name”的存储过程。

```
______________________________
```

(2) 使用对象资源管理器将名为“p_client_namex”的存储过程删除。

7. 重编译存储过程

(1) 创建名为“p_client_name”的存储过程，用以实现在 client 表中查找姓名为“吴玉山”的客户的信息，要求在创建的同时重新编译。

```
create proc p_client_name
with recompile
as
select *
from client
where client_name='吴玉山'
```

(2) 执行存储过程“p_stock_num”的同时重新编译。

```
exec p_stock_num with ______________________
```

习题 8□□□

一、单项选择题

1. 可以使用(　　) 来给存储过程重新命名。

   A. sp_helptext　　B. sp_depends　　C. sp_rename　　D. objname

2. 在 SQL Server 2016 中,可以使用(　　) 语句创建存储过程。

   A. create trigger　　B. install procedure

   C. create procedure　　D. create view

3. 要删除一个名为 a1 的存储过程,应使用命令(　　)。

   A. delete procedure a1　　B. drop procedure a1

   C. alter procedure a1　　D. execute procedure a1

4. 对于下面的存储过程:create procedure myp1 @p int as select sname, age from student where age=@p,如果要在 student 表中查找年龄为 18 岁的学生,则正确调用存储过程的是(　　)。

   A. exec myp1 @p='18'　　B. exec myp1 @p=18

   C. exec myp1 p='18'　　D. exec myp1 p=18

5. 扩展存储过程一般以(　　)开头。

   A. sp_　　B. vp_　　C. wp_　　D. xp_

6. 在 SQL Server 2016 中,用来显示数据库信息的系统存储过程是(　　)。

   A. sp_dbhelp　　B. sp_db　　C. sp_help　　D. sp_helpdb

7. 在定义存储过程时,每个参数名前要有一个(　　)符号。

   A. #　　B. %　　C. @　　D. *

8. 关于存储过程,以下说法正确的是(　　)。

   A. 不能在存储过程中使用 create view 命令

   B. Transact-SQL 批处理的执行速度要快于存储过程

   C. 存储过程必须带有参数

   D. 存储过程不能返回结果集

二、简答题

1. 如何将数据传递到一个存储过程中? 又如何将存储过程的结果值返回?
2. 什么是存储过程? 存储过程的特点有哪些?

三、应用题

有 testlogin 数据库,其中有用户信息表(表名为"users"),表的字段有用户名和密码(列名为"uid"和"upwd","uid"为用户表的主键)。

(1) 请编写一个登录验证的存储过程(存储过程名称为"logincheck",只有用户名和密码都正确,才能通过登录验证)。

(2) 执行该存储过程,对('admin','123')进行验证。

第9章 触发器

触发器是一种特殊类型的存储过程，是一段由对数据库中数据的更新操作引发的自动执行的代码。从传统数据库角度来看，引发触发器的更新操作包括 insert、update 和 delete。从 SQL Server 2005 开始，微软公司扩充了触发器的功能，增加了由数据定义语句引发的触发器。

触发器按照一定的业务规则构造，能实现较为复杂的数据完整性约束和复杂的业务逻辑，能简化 SQL Server 程序设计，在 SQL Server 中的作用不可小视。

本章主要内容如下。

- 触发器的概念、作用。
- 触发器的类型。
- 触发器的创建和应用。
- 触发器的启用和禁用。
- 触发器的修改和删除。

9.1 触发器概述

9.1.1 触发器的概念

触发器是一种针对某个数据表或视图所编写的特殊的存储过程，是被指定关联到一个表或视图的数据库对象，用来强行执行业务规则。在调用执行上，触发器不能像存储过程那样由用户通过 Transact-SQL 语言直接调用执行，而是需要由数据表或视图所发生的 insert、update 或 delete 等事件来引发触发器的自动执行。因此在创建和使用触发器时，需要考虑好触发事件和被触发后触发器的操作，再设计和创建触发器，以满足用户需求。

9.1.2 触发器的作用

触发器通常用于定义复杂的业务规则和对表实施比 check 约束等复杂的完整性约束，保证数据的一致性。当触发器所保护的数据发生改变时，触发器就会自动被触发。触发器的主要优点如下。

(1) 用户可以通过触发器来实现复杂的处理逻辑和业务规则。

触发器属于一种特殊类型的存储过程，可以包含使用 Transact-SQL 语言编写的复杂代码，实现较为复杂的业务逻辑。

(2) 触发器可以实现比 check 约束复杂的数据完整性约束。

check 约束可用于一个列的取值范围的限定，也可以用于约束多个列之间的相互取值，但这些被约束的列必须在同一个表中。如果被约束的列位于不同的表中，则 check 约束就无能为力了，这种情况就需要使用触发器来实现。

从某种程度上来说，触发器要优于约束，因为触发器可以包含使用 Transact-SQL 语言编写的复杂代码。约束能够实现的功能触发器都可以做到，但触发器所给出的解决方案并不一定总是最好的。因此，约束和触发器在不同情况下各有优势。

(3) 触发器是自动执行的。

触发器是不需要调用的，触发器与表的关系密切，用于保护表中的数据，当有操作影响到触发器所保护的数据时，触发器将自动被触发。

(4) 触发器可以根据表数据修改前后状态的差异采取相应的措施。

(5) 触发器可以防止恶意的或错误的 insert、update 和 delete 操作。

9.1.3 触发器的类型

1. 按照触发事件的语言分类

按照触发事件的语言分类，可以将触发器分为 DML 触发器和 DDL 触发器。

(1) DML 触发器是指可以被对数据表的 insert、update 和 delete 操作所触发的触发器。利用 DML 触发器可以方便地保持数据库中数据的完整性和一致性。

(2) DDL 触发器是指可以被对数据库对象的 create、alter 和 drop 操作所触发的触发器。DDL 触发器的主要作用是执行管理操作，如审核系统、控制数据库的操作等。在通常情况下，DDL 触发器主要用于以下一些操作需求：防止对数据库架构进行某些修改；当修改数据库结构时，执行一些特定的操作；记录数据库架构中的更改或事件。DDL 触发器只在响应由 Transact-SQL 语句所指定的 DDL 事件时才会被触发。

两种触发器的创建、修改和删除方法相似，因此本章只介绍 DML 触发器。

2. 按照触发器执行事件分类

按照触发器执行事件分类，可以将触发器分为 after 触发器和 instead of 触发器。

(1) after 触发器又称为后触发触发器。如果把被触发器封装的 Transact-SQL 语句所代表的事件称为被触发事件，把触发触发器执行的 insert、update 或者 delete 语句所代表的事件称为触发事件，after 触发器就是指触发事件成功执行完毕后，被触发事件触发执行的触发器。

after 触发器只能创建在数据表上，不能创建在视图上。一个数据表可以创建多个因同一触发事件而生成的触发器，但同一触发事件所触发的触发器的执行顺序随机，可以通过对触发器设置禁用和启用设置执行哪个触发器。

(2) instead of 触发器又称为替换触发器。对于 instead of 触发器，在触发事件发生时，系统并不执行触发事件的具体操作(如 insert、update 或者 delete 数据)，而是直接执行被触发事件。

instead of 触发器可以定义在表或视图上。对于每个触发操作(insert、update 或者 delete)，只能定义一个 instead of 触发器。

3. 按照触发触发器的操作分类

按照触发触发器的操作分类，可以将触发器分为 insert 触发器、update 触发器、delete 触发器。

(1) insert 触发器:向数据表中插入数据时触发触发器。

(2) update 触发器:修改数据表中的相应数据时触发触发器。

(3) delete 触发器:删除数据表中的数据时触发触发器。

9.1.4 inserted 表和 deleted 表

触发器语句中使用了两种特殊的临时表,即 inserted 表和 deleted 表。SQL Server 自动创建和管理这两种表。当触发器被触发执行时,inserted 表和 deleted 表将记录触发器执行过程中涉及的每条记录信息,以方便用户使用和查询。inserted 表和 deleted 表中的记录只能查看,不能修改。当触发器执行完毕后,与之相关的临时表也随之删除。

inserted 表用于存储 insert 和 update 语句所影响的行的最终数据副本。该表的结构与 insert 语句或 update 语句所作用的表的结构相同,它只存储新发生的记录信息。在一个插入或更新事务处理中,新数据行被同时添加到 inserted 表和触发器所作用的表中。

deleted 表用于存储 delete 和 update 语句所影响的行的最终数据副本。该表的结构与 delete 语句或 update 语句所作用的表的结构相同,表中信息作为副本存储,且该表只存储新发生的记录信息。

在执行 delete 或 update 语句时,行从触发器表中删除,并传输到 deleted 表中。deleted 表和触发器表通常没有相同的行。

为什么没有 updated 表呢? update 作为修改操作,相当于删除数据后再添加数据。因此,当触发操作为 update 操作时,既生成 deleted 表又生成 inserted 表。首先旧行被复制到 deleted 表中,然后新行被复制到触发器表和 inserted 表中。

在设置触发器条件时,应当对触发触发器的操作恰当地使用 inserted 表和 deleted 表。通常在插入数据时,可以从 inserted 表中读取新插入的值,此时 deleted 表不会发生变化;在删除数据时,可以从 deleted 表中读取已经删除的值,而 inserted 表不会发生变化;在更新数据时,inserted 表和 deleted 表都发生变化,可以从 deleted 表中读取原有的值,从 inserted 表中读取修改后的值。

9.2 创建触发器

在 SQL Server 2016 中,既可以使用对象资源管理器创建触发器,也可以使用 Transact-SQL 语言中的 create trigger 语句创建触发器。

9.2.1 使用对象资源管理器创建触发器

在 SQL Server 2016 中,使用对象资源管理器创建触发器的操作步骤如下。

(1) 启动 SQL Server Management Studio,在对象资源管理器中展开“goods_management”数据库,展开“表”节点,然后展开需要创建触发器的表(这里以 client 表为例),右键单击“触发器”,在弹出的快捷菜单中选择“新建触发器”命令,如图 9-1 所示。

(2) 打开“SQL 编辑器”触发器模板文件,如图 9-2 所示。

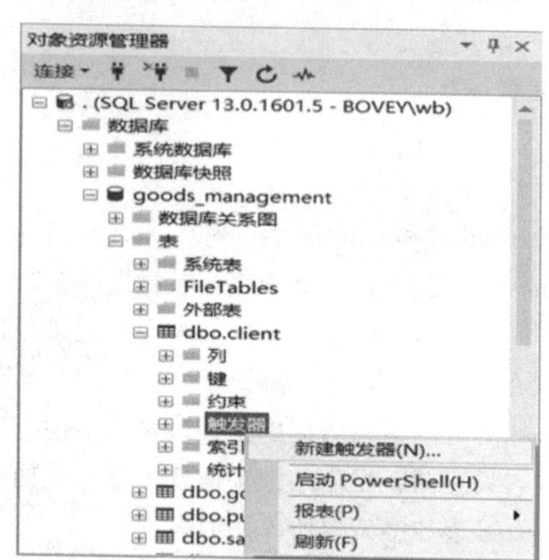

图 9-1 选择“新建触发器”命令

图 9-2 “SQL 编辑器”触发器模板文件

(3) 在“SQL 编辑器”触发器模板文件中的相应位置修改模板代码，或者单击“SQL 编辑器”工具栏上的“指定模板参数的值”按钮，弹出如图 9-3 所示的“指定模板参数的值”对话框，在该对话框对与模板相关的参数值进行设定，然后单击“确定”按钮更新触发器中的参数值。

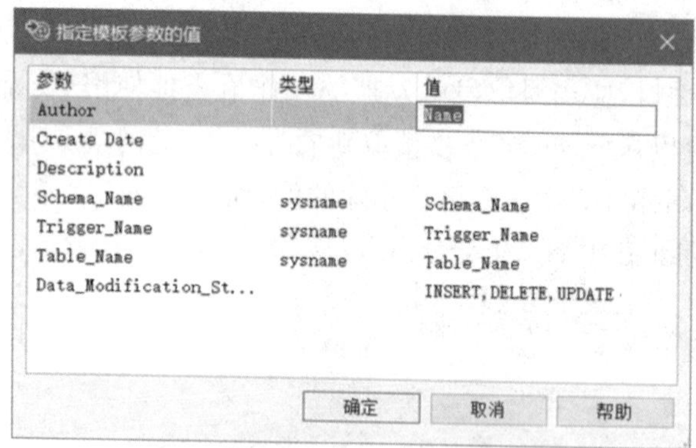

图 9-3 “指定模板参数的值”对话框(三)

(4) 单击“SQL 编辑器”工具栏上的“分析”按钮，检查是否存在语法问题。

(5) 单击“SQL 编辑器”工具栏上的“执行”按钮，完成触发器的创建。

(6) 单击“标准”工具栏上的“保存”按钮。

9.2.2 使用 Transact-SQL 语言创建触发器

1. create trigger 语句的语法格式

使用 Transact-SQL 语言创建触发器的语句为 create trigger，语法格式如下。

```
create trigger trigger_name
on {table|view}
[with encryption]
```

```
{
{{for|after|instead of}{[insert][,][update] [,][delete]}
as
sql_statement[;] […n]
}
}
```

参数说明如下。

(1) trigger_name:指定触发器的名称。触发器名称必须符合标识符命名规则,并且在数据库中必须唯一。

(2) table|view:触发器作用的表或视图,有时称为触发器表或触发器视图。

(3) with encryption:对 create trigger 语句的文本进行加密。

(4) for|after:用于表明触发器是在指定操作都成功执行后被触发,如 after insert 表示向表中插入数据后触发触发器。如果仅指定 for,则 after 是默认设置。不能在视图上定义 after 触发器。一个表可以创建多个给定类型的 after 触发器。

(5) instead of:指定用 DML 触发器中的操作代替触发语句的操作。在表或视图上,每条 insert、update 或 delete 语句最多可以定义一个 instead of 触发器。另外,instead of 触发器不可以用于使用了 with check option 选项的可更新视图。如果触发器表存在约束,则在 instead of 触发器执行之后和在 after 触发器执行之前检查这些约束。如果违反了约束,则回滚 instead of 触发器操作,且不执行 after 触发器。

(6) {[insert][,][update][,][delete]}:指定触发触发器的语句的类型,必须至少指定一个选项。在触发器定义中允许将上述选项按任意顺序组合。

(7) sql_statement:定义触发器的 Transact-SQL 语句,可以有一条或多条语句,指定触发器触发后将要执行的动作。

2. 使用 Transact-SQL 语言创建触发器实例

例 9-1 在表 sale 中创建一个 insert 触发器,如果插入记录的 goods_id 的值在表 goods 中不存在对应的商品记录,则不执行插入操作,并提示用户。

```
use goods_management
go
create trigger insert_sale
on sale
for insert
as
--从表 inserted 中获取新插入记录的客户编号
declare @gid char(10)
declare @gname nchar(4)
select @gid=goods_id from inserted
--判断插入的商品编号是否存在
select @gname=goods_name from goods
where goods_id=@gid
if @gname is null
begin
```

```
print '指定商品不存在,请选择正确的商品编号! '--提示错误信息
rollback transaction --回滚操作
end
go
```

为了验证触发器是否正常工作,执行以下语句。

```
insert sale
values('0701000005','us00500001','201863516',10,5,50,'2018/8/20')
```

因为商品编号为 us00500001 的记录在表 goods 中不存在,所以在表 sale 和表 goods 之间不存在外键约束时返回的结果如下。

```
指定商品不存在,请选择正确的商品编号!
消息 3609,级别 16,状态 1,第 1 行
事务在触发器中结束。批处理已中止。
```

例 9-2 在表 sale 中创建一个 update 触发器,如果修改记录的 goods_id 的值在表 goods 中不存在对应的商品记录,则不执行修改操作,并提示用户。

```
use goods_management
go
create trigger update_sale
on sale
for update
as
--从表 inserted 中获取修改记录的客户编号
declare @gid char(10)
declare @gname nchar(4)
select @gid=goods_id from inserted
--判断修改的商品编号是否存在
select @gname=goods_name from goods
where goods_id=@gid
if @gname is null
begin
print '指定商品不存在,请选择正确的商品编号!'--提示错误信息
rollback transaction --回滚操作
end
go
```

为了验证触发器是否正常工作,执行以下语句。

```
update sale
set goods_id='us00500008'
where sale_id='0702000001'
```

因为商品编号为 us00500008 的记录在表 goods 中不存在,所以在表 sale 和表 goods 之间不存在外键约束时返回的结果如下。

```
指定商品不存在,请选择正确的商品编号!
消息 3609,级别 16,状态 1,第 1 行
事务在触发器中结束。批处理已中止。
```

例 9-3 在表 sale 中创建一个 delete 触发器，如果删除记录的 goods_id 的值在表 goods 中存在对应的商品记录，则不执行删除操作，并提示用户。

```
use goods_management
go
create trigger delete_sale
on sale
for delete
as
--从表 deleted 中获取删除记录的客户编号
declare @gid char(10)
declare @gname nchar(4)
select @gid=goods_id from deleted
--判断删除的商品编号是否存在
select @gname=goods_name from goods
where goods_id=@gid
if @gname is not null
begin
print '指定商品存在，不允许删除！'--提示错误信息
rollback transaction --回滚操作
end
go
```

为了验证触发器是否正常工作，执行以下语句。

```
delete from sale
where goods_id='us00100002'
```

因为商品编号为 us00500008 的记录在表 goods 中存在，所以返回的结果如下。

```
指定商品存在，不允许删除！
消息 3609，级别 16，状态 1，第 1 行
事务在触发器中结束。批处理已中止。
```

例 9-4 在表 purchase 中创建一个 after 触发器，当商品编号为 us00100002 的商品进货 10 个时，将 stock 表中编号为 us00100002 的商品的库存数量增加 10。

```
use goods_management
go
create trigger insert_purchase
on purchase
after insert
as
update stock
set stock_num=stock_num+10
where goods_id='us00100002'
```

为了验证触发器是否正常工作，执行以下语句。

```
insert purchase
values('0629007890','us00100002',28,10,280,'2018/8/20')
```

返回结果为

```
(1 行受影响)
(1 行受影响)
```

通过查询 purchase 表，可以验证 insert 语句操作成功，插入了一条进货记录；通过查询 stock 表，可以验证库存数量也成功修改了。

例 9-5 在表 stock 中创建一个 instead of 触发器，当修改编号为 us00100002 的商品的库存数量时，不执行修改操作，并提示用户记录未修改。

```
use goods_management
go
create trigger update_stock
on stock
instead of update
as
print '记录未修改'
go
```

为了验证触发器是否正常工作，执行以下语句。

```
update stock
set stock_num=stock_num+10
where goods_id='us00100002'
```

返回结果为

```
记录未修改
```

通过查询 stock 表（select * from stock where goods_id=‘us00100002’），可以验证 update 语句操作没有成功，instead of 触发器确实阻止了数据表执行修改库存的操作。

9.2.3 创建和使用触发器时的注意事项

在创建和使用触发器时，需要注意以下内容。

(1) create trigger 语句必须是批处理中的第一个语句，批处理中随后出现的其他所有语句都将被解释为 create trigger 语句定义的一部分。

(2) 每一个触发器都是一个数据库对象，因此触发器名称必须遵循标识符的命名规则。

(3) 在默认情况下，创建触发器的权限将分配给数据表的所有者。

(4) 虽然触发器可引用当前数据库以外的对象，但只能在当前数据库中创建触发器。

(5) 虽然不能在临时表上创建触发器，但是触发器可以引用临时表。

(6) 不能在系统数据表上创建触发器，触发器也不可以引用系统数据表。

(7) 在同一 create trigger 语句中，可以为多种操作（如 insert、delete 和 update）定义相同的触发器操作。

(8) 对于含有 delete 或 update 操作定义的外键表，不能使用 instead of delete 触发器和 instead of update 触发器。

9.3 管理触发器

9.3.1 禁用和启用触发器

触发器功能强大,可以实现复杂的业务逻辑和数据完整性,但滥用会造成数据库及应用程序维护困难,因此触发器要慎用。

另外,在有些情况下,如用户需要对创建有 insert 触发器的表执行大量的插入数据的操作时,用户希望暂停触发器的作用,但并不删除它,这时就可以通过禁用触发器将该触发器设置为无效。触发器被禁用后依然存在,只是不再执行,直到被重新启用后才会执行。

1. 使用对象资源管理器禁用和启用触发器

1) 禁用触发器

以禁用触发器 delete_sale 为例,使用对象资源管理器禁用触发器的操作步骤如下。

(1) 启动 SQL Server Management Studio,在对象资源管理器中展开"goods_management"数据库,展开"表"节点,展开需要禁用的触发器所在的"表"节点,然后展开"触发器"节点。

(2) 右键单击需要禁用的触发器(delete_sale),在弹出的快捷菜单中选择"禁用"命令,弹出"禁用触发器"对话框,如图 9-4 所示,单击"关闭"按钮,禁用触发器设置成功。此时,delete_sale 触发器的图标上会多一个红色小叉。

2) 启用触发器

以启用被禁用的触发器 delete_sale 为例,使用对象资源管理器启用触发器的操作步骤如下。

(1) 启动 SQL Server Management Studio,在对象资源管理器中展开"goods_management"数据库,展开"表"节点,展开需要启用的触发器所在的"表"节点,然后展开"触发器"节点。

(2) 右键单击需要启用的触发器(delete_sale),在弹出的快捷菜单中选择"启用"命令,弹出"启用触发器"对话框,如图 9-5 所示,单击"关闭"按钮,启用触发器设置成功。此时,delete_sale 触发器图标上的红色小叉消失。

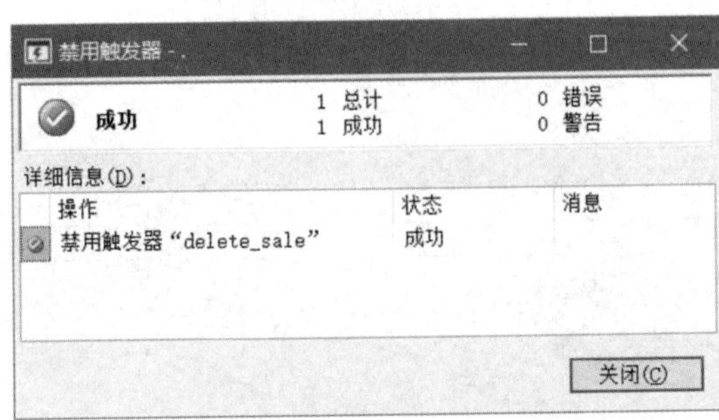

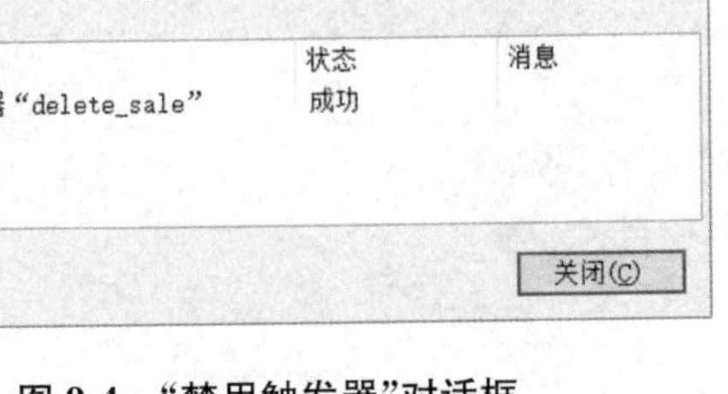

图 9-4 "禁用触发器"对话框

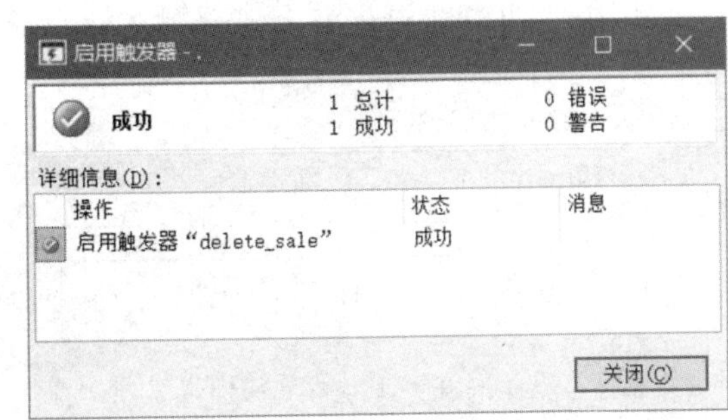

图 9-5 "启用触发器"对话框

2. 使用 Transact-SQL 语言禁用和启用触发器

禁用触发器的语法格式如下。

```
disable trigger {trigger_name [,…n]|all}
on object_name
```

启用触发器的语法格式如下。

```
enable trigger{ trigger_name [,…n] |all}
on object_name
```

参数说明如下。

(1) trigger_name:要禁用(或启用)的触发器的名称。

(2) all:禁用(或启用)在 on 子句指定表或视图中定义的所有触发器。

(3) object_name:创建触发器的表或视图的名称。

例 9-6 禁用表 sale 上的触发器 insert_sale。

```
disable trigger insert_sale on sale
```

例 9-7 启用表 sale 上的触发器 insert_sale。

```
enable trigger insert_sale on sale
```

9.3.2 修改和删除触发器

1. 修改触发器

对于已创建的触发器,可以根据用户的需求或数据库、数据表更新的需要进行修改。

1) 使用对象资源管理器修改触发器

使用对象资源管理器修改触发器的操作步骤如下。

(1) 启动 SQL Server Management Studio,在对象资源管理器中展开“goods_management”数据库,展开“表”节点,展开需要修改的触发器所在的“表”节点,然后展开“触发器”节点。

(2) 右键单击需要修改的触发器,在弹出的快捷菜单中选择“修改”命令。

(3) 在打开的“SQL 编辑器”中修改触发器的参数和 Transact-SQL 语句。

(4) 单击“SQL 编辑器”工具栏上的“分析”按钮,检查是否存在语法问题。

(5) 单击“SQL 编辑器”工具栏上的“执行”按钮,完成触发器的修改。

(6) 单击“标准”工具栏上的“保存”按钮。

2) 使用 Transact-SQL 语言修改触发器

使用 Transact-SQL 语言修改触发器的语句为 alter trigger, 语法格式如下。

```
alter trigger trigger_name
on{table|view}
[with encryption]
{
{{for|after|instead of}{[insert] [,][update] [,][delete]}
as
sql_statement [;] […n]
}
}
```

其中各参数的意义参考创建触发器的参数说明。

例 9-8 修改表 sale 上的触发器 insert_sale，要求使用 with encryption 子句对该触发器进行加密处理。

```
use goods_management
go
alter trigger insert_sale
with encryption
on sale
for insert
as
--从表 inserted 中获取新插入记录的客户编号
declare @gid char(10)
declare @gname nchar(4)
select @gid=goods_id from inserted
--判断插入的商品编号是否存在
select @gname=goods_name from goods
where goods_id=@gid
if @gname is null
begin
print '指定商品不存在，请选择正确的商品编号！'--提示错误信息
rollback transaction --回滚操作
end
go
```

执行此代码后，在 SQL Server Management Studio 中右键单击触发器 insert_sale，可以看到弹出的快捷菜单中的“修改”菜单被置灰，无法选择。因为触发器已经被加密，所以无法看到其定义的代码。

2. 删除触发器

对于不再使用的触发器，可以删除。

1）使用对象资源管理器删除触发器

使用对象资源管理器删除触发器的操作步骤如下。

（1）启动 SQL Server Management Studio，在对象资源管理器中展开“goods_management”数据库，展开“表”节点，展开需要删除的触发器所在的“表”节点，然后展开“触发器”节点。

（2）右键单击需要删除的触发器，在弹出的快捷菜单中选择“删除”命令，在弹出的“删除对象”对话框中单击“确定”按钮。

2）使用 Transact-SQL 语言删除触发器

使用 Transact-SQL 语言删除触发器的语句为 drop trigger，语法格式如下。

```
drop trigger trigger_name[,...n]
```

例 9-9 删除触发器 insert_sale。

```
drop trigger insert_sale
```

说明：删除触发器所在的表时，SQL Server 将自动删除与该表相关的触发器。

实验 9　触发器□□□

一、实验目的

（1）理解触发器的触发过程和基本概念。

（2）学会创建触发器。

（3）学会管理触发器。

二、实验准备

（1）创建用户数据库 goods_management。

（2）在 goods_management 中创建客户信息表(client)、商品信息表(goods)、进货信息表(purchase)、销售信息表(sale)、库存信息表(stock)。

（3）使用对象资源管理器或 Transact-SQL 语言向各个数据表插入实验数据。

三、实验内容和操作步骤

1. 触发器的创建

（1）创建名为“t_sale_price”的触发器，当 sale 表中的销售单价被更新时触发触发器，并在结果中显示“商品销售单价已更新!”的提示信息。

```
create trigger t_sale_price
on sale
after update
as
print '商品销售单价已更新!'
select *
from client
```

执行将 sale 表中商品编号为“fd00300001”的商品的销售单价更新为 6.00 的操作，触发 t_sale_price。

```
update sale
set sale_price=6.00
where goods_id='fd00300001'
```

（2）创建名为“t_client_email”的触发器，当修改 client 表中的客户邮箱时，不执行修改操作，并在结果中显示 “邮箱未修改!”的提示信息。

```
create trigger t_client_email
on client
instead of update
as
print '邮箱未修改!'
select *
from client
```

执行将 client 表中客户编号为“201863501”的客户的邮箱修改为“yang@163.com”的操作，触发 t_client_email。

```
update client
set email='yang@163.com'
where client_id='201863501'
```

2. 触发器的查看

（1）用系统存储过程查看 client 表中的触发器信息。

```
exec sp_help trigger client
```

（2）使用对象资源管理器查看 sale 表中的触发器信息。

3. 触发器的修改

使用 alter trigger 语句修改触发器“t_sale_price”，当删除表中记录时，操作不执行，并打印“删除不成功！”。

```
alter trigger t_sale_price
on sale
instead of delete
as
print '删除不成功!'
```

执行删除 sale 表中商品编号为“fd00300001”的商品的销售记录的操作，触发 t_client_email。

```
delete sale
where sale.goods_id='fd00300001'
```

4. 触发器的启用和禁用

（1）触发器的禁用。

① 使用 Transact-SQL 语言将名为“t_sale_price”的触发器禁用。

```
____________________ t_sale_price on sale
```

② 使用对象资源管理器将名为“t_client_email”的触发器禁用。

（2）触发器的启用。

① 使用 Transact-SQL 语言启用触发器 t_client_email。

```
____________________ t_client_email ____________________
```

② 使用对象资源管理器启用触发器 t_sale_price。

5. 触发器的删除

（1）使用 Transact-SQL 语言将触发器 t_sale_price 删除。

```
____________________  trigger t_sale_price
```

（2）使用对象资源管理器将触发器“t_client_email”删除。

习题 9

一、单项选择题

1. SQL Server 2016 的触发器主要针对(　　)语句创建。

   A. select　　B. update

   C. delete、update、insert　　D. create

2. 对于下文定义的触发器，当对表 1 进行(　　)操作时被触发。

```
create trigger abc on 表 1
for insert,update,delete
as......
```

   A. 只是修改　　B. 只是插入　　C. 只是删除　　D. 修改、插入、删除

3. 在登记学生成绩时要保证列 score 的值在 0 到 100 之间，下面的方法中最简单的是(　　)。

   A. 编写一个存储过程，管理插入和检查数值，不允许直接插入

   B. 生成用户自定义类型 type_score 和规则，将数据类型 type_score 与规则相关联，然后设置列 score 的数据类型为 type_score

   C. 在 score 列增加检查限制

   D. 编写一个触发器来检查 score 的值，如果不在 0 到 100 之间，则撤销插入

4. (　　)不是触发器的特性。

   A. 强化约束　　B. 可级联运行　　C. 跟踪变化　　D. 查询优化

5. (　　)是 SQL Server 2016 服务器中一组预编译的 Transact-SQL 语句的集合。

   A. 存储过程　　B. 触发器　　C. 索引　　D. 视图

6. 当数据表被修改时，系统自动执行的数据库对象是(　　)。

   A. 存储过程　　B. 触发器　　C. 视图　　D. 其他数据库对象

7. 下列关于触发器的描述，正确的是(　　)。

   A. 触发器在数据修改前被触发，约束在数据修改后被触发

   B. 触发器是一个能自动执行的特殊的存储过程

   C. 触发器作为一个独立的对象存在，与数据库中的其他对象无关

   D. inserted 表 和 deleted 表是数据库中的物理表

8. 下列关于触发器的叙述，错误的是(　　)。

   A. 触发器是不需要调用的，当触发事件发生时它就会被触发

   B. 触发器不可以同步数据库的相关表进行级联更改

   C. 当触发器的功能与表的约束条件发生冲突时，触发器将被停止

   D. 触发器是一类特殊的存储过程

二、填空题

1. 触发器有 3 种类型，即 insert 触发器、__________和__________。

2. 触发器是一种特殊的____________，基于表而创建，主要用来保证数据的完整性。

3. 触发器可以创建在____________中。

4. 触发器可引用视图或临时表，并产生两个特殊的表，即____________和____________。

5. DML 触发器按照触发器的触发和执行事件的不同，可以分为____________触发器和____________触发器。

三、简答题

1. 什么是触发器？SQL Server 2016 有哪几种类型的触发器？
2. instead of 触发器和 after 触发器的区别是什么？
3. 触发器和存储过程的区别是什么？

第10章 事务和锁

在 SQL Server 中，事务是完成一个应用处理的最小单元，由一个或多个对数据库操作的语句组成。事务对于维护数据库的一致性非常重要。例如，在银行转账工作中，从账号 A 提款并存入账号 B，这两个操作要么都执行，要么都不执行。如果从账号 A 提款的操作成功完成了，存入账号 B 时却发生了错误，那么提款操作的结果也应该被撤销，否则就会造成账号 A 的款少了，账号 B 的款却没有增加的情况。

本章主要内容如下。

- 事务的概念和特性。
- 事务的建立、提交、设置保存点和回滚。
- 事务的并发操作。
- 锁。

10.1 事务概述

数据库中的数据是共享的资源，因此允许多个用户同时访问相同的数据。当多个用户同时操作相同的数据时，如果不采取任何措施，则会造成数据异常。因而事务处理是数据库管理员和数据库应用程序开发人员必须深刻理解的一个问题，对这个问题的疏忽可能会导致应用程序出现逻辑错误或数据库运行效率低下。

10.1.1 事务的基本概念

事务(transaction)是用户定义的一组数据操作系列，这些操作作为一个完整的工作单元，要么全部执行，要么全部不执行。

10.1.2 事务的特性

事务作为一个逻辑工作单元，具有原子性(atomicity)、一致性(consistency)、隔离性(isolation)和持久性(durability)四个特性。事务的这四个特性简称为事务的 ACID 特性。

1. 原子性

事务的原子性是指事务是数据库的逻辑工作单元，事务中的所有操作作为一个整体，要么全部执行，要么全部不执行。

2. 一致性

事务的一致性是指事务执行的结果必须是使数据库从一种一致性状态转变到另一种一致性状态。所谓数据库的一致性状态，是指数据库中的数据满足各种数据完整性要求。

3. 隔离性

事务的隔离性是指数据库中一个事务的执行不能被其他事务干扰，也就是说多个事务的并发执行应像各个事务独立执行一样，不受其他事务干扰。

4. 持久性

事务的持久性是指事务一旦提交，则其对数据库中数据的改变就是永久的。

10.2 事务管理

10.2.1 事务控制语句

SQL Server 提供了 begin transaction、commit transaction、rollback transaction、save transaction 等事务控制语句对事务进行管理，以控制事务的开始、提交（事务执行成功）、回滚（事务执行失败）和设置保存点。

1. begin transaction

begin transaction 语句用于建立事务，标记一个事务的开始。它的语法格式如下。

```
begin tran[saction][transaction_name|@transaction variable][with mark['description']]
```

参数说明如下。

（1）transaction_name：事务的名称。

（2）@transaction variable：声明事务的变量。

（3）with mark[‘description’]：指定在日志中标记事务，description 是描述标记的字符串。如果使用了此参数，那么必须指定事务名称。

2. commit transaction

commit transaction 语句用于提交事务，如果事务已经成功执行，则使用该语句成功提交事务。它的语法格式如下。

```
commit tran[saction][transaction_name|@transaction variable]
```

3. rollback transaction

rollback transaction 语句用于回滚事务，即撤销该事务包含的所有操作。如果事务在执行过程中遇到错误，则可以使用该语句将事务所修改的数据回滚到事务开始之前的状态或事务指定位置的状态。除了允许设置保存点外，rollback transaction 语句的语法结构和 begin transaction 语句和 commit transaction 语句相似。

```
rollback tran[saction][transaction_name|savepoint_name|@transaction variable|@savepoint
variable]
```

参数说明如下（与前面相同的参数省略）。

（1）savepoint_name：在事务内建立的一个保存点标记。

（2）@savepoint variable：用户定义的含有保存点名称的变量名称，必须用 char、varchar、nchar、nvarchar 数据类型声明该变量。

4. save transaction

save transaction 语句用于在事务处理上设置保存点。在保证事务内部不出错的前提下，在事务内部设置保存点，可以使事务不全部回滚，只回滚到保存点。save transaction 语句的语法格式如下。

```
save tran[saction][savepoint_name|@savepoint variable]
```

例 10-1 向 sale 表中插入一条销售记录。要求：如果该销售记录对应商品的库存不足，输出“销售失败！库存不足！”的错误提示消息，同时撤销该销售事件；如果销售操作没有错误，输出“销售成功！”的提示消息。

```
create procedure proc_sale
(@saleid char(10),
@goodsid char(10),
@clientid char(10),
@saleprice decimal(6,2),
@salenum int,
@salemoney decimal(8,2),
@saledate datetime
)
as
begin tran
  insert sale
  values(@saleid,@goodsid,@clientid, @saleprice,@salenum,@salemoney,@saledate)
  if(select stock_num from stock where goods_id=@goodsid)<@salenum
  begin
  rollback tran
  print '销售失败！库存不足！'
  end
  else
  begin
  commit tran
  print '销售成功！'
  end
```

执行语句：

```
exec proc_sale '0702000100','us00100002','201863517',2.5,2,5,'2018/8/20'
```

执行结果如图 10-1 所示。

执行语句：

```
exec proc_sale '0702000100','us00100002','201863517',2.5,10,25,'2018/8/20'
```

执行结果如图 10-2 所示。

图 10-1　库存大于销售数量时的执行结果

图 10-2　库存不足时的执行结果

例 10-2 建立事务，实现向 client 表中插入一条记录，如果成功则提交，如果不成功则回滚到插入前。

```
begin transaction
save transaction st1
insert client
values ('2018755668','刘菲菲','15978945645','湖北荆州','4567899@qq.com')
if (@@error<>0)
  begin
    rollback transaction st1
    print '插入数据失败!'
  end
else
  commit transaction
go
```

10.2.2 事务模式

在 SQL Server 中，事务分为自动提交事务、显式事务和隐式事务三种。

1. 自动提交事务

自动提交事务模式是 SQL Server 默认的一种事务模式，对于每一条 SQL 语句，SQL Server 都会自动开始一个事务，并在执行后自动提交。在这种模式下，一条 SQL 语句就是一个事务。

2. 显式事务

显式事务是指由 begin transaction 开始，由 commit transaction 提交或由 rollback transaction 回滚的事务。

3. 隐式事务

隐式事务是指当事务提交或回滚后，SQL Server 自动启动的新事务。

使用 set implicit_transactions on 可将隐式事务模式打开。此时，当一个事务结束后，隐式事务模式会自动启用下一个事务，无须使用 begin transaction 开始事务，只需使用 commit transaction 提交事务或使用 rollback transaction 回滚事务即可。若隐式事务模式不再使用，可使用 set implicit_transactions off 将隐式事务模式关闭。

10.3 事务的并发操作与数据不一致性问题

数据库最大的特点就是数据共享。数据库中有许多用户，每个用户在存取数据库中的数据时，可能是串行执行，即每个时刻只有一个用户程序运行，也可能是多个用户并行地存取数据库中的数据。当多个用户对数据库系统并行存取同一数据时，如果对并发操作不加以控制，就可能会破坏数据的完整性，导致数据不一致。

例 10-3 并发销售操作。假设某商品的库存数量 R=100 个,甲事务销售 10 个,乙事务销售 20 个,如果正常操作,即甲事务 T1 执行完毕再执行乙事务 T2,库存数量更新后应该是 70 个。但是如果按照以下顺序操作,则会有不同的结果:

甲事务 T1 读取库存数量 R=100 个;

乙事务 T2 读取库存数量 R=100 个;

甲事务 T1 销售 10 个,修改库存数量 R=R-10=90,把 R=90 写回到数据库;

乙事务 T2 销售 20 个,修改库存数量 R=R-20=80,把 R=80 写回到数据库。

结果两个事务共销售 30 个,而数据库中的库存数量却只减少了 20 个。得到这种错误的结果是由甲、乙两个事务并发操作引起的。数据库的并发操作导致的数据不一致问题主要有丢失更新(lost update)、脏读(dirty read)、不可重复读(unrepeatable read)和幻觉读(phantom read)四种。

10.3.1 丢失更新

当两个事务 T1 和 T2 读取同一数据,并发执行修改操作时,T1 把 T2 或 T2 把 T1 修改的结果覆盖,造成数据的丢失更新问题,导致数据不一致。

仍以例 10-3 中的操作为例。数据库中 R 的初值是 100,事务 T1 包含三个操作,即读入 R 的初值(find R)、计算剩余库存数量(R=R-10)、更新 R(update R)。事务 T2 也包含三个操作,即读入 R 的初值(find R)、计算剩余库存数量(R=R-20)、更新 R(update R)。如果事务 T1 和 T2 顺序执行,则更新后,R 的值是 70。但如果 T1 和 T2 按照表 10-1 所示并发执行,则 R 的值是 80,得到错误的结果。原因在于在 t6 时刻 T2 对 R 的修改覆盖了 T1 对 R 的修改,导致 T1 对数据库的更新操作丢失。

表 10-1 丢失更新

时　间	事　务　T1	数据库中 R 的值	事　务　T2
t0		100	
t1	find R		
t2			find R
t3	R=R-10		
t4			R=R-20
t5	update R		
t6		90	update R
t7		80	

10.3.2 脏读

事务 T1 更新了数据 R,事务 T2 读取了更新后的数据 R,事务 T1 由于某种原因被撤销,修改无效,数据 R 恢复原值,事务 T2 得到的数据与数据库中的数据不一致,这种情况称为脏读。

在表 10-2 中,事务 T1 把 R 的值修改为 90,但尚未做 commit 操作,此时事务 T2 将 T1 修改过的值 90 读出来,而事务 T1 却在 t5 时刻执行了 rollback 操作。这种未提交,随后又被撤销的更新数据称为脏数据。这里事务 T2 在 t4 时刻读取的就是脏数据。

表 10-2 脏读

时　间	事　务　T1	数据库中 R 的值	事　务　T2
t0		100	
t1	find R		
t2	R=R−10		
t3	update R		
t4		90	find R
t5	rollback		
t6		100	

10.3.3 不可重复读

事务 T1 读取了数据 R,事务 T2 读取并更新了数据 R,当事务 T1 再次读取数据 R 时,两次读取的数据不一致,这种情况称为不可重复读。

在表 10-3 中,在 t1 时刻,事务 T1 读取 R 的值为 100,但事务 T2 在 t4 时刻将 R 的值更新为 80,然后 T1 在 t5 时刻再次读取 R 时,R 的值为 80。这样 T1 在一个事务中两次读到的数据不一样,即不可重复读。

表 10-3 不可重复读

时　间	事　务　T1	数据库中 R 的值	事　务　T2
t0		100	
t1	find R		
t2			find R
t3			R=R−20
t4			update R
t5	find 问题 R	80	

10.3.4 幻觉读

幻觉读与脏读非常类似。事务 T1 读取了表中的记录,然后事务 T2 向表中插入了一条新的记录,当事务 T1 再次读取表中记录时,发现多了一条记录,就好像发生了幻觉一样。类似这种情况,称为幻觉读。

产生上述四类数据不一致问题的主要原因就是并发操作破坏了事务的隔离性。

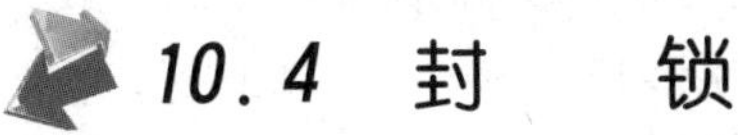

10.4 封　　锁

并发控制就是要求 DBMS 提供并发控制功能,以正确的方式管理并发事务,避免并发事务之间的相互干扰造成数据的不一致性，保证数据库中数据的完整性。

实现并发控制的主要方法是封锁。

所谓封锁，就是指事务 T 在对某个数据操作之前，先向系统发出请求，封锁其所要求使用的数据。加锁后，事务 T 就对其要操作的数据具有了一定的控制权，在事务 T 释放它的锁之前，其他事务不能操作这些数据。锁影响着数据库应用的并发和性能。

10.4.1 锁的类型

最基本的两种锁是共享锁（也称为 S 锁或读锁）和排他锁（也称为 X 锁或写锁）。

1. 共享锁

若事务 T 给数据对象 A 加了 S 锁，则事务 T 可以读 A，但不能修改 A，其他事务只能再给 A 加 S 锁，而不能加 X 锁，直到 T 释放了 A 上的 S 锁为止，即对于读操作（查询）来说，可以有多个事务同时获得共享锁，但阻止其他事务对已获得共享锁的数据加排他锁。

查询操作并不破坏数据的完整性，修改操作才会破坏数据的完整性。加锁的真正目的在于防止更新操作破坏数据的一致性，而对查询操作则可放心地并行进行。

2. 排他锁

若事务 T 给数据对象 A 加了 X 锁，则允许 T 读取和修改 A，但不允许其他事务再给 A 加任何类型的锁和进行任何操作，即一旦一个事务 T 获得了对某一数据的排他锁，任何其他事务均不能再对该数据加锁，其他事务只能进入等待状态，直到事务 T 撤销了对该数据的封锁。

除了共享锁和排他锁外，还有修改锁（U 锁）、意向锁（I 锁）、结构锁（Sch 锁）和批量修改锁（BU 锁）。其中，修改锁用于可更新资源，避免使用共享锁造成死锁，意向锁用于说明 SQL Server 有在层次结构底层资源获得共享锁或排他锁的意向，结构锁用于执行依赖于表结构的操作，批量修改锁在批量复制数据时使用。

10.4.2 封锁粒度

封锁粒度（lock granularity）是指封锁对象的大小。封锁的对象可以是字段、记录、表和数据库等。封锁粒度与系统的并发度和并发控制的开销密切相关。封锁粒度越小，系统中能被封锁的对象就越多，并发度就越高，封锁管理就越复杂，系统并发控制的开销也就越大。相反，封锁粒度越大，系统中能够被封锁的对象就越少，并发度就越低，封锁管理就越简单，系统并发控制的开销也就越小。因此，在选择封锁粒度时，应对系统的并发度和并发控制的开销进行权衡，以求达到最优的效果。

10.4.3 封锁协议

封锁可以对事务合理地进行并发控制，保证数据的一致性。在封锁时，要考虑一定的封锁规则，如何时开始封锁、封锁多长时间、何时释放等，这些封锁规则称为封锁协议（lock protocol）。对封锁方式规定不同的规则，就形成了不同的封锁协议。对于 10.3 节讲述的并发操作所带来的丢失更新、脏读、不可重复读等数据不一致性问题，通过三级封锁协议可以在不同程度上予以解决。

1. 一级封锁协议

事务 T 在修改数据对象之前必须对其加 X 锁，直到事务结束。如果未获得 X 封锁，那么这个事务进入等待状态，直到获得 X 封锁，该事务才能够继续执行下去。这样就避免了两个事务读到同一个 R 值先后更新时所发生的丢失更新问题。

利用一级封锁协议可以解决表 10-1 中的丢失更新问题，如表 10-4 所示。事务 T1 先对 R 进行 X 封锁（xlock），事务 T2 执行“xlock R”操作，未获得 X 封锁，则进入等待状态，直到事务 T1 更新 R 值以后，解除 X 封锁操作（unlock X）。此后事务 T2 再执行“xlock R”操作，获得 X 封锁，并对 R 值进行更新（此时 R 已是事务 T1 更新后的值，R=90）。这样就能得出正确的结果。

表 10-4　解决丢失更新问题

时　间	事　务　T1	数据库中 R 的值	事　务　T2
t0	xlock R	100	
t1	find R		
t2			xlock R
t3	R=R−10		wait
t4	update R		wait
t5	unlock X	90	wait
t6			xlock R
t7			R=R−20
t8			update R
t9		70	unlock X

一级封锁协议只有修改数据时才进行加锁，如果只是读取数据则不能加锁，所以它不能防止脏读和不可重复读问题。

2. 二级封锁协议

在一级封锁协议的基础上，要求事务 T 在读取数据 R 之前必须先对其加 S 锁，读完数据后释放 S 锁。所以二级封锁协议不但可以解决丢失更新问题，还可以进一步防止脏读问题。

利用二级封锁协议可以解决表 10-2 中的脏读问题，如表 10-5 所示。事务 T1 先对 R 进行 X 封锁（xlock），把 R 的值改为 90，但尚未提交。这时事务 T2 请求对数据 R 加 S 锁，因为 T1 已对 R 加了 X 锁。T2 只能等待，直到事务 T1 释放 X 锁。之后，事务 T1 由于某种原因被撤销，数据 R 恢复原值 100，并释放 R 上的 X 锁。此时，事务 T2 可对数据 R 加 S 锁，读取 R=100，得到正确的结果，从而避免了事务 T2 读取脏数据。

表 10-5　解决脏读问题

时　间	事　务　T1	数据库中 R 的值	事　务　T2
t0	xlock R	100	
t1	find R		

续表

时　　间	事　务　T1	数据库中 R 的值	事　务　T2
t2	R=R−10		
t3	update R		
t4		90	slock R
t5	rollback		wait
t6	unlock X	100	slock R
t7			find R
t8			unlock S

二级封锁协议在读取数据之后，立即释放 S 锁，因此它仍然不能防止不可重复读问题。

3. 三级封锁协议

在一级封锁协议的基础上，要求事务 T 在读取数据 R 之前必须先对其加 S 锁，读完后并不释放 S 锁，而是到事务 T 结束才释放。所以三级封锁协议除了可以防止丢失更新问题和脏读问题外，还可以进一步防止不可重复读问题。

利用三级封锁协议可以解决表 10-3 中的不可重复读问题，如表 10-6 所示。事务 T1 读取 R 的值之前先对其加 S 锁，这样其他事务只能对 R 加 S 锁，而不能加 X 锁，即其他事务只能对其进行读操作，而不能进行修改。因此，当事务 T2 在 t3 时刻申请对 R 加 X 锁时被拒绝，使其无法执行修改操作，只能等待事务 T1 释放 R 上的 S 锁后事务 T1 再读取数据 R，此时得到的值仍是 100，与之前所读取的数据是一致的，避免了不可重复读。在事务 T1 释放 S 锁后，事务 T2 可以对 R 加 X 锁，进行更新操作，这样便保证了数据的一致性。

表 10-6　解决不可重复读问题

时　　间	事　务　T1	数据库中 R 的值	事　务　T2
t0		100	
t1	slock R		
t2	find R		
t3			xlock R
t4	commit		wait
t5	unlock S		wait
t6			xlock R
t7			find R
t8			R=R−20
t9			update R
t10		80	unlock X

10.4.4　死锁

封锁技术可以有效解决并发操作带来的数据不一致性问题，但也可能产生死锁问题。

死锁是指在同处于等待状态的两个或多个事务中，其中的每一个都在等待已被它们中的某个事务所封锁的数据，这种状态就是死锁。

如果事务 T1 封锁了数据 R1，T2 封锁了数据 R2，然后 T1 又请求封锁 R2，由于 T2 已经封锁了 R2，因此 T1 等待 T2 释放 R2 上的锁。然后 T2 又请求封锁 R1，由于 T1 已经封锁了 R1，因此 T2 也只能等待 T1 释放 R1 上的锁。这样就会出现 T1 等待 T2 先释放 R2 上的锁，而 T2 又等待 T1 先释放 R1 上的锁的局面，形成死锁。

1. 发生死锁的条件

死锁产生的必要条件有以下四个。

1）互斥条件

一个数据对象一次只能被一个事务使用，即数据对象具有独占性。

2）不可抢占条件

一个数据对象只能被占有它的事务释放，而不能被别的事务强行抢占。

3）部分分配条件

一个事务已经封锁分给它的数据对象，但仍然要求封锁其他数据。

4）循环等待条件

允许等待其他事务释放数据对象，系统处于加锁请求相互等待的状态。

2. 死锁的预防

死锁一旦发生，系统效率将会大大下降，因此要尽量避免死锁的发生。然而在大型数据库管理系统中，高并发带来的死锁是不可避免的。SQL Server 允许死锁的发生，但会采用一定的方式定期诊断系统中有无死锁发生，若有则解除。

预防死锁发生常用的方法有一次封锁法和顺序封锁法。一次封锁法是指每个事务一次性将所有要使用的数据全部加锁。这种方法存在的问题是封锁范围过大，降低了系统的并发性。顺序封锁法是指预先对数据对象规定一个封锁顺序，所有事务都按这个顺序封锁。但是这种方法也存在一些问题，由于事务的封锁请求会随着事务的执行而动态变化，因此很难事先确定封锁对象，从而更难确定封锁顺序，即使确定了封锁顺序，若封锁对象较多，随着插入、删除等操作的不断变化，维护这些资源的封锁顺序也很困难。

3. 死锁的解除

如果已经发生死锁，数据库管理员可以从依赖相同资源的事务中抽出某个事务作为牺牲品，将它撤销，解除它的所有封锁，释放此事务占用的所有数据资源，将这些数据资源分配给其他事务，使其他事务能够继续运行下去，这样就有可能解除死锁。在解除死锁的过程中，数据库管理员可根据系统状态和应用的实际情况来确定牺牲哪一个事务，通常是选择一个处理死锁代价最小的事务。

实验 10 事务和锁

一、实验目的

(1) 理解事务的概念、特性。

(2) 掌握与事务相关的语句及其使用方法。

(3) 掌握封锁机制以及如何预防死锁。

二、实验准备

(1) 了解全局变量@@error 的功能。

(2) 了解 set nocount on 语句的功能。

(3) 学习 begin tran、rollback tran、commit tran 的使用方法。

三、实验内容和操作步骤

在 account 表(见表 10-7)中,客户杨华要转给马兰 500 元钱。要求:① 将从杨华申请转账,到杨华账户余额扣除 500 元,马兰账户余额增加 500 元为止,作为一个事务,要么全部执行,要么全部不执行;② 如果杨华账户余额不足,则撤销转账事件,打印"您的账户余额不足,无法转账!"的提示信息,并显示杨华账户余额;③ 如果转账操作成功,则杨华的账户余额扣除 500 元后马兰的账户余额增加 500 元,打印"转账成功!"的提示信息,并显示转账后金额。

表 10-7 account 表

账　　号	姓　　名	余额/元
20180501	杨华	800
20180502	马兰	500

(1) 创建表 account。

```
create table account
(account_no char(20) not null primary key,
account_name char(10) not null,
account_money decimal(8,2) not null check(account_money>=0)
)
```

(2) 插入数据。

```
insert into account
values('20180501','杨华',800)
insert into account
values('20180502','马兰',500)
```

(3) 实现事务。

```
set nocount on
print '-----转账前金额-----'
select *  from account
```

```
go
begin tran
declare @serror int
set @serror=0
update account
set account_money=account_money -500
where account_name='杨华'
set @serror=@serror+@@error
update account
set account_money=account_money+500
where account_name='马兰'
set @serror=@serror+@@error
if @serror!=0
  begin
  rollback tran
    print '您的账户余额不足,无法转账!'
  end
else
  begin
    commit tran
      print '转账成功!'
  end
go
print '-----转账后金额-----'
select * from account
go
set nocount off
```

习题 10□□□

一、单项选择题

1. 若事务 T 对数据 R 已经加 X 锁，则其他事务对数据 R（　　）。

   A. 可以加 S 锁，不能加 X 锁　　B. 不能加 S 锁，可以加 X 锁

   C. 可以加 S 锁，也可以加 X 锁　　D. 不能加任何锁

2. 如果事务 T 获得了数据项 Q 上的排他锁，则 T 对 Q（　　）。

   A. 只能读不能写　B. 只能写不能读　C. 既可读又可写　D. 不能写不能读

3. 设有两个事务 T1 和 T2，其并发操作如下所示，下列说法正确的是（　　）。

T1	T2
① read c=10	
	② read c=10
③ write c=c−5	
	④ write c=c−8

   A. 该操作读脏数据　　B. 该操作不存在问题

   C. 该操作不能重复读　　D. 该操作丢失数据

4. 事务控制语句有（　　）。

   A. begin tran、commit tran、rollback tran

   B. begin tran、continue tran、end tran

   C. create tran、commit tran、rollback tran

   D. begin tran、continue tran、end tran

5. 假设你是一名 trey research 数据库的开发者，你创建了两个事务来帮助将雇员的数据信息写入公司的数据库中：一个事务将雇员的姓名和地址插入数据库中，这个事务很重要；另外一个事务将雇员的人数统计插入数据库中，这个事务不那么重要。在数据库使用的高峰期，在数据库服务器遇到错误时，管理员会收到通知。每次发生错误时，数据库服务器会随机终止其中一个事务。你必须确定当数据库服务器终止其中一个事务时，它不会终止比较重要的那个事务。你应该（　　）。

   A. 为插入雇员人数信息的那个事务设置 deadlock_priority to low 选项

   B. 为插入雇员姓名和地址信息的那个事务设置 deadlock_priority to low 选项

   C. 为插入雇员姓名和地址信息的那个事务添加一个检查 1205 服务器错误的条件代码。如果这个错误被遇到，重新启动该事务

   D. 在事务中添加一个 rowlock 优化提示给 SQL 数据操作语句

6. 数据库中的封锁机制(locks)是（　　）的主要手段。

   A. 完整性控制　B. 安全性控制　C. 并发控制　D. 恢复

7. （　　）是作为单个逻辑工作单元执行的一系列操作。

   A. 锁　B. 事务　C. 游标　D. 触发器

二、填空题

1. 一个事务的操作必须具备原子性、____________、隔离性和____________四个属性。
2. 在 SQL Server 2016 中，用____________________语句建立事务，用____________________语句对事务进行回滚。
3. 按照事务的启动与执行方式，SQL Server 的事务可分为____________、____________和____________。
4. ____________是防止其他事务访问指定的资源，实现并发控制的一种主要手段。
5. 具体来说，锁可以防止丢失更新、脏读、____________和幻觉读问题。

三、简答题

1. 什么是事务？事务的 ACID 特性具体指什么？
2. 简述数据库中死锁产生的原因和解决死锁的方法。

第11章 游　标

通过数据查询语句得到的数据是一个结果集，用户不能对结果集中的每一行数据进行处理。在数据库开发过程中遇到需要逐行逐列地获取查询结果集中所包含的数据这一情况时，应如何处理呢？游标为我们提供了一种优秀的方案。

本章主要内容如下。

- 游标的概念和优点。
- 游标的使用步骤。
- 游标的应用。

11.1 游标概述

由 select 语句返回的包含满足查询条件的所有数据行，称为结果集。应用程序并不是将整个结果集作为一个处理单元。因此，开发数据库应用程序需要一种机制，以便应用程序能够每次处理一行数据或一部分数据行。游标就提供了这种数据访问机制。有了游标，用户就可以访问结果集中的任意一行数据了。

定义游标时所指定的 select 语句查询得到的结果集叫作游标结果集，指向游标结果集中某一条记录的指针叫作游标位置。通过移动游标指针，可以使游标指针指向游标结果集中的任意位置，用户可以提取游标指针所指向的数据并对其进行处理。

使用游标具有以下优点。

(1) 允许应用程序对由查询语句返回的结果集中的每一行执行相同或不同的操作。

(2) 允许定位结果集中的特定行，支持对基于游标位置的结果集中的数据行进行删除和修改。

(3) 游标是面向行的应用程序设计和面向集合的数据库管理之间的桥梁，这两种不同的处理方式通过游标联系了起来。

(4) 为其他用户对结果集中数据所做的更改提供不同级别的可见性支持。

(5) 在批处理、存储过程和触发器中使用游标，可以提供更强大的应用功能。

11.2 游标的使用方法

使用游标的一般流程是声明游标、打开游标、提取数据并推进游标指针、使用完毕后关闭游标和释放游标，如图 11-1 所示。

11.2.1 声明游标

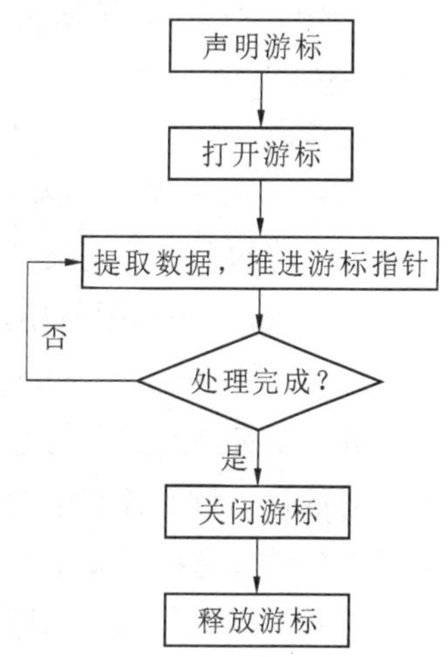

图 11-1 使用游标的流程

声明游标使用 declare cursor 语句,语法格式如下。

```
declare cursor_name cursor
[forward_only|scroll]
for select_statement
[for[read only|update[of column_name[,…n]]]
```

参数说明如下。

(1) cursor_name:指定所声明的游标的名称。

(2) forward_only:指定所声明的游标为只进游标。这种方式的游标只支持 fetch next 提取数据选项。

(3) scroll:表示可以使用所有提取数据的选项(first、prior、next、last、absolute、relative)。

(4) select_statement:定义游标结果集的标准 select 语句。在声明游标声明的 select_statement 内不允许使用关键字 compute、compute by 和 into。

(5) read_only:指定游标结果集只能读,禁止通过该游标对数据进行更新。

(6) update [of column_name [,…n]]:指定游标结果集可以被修改。如果指定了 of column_name [,…n],则只允许修改指定的列。如果在 update 子句中未指定修改列的列表,则除非指定了 read_only 选项,否则所有列均可更新。

11.2.2 打开游标

打开游标使用 open 语句,语法格式如下。

```
open cursor_name
```

其中,cursor_name 是一个已声明但还没有打开的游标的名称。

当游标打开成功后,游标指针指向游标结果集中的第一行。

11.2.3 提取数据

使用 fetch 语句从游标结果集中按行提取数据,语法格式如下。

```
fetch[[next|prior|first|last
        |absolute n
        |relative n]
    from
     ]
cursor_name [into@variable_name[,…n]]
```

参数说明如下。

(1) next:返回当前记录的下一条记录。如果 fetch next 是对游标结果集的第一次提取数据操作,则返回游标结果集中的第一行。next 为默认的游标提取选项。

(2) prior:返回当前记录的上一条记录。如果 fetch prior 是对游标结果集的第一次提取数据操作,则不返回任何记录。

(3) first:返回游标结果集中的第一条记录。

(4) last:返回游标结果集中的最后一条记录。

(5) absolute n:如果 n 为正数,则返回游标结果集中从第一条记录开始的第 n 条记录;如果 n 为负数,则返回游标结果集最后一条记录之前的第 n 条记录。n 必须为整型常量。

(6) relative n:如果 n 为正数,则返回从当前行开始的第 n 行记录;如果 n 为负数,则返回当前行之前的第 n 行记录。n 必须为整型常量。

(7) cursor_name:要从中进行数据提取的游标的名称。

(8) into @variable_name[,…n]:将提取出来的列数据存放到相应的局部变量中。列表中的各个变量从左到右与游标结果集中的相应列一一对应。变量的数目必须与游标选择列表中的数目一致。各变量的数据类型必须与游标结果集相应列的数据类型匹配。变量的个数必须与游标选择列表中的数目一致。

在对游标结果集的数据进行提取的过程中,可以使用@@fetch_status 全局变量来判断数据提取的状态。全局变量@@fetch_status 保存着最近一次 fetch 语句执行后的状态信息。@@fetch_status 函数的返回值和含义如表 11-1 所示。

表 11-1　@@fetch_status 函数的返回值和含义

返　回　值	含　　义
0	fetch 语句执行成功
−1	fetch 语句有错误或游标结果集中不再有数据
−2	提取的行不存在

11.2.4　关闭游标

关闭游标使用 close 语句,语法格式如下。

```
close cursor_name
```

使用 close 语句关闭游标后,系统并没有完全释放游标的资源,也不改变游标的定义,可以使用 open 语句重新打开此游标。

11.2.5　释放游标

释放游标使用 deallocate 语句,语法格式如下。

```
deallocate cursor_name
```

可以将不再使用的游标释放。释放游标是释放分配给游标的所有资源。释放游标相当于删除游标,因此被释放的游标不能再使用 open 语句打开。

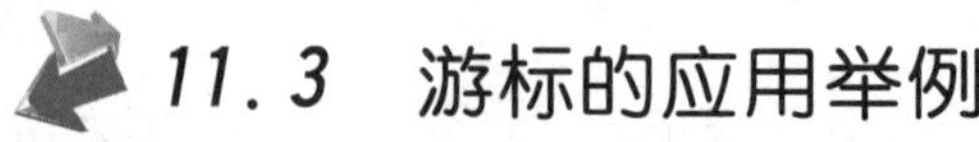

11.3　游标的应用举例

例 11-1　定义查询地址为"湖北仙桃"的客户的姓名和电话的游标,并输出游标结果集中的数据。

```
use goods_management
go
--声明存放结果集数据的变量
declare @cname nchar(4),@tel char(11)
--声明游标
declare client_cursor cursor
for
select client_name,mobile
from client
where home_address='湖北仙桃'
--打开游标
open client_cursor
--首先提取第一行数据
fetch next from client_cursor into @cname,@tel
--通过@@fetch_status 的值判断是否还有可提取的数据
while @@fetch_status=0
  begin
  print @cname
  print @tel
  fetch next from client_cursor into @cname,@tel
  end
close client_cursor
deallocate client_cursor
```

游标的执行消息如图 11-2 所示。

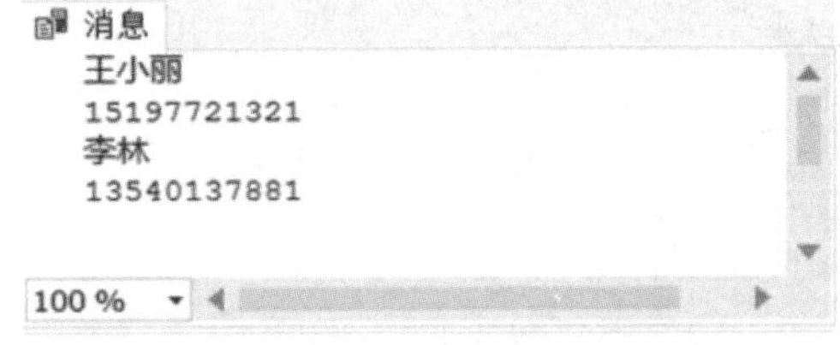

图 11-2 例 11-1 游标的执行消息

例 11-2 使用游标修改 client 表中姓名为“杨雪”的客户的记录，将其联系电话修改为“13598786578”。

```
--声明游标
declare tel_cursor cursor
for
select *
from client
where client_name='杨雪'
--打开游标
open tel_cursor
--提取游标数据
```

```
fetch from tel_cursor
--修改游标所指向的记录的联系电话
update client set mobile='13598786578'
where current of tel_cursor
--关闭游标
close tel_cursor
--释放游标
deallocate tel_cursor
go
```

游标的执行结果如图 11-3 所示。

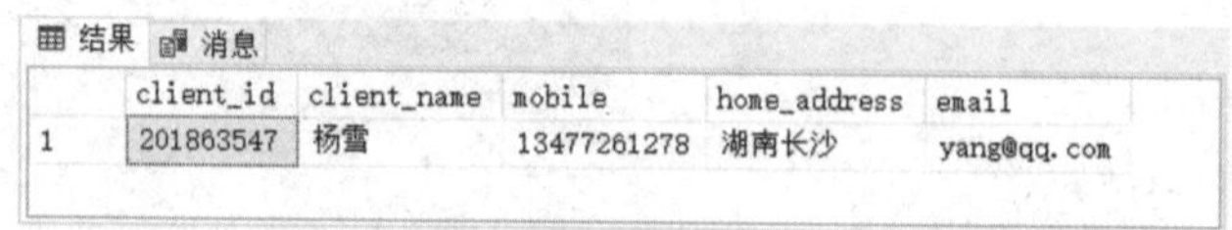

	client_id	client_name	mobile	home_address	email
1	201863547	杨雪	13477261278	湖南长沙	yang@qq.com

图 11-3　例 11-2 游标的执行结果

游标的执行消息如图 11-4 所示。

图 11-4　例 11-2 游标的执行消息

执行下列语句，查看杨雪的信息，确认杨雪的联系电话修改成功，如图 11-5 所示。

```
select *
from client
where client_name='杨雪'
```

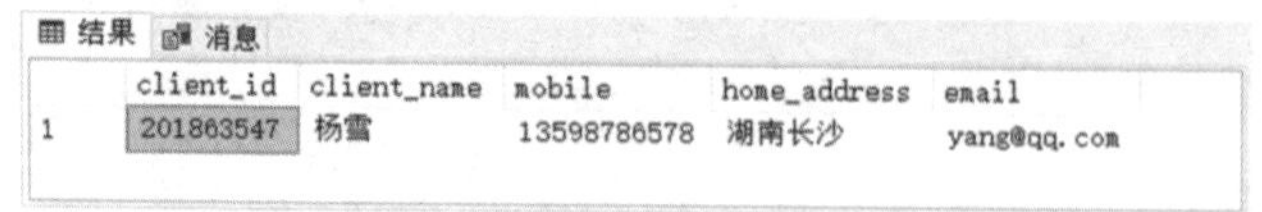

	client_id	client_name	mobile	home_address	email
1	201863547	杨雪	13598786578	湖南长沙	yang@qq.com

图 11-5　例 11-2 验证通过游标成功完成了修改操作

例 11-3　使用游标删除 client 表中姓名为“杨雪”的客户的记录。

```
--声明游标
declare delete_cursor cursor
for
select *
from client
where client_name='杨雪'
--打开游标
open delete_cursor
--提取游标数据
fetch from delete_cursor
```

```
--删除游标所指向的记录
delete client
where current of delete_cursor
--关闭游标
close delete_cursor
--释放游标
deallocate delete_cursor
go
```

游标的执行结果如图 11-6 所示。

结果 消息

	client_id	client_name	mobile	home_address	email
1	201863547	杨雪	13598786578	湖南长沙	yang@qq.com

图 11-6　例 11-3 游标的执行结果

游标的执行消息如图 11-7 所示。

结果 消息

(1 行受影响)

100 %

图 11-7　例 11-3 游标的执行消息

执行下列语句，查看杨雪的信息，确认杨雪的信息删除成功，如图 11-8 所示。

```
select *
from client
where client_name='杨雪'
```

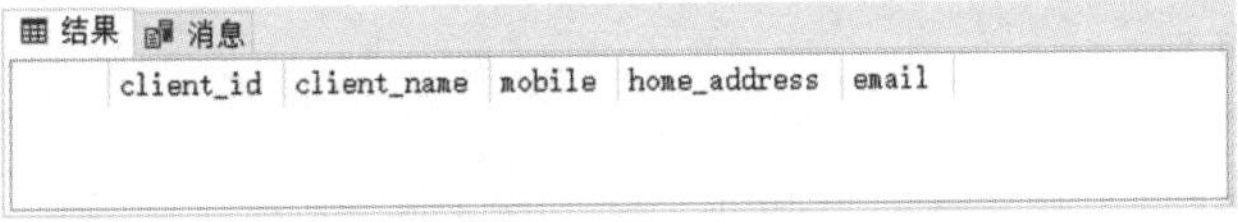

结果 消息

client_id	client_name	mobile	home_address	email

图 11-8　例 11-3 验证通过游标成功完成了删除操作

实验 11　游标□□□

一、实验目的

(1) 理解游标的基本概念和作用。

(2) 掌握使用游标的 5 个步骤。

(3) 能够运用游标解决实际应用问题。

二、实验准备

(1) 了解游标的工作流程。

(2) 了解全局变量@@fetch_status 在游标运用中发挥的作用。

(3) 了解提取游标数据的方法。

三、实验内容和实验步骤

有工资表(s)和加薪表(adds),如图 11-9、图 11-10 所示,如何逐行提取加薪表中的数据实现员工加薪操作(即逐行查询加薪记录,提取加薪数据,然后修改表 s 中对应员工的工资字段,使 s_salary=s_salary+add_salary)?

	s_id	s_name	s_salary
1	2018001	郭靖	15666.00
2	2018002	黄蓉	17888.00
3	2018003	王飞	8999.00

图 11-9　工资表(s)

	s_id	add_salary
1	2018001	999.00
2	2018002	888.00
3	2018003	666.00

图 11-10　加薪表(adds)

(1)数据准备。

```
--创建数据库
create database salary_management
--使 salary_management 成为当前操作的数据库
use salary_management
go
--创建表
create table s
(s_id char(8) ,
s_name char(10) ,
s_salary decimal(8,2)
)
create table adds
(s_id char(8) ,
add_salary decimal(8,2)
)
--向表中插入测试数据
insert s
values('2018001','郭靖',15666.00)
```

```
insert s
values('2018002','黄蓉',17888.00)
insert s
values('2018003','王飞',8999.00)
insert adds
values('2018001',999.00)
insert adds
values('2018002',888.00)
insert adds
values('2018003',666.00)
```

（2）利用游标解决加薪问题。

```
--查询员工的原始工资
select * from s
--定义变量,用以存放从游标结果集中提取的数据
declare @sid char(8),@addsalary decimal(8,2)
--声明游标
declare mycursor cursor for select s_id,add_salary from adds
--打开游标
____________________ mycursor
--提取游标中的第一条数据并赋值给相应变量
fetch next from mycursor into @sid,@addsalary
--判断 fetch 语句的执行状态,如果提取数据成功,则执行循环体语句,否则循环结束
while(@@fetch_status=0)
begin
  print '游标成功取出一条数据'
  print @sid
  print @addsalary
--对从游标结果集中取出的一行数据进行处理,修改对应员工的工资,完成加薪操作
update s set s_salary=s_salary+@addsalary where s_id=@sid
--推进游标指针,提取下一条记录,并赋值给相应变量
____________________ from mycursor into @sid,@addsalary
end
--关闭游标
____________ mycursor
--释放游标
deallocate ____________
--查询员工加薪后的工资
select * from s
```

（3）执行结果。

执行结果如图 11-11 所示,图中上表为员工工资的原始数据,下表为员工加薪后的工资。

执行消息如图 11-12 所示,逐行从游标结果集中提取了 3 条加薪数据。

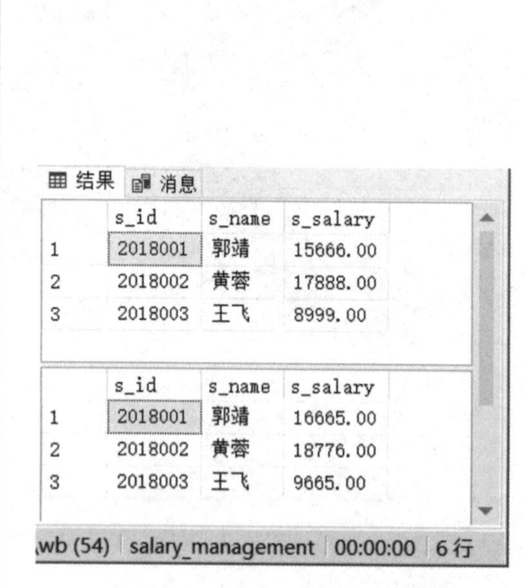

图 11-11　实验 11 游标的执行结果

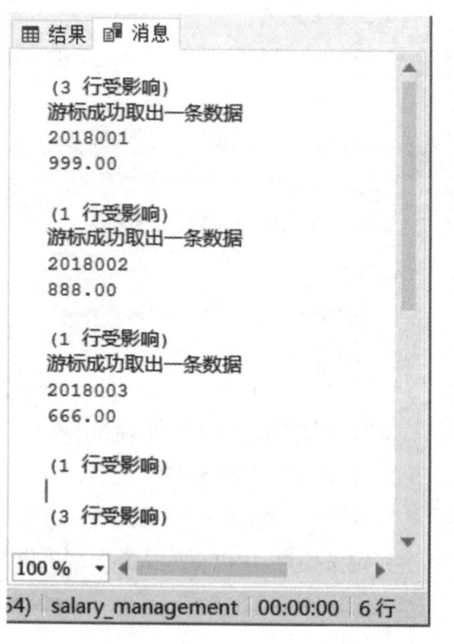

图 11-12　实验 11 游标的执行消息

习题 11

一、单项选择题

1.( )语句可用于检索游标中的记录。

A. deallocate　　B. drop　　C. fetch　　D. create

2.关闭游标使用的命令是( )。

A. close cursor　　B. drop cursor　　C. delete cursor　　D. deallocate cursor

3.下列关键字不能在游标使用过程中使用的是( )。

A. open　　B. close

C. deallocate　　D. drop

4.返回游标中的第一行并将其作为当前行的参数是( )。

A. fetch next　　B. fetch prior

C. fetch first　　D. fetch last

5.下列选项不是游标的优点的是( )。

A. 对常用代码的封装采用了消除重复代码的编写操作

B. 允许定位游标结果集中的特定行

C. 从游标结果集的当前位置检索一行或一部分行

D. 支持对游标结果集当前位置的行进行数据的修改

6.游标实际上是一种能从包括多条数据记录的游标结果集中每次提取( )记录的机制。

A. 一条　　B. 两条

C. 多条　　D. 无限制

二、填空题

1.在使用一个游标的时候可以分为以下几步:________________、打开游标、提取数据并推进游标指针、________________、释放游标。

2.定义游标用____________语句,打开游标用____________语句,提取游标数据用____________语句,关闭游标用____________语句,释放游标用____________语句。

3.声明游标的语句必须带有____________子句。

4.使用游标对基本表进行修改和删除操作的语句中,where 选项的格式为 where of ________________。

5.游标主要用在________________上,处理客户端发送给服务器端的 SQL 语句或批处理、存储过程、触发器中的数据处理请求。

三、简答题

1.使用什么语句可以打开游标?游标打开成功后,游标指针指向游标结果集的什么位置?

2. 阅读下列 Transact-SQL 语句，回答下列问题。

```
declare @id char(10) ,@addsalary decimal(8,2)
declare mycursor cursor for select id,addsalary from adds
open mycursor
fetch next from mycursor into @id,@addsalary
while(@@fetch_status=0)
  begin
  print '游标成功取出一条数据'+@id+str(@addsalary)
  update s set salary=salary+@addsalary where id=@id
  fetch next from mycursor into @id,@addsalary
  end
close mycursor
deallocate mycursor
```

(1) 游标的名称是什么?

(2) 游标所指示的结果集是什么?

(3) fetch next from mycursor into @id,@addsalary 语句的作用是什么?

(4) 循环条件是什么?

第12章 SQL Server 2016 的安全管理

安全管理对于 SQL Server 2016 数据库管理系统而言是至关重要的。数据库中的各种操作只有具备相应权限的用户才能够执行。Transact-SQL 语言为我们提供了 grant、deny、revoke 控制语句实现用户权限的管理。

本章主要内容如下。

- 安全管理的含义和级别。
- 安全管理模型。
- 服务器登录账户、数据库登录账户的管理。
- 用户、角色和权限。

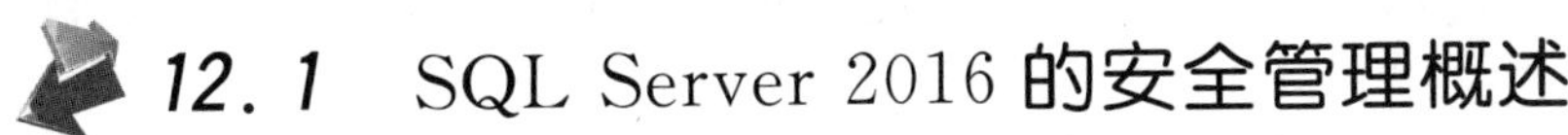

12.1 SQL Server 2016 的安全管理概述

12.1.1 SQL Server 2016 的安全管理的含义

SQL Server 2016 的安全管理包括以下两个方面的含义。

(1) 保证具有数据访问权限的用户能够登录到数据库服务器，能够访问数据以及对数据库中的对象实施各种权限范围内的操作。

(2) 防止所有的非授权用户的非法操作。

12.1.2 SQL Server 2016 数据库系统的安全管理级别

SQL Server 2016 提供了一种建立在安全身份验证和访问权限机制上的安全管理模式。

SQL Server 2016 数据库系统的安全管理级别可分为 3 层。

第一层是建立在控制服务器登录账号和密码的基础上的 SQL Server 服务器级别的安全性。只有提供正确的服务器登录账号和密码才能连接到 SQL Server 服务器。SQL Server 2016 提供了 Windows 身份验证模式和混合身份验证模式（Windows 身份验证和 SQL Server 身份验证）。

(1) Windows 身份验证模式（集成登录模式，是默认模式）使用 Windows 操作系统的安全机制验证用户身份，用户只要能够通过 Windows 操作系统的用户账户验证就可以连接到 SQL Server 服务器，不需要再次验证，因此 Windows 身份验证模式也称为可信任连接模式。

(2) 混合身份验证模式是基于 Windows 身份验证和 SQL Server 身份验证的混合验证。在该模式下，SQL Server 2016 会首先自动通过账户的存在与否和密码的匹配性来进行验证，用户成功地通过验证则可连接服务器，否则需要判定用户账号在 Windows 操作系统下是否可信任以及连接到服务器的权限。对于具有权限的可信任连接用户，系统直接采用 Windows 身份验证机制进行服务器连接；如上述两者都不行，系统将拒绝该用户的连接请求。

第二层是数据库级别的安全性。用户通过第一层的 SQL Server 服务器的安全性检查之后，需要接受第二层的安全性检查来确定是否能够访问某个数据库。如果登录账号不具有访问某个数据库的权限，则当该用户试图访问这个数据库时，系统就会拒绝其访问请求。

第三层是数据库对象级别的安全性。用户在通过了前面的两层安全性验证之后，在对数据库中具体的数据库对象（表、视图、存储过程等）进行操作时，将接受权限检查。也就是说如果用户想要访问数据库中的对象，必须事先被赋予相应的访问权限，否则系统将拒绝其访问请求。

每个层次的安全等级都可视为一扇沿途设卡的"门"，若该门未上锁（没有实施安全保护），或者用户拥有开门的钥匙（有相应的访问权限），则用户可通过此门进入下一个安全等级，倘若通过了所有门，用户即可实现访问数据库中相关对象及其所有数据的操作。

12.1.3 SQL Server 2016 的安全管理模型

SQL Server 2016 通过创建用户登录、配置登录权限和分配角色完成数据安全管理。

SQL Server 2016 的安全管理模型包括 SQL Server 登录、数据库用户、权限和角色 4 个主要方面。

（1）SQL Server 登录：要想连接到 SQL Server 服务器实例，必须拥有相应的登录账户和密码。

（2）数据库用户：在每个 SQL Server 数据库中，都存在一组 SQL Server 用户账户。登录账户要访问指定数据库，就要将自身映射到数据库的一个用户账户上，从而获得访问数据库的权限。一个登录账户可以对应多个用户账户。

（3）权限：规定用户在指定数据库中所能进行的操作。

（4）角色：类似于 Windows 的用户组，可以使用角色对用户进行分组管理。通过对角色赋予数据库的访问权限，使角色中的每个用户获得此权限。

12.2 SQL Server 2016 登录账户管理

SQL Server 2016 中的用户必须通过登录账户获得连接数据库的能力，才能获得对 SQL Server 服务器实例的访问权限。该登录账户还必须映射到数据库中执行活动的 SQL Server 用户账户，获取相应权限。

12.2.1 系统内置登录名

SQL Server 2016 系统内置登录名包括内置的系统管理员组（Windows 操作系统的系统管理员组，凡属于该组的用户账户都可作为 SQL Server 2016 的登录账户使用）、本地管理员（Windows 操作系统创建的本地管理员账户，允许作为 SQL Server 2008 的登录账户使用）、SYSTEM（SQL Server 服务器内置的本地账户，可设置成为 SQL Server 2016 的登录账户）、sa（SQL Server 2016 的系统管理员登录账户，具有最高的管理权限）及 SQL Server 2016 内置的服务器与代理服务器。

启动 SQL Server Management Studio，在对象资源管理器中展开“安全性”节点，再展开“登录名”节点，则可以查看到 SQL Server 2016 系统内置登录名，如图 12-1 所示。

图 12-1 SQL Server 2016 **系统内置登录名**

若使用 Windows 操作系统的用户和组连接到 SQL Server 2016，在登录时必须选择 Windows 身份验证模式，此时不需要密码；若使用系统管理员账户 sa 连接到 SQL Server 2016，则必须选择 SQL Server 身份验证模式（混合模式），此时必须提供 sa 的密码。SQL Server 2016 内置的服务器与代理服务器也都是 SQL Server 许可的内置登录账户。

注意：在完成 SQL Server 2016 的安装后，系统就自动创建了一个特殊用户 sa，sa 拥有服务器和所有数据库的最高管理许可权限，可执行服务器范围内的所有操作。一般在安装 SQL Server 2016 时，需要给 sa 账户设置强密码。默认情况下，系统管理员 sa 被指派给固定服务器角色 sysadmin，而且不能进行更改。虽然 sa 是内置的管理员登录账户，但在日常数据库管理中最好不要使用 sa 账户进行登录，而应使系统管理员成为 sysadmin 固定服务器角色的成员，并自设系统管理员账户来登录。

12.2.2 创建登录账户

1. 使用对象资源管理器创建登录账户

使用对象资源管理器创建登录账户的操作步骤如下。

(1) 启动 SQL Server Management Studio，在对象资源管理器中展开“安全性”节点，右键单击“登录名”，在弹出的快捷菜单中选择“新建登录名”命令，弹出如图 12-2 所示的“登录名-新建”对话框。

(2) 在“常规”页面上的“登录名”框中输入新建登录账户的名称。

(3) 选择身份验证方式，默认的身份验证方式为“Windows 身份验证”。如果选择“SQL Server 身份验证”，则需要手动设置密码。还可以设置密码管理策略——强制实施密码策略、强制密码过期和用户在下次登录时必须更改密码，这些策略可以保证系统的安全性。

(4) 设置登录到 SQL Server 服务器实例后所连接的默认数据库，以及数据库的默认语言。

(5) 完成相应设置后，单击“确定”按钮。

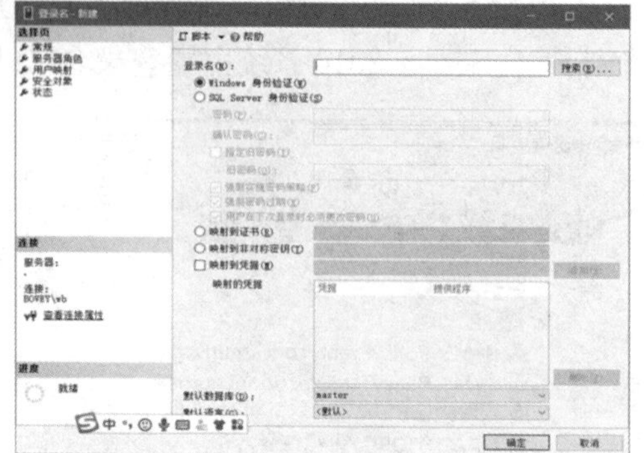

图 12-2 “登录名-新建”对话框

2. 使用 Transact-SQL 语言创建登录账户

在 SQL Server 2016 中，可以使用 create login 语句创建登录账户，语法格式如下。

```
create login login_name
with password='password'
[default_database=database_name]
```

参数说明如下。

(1) login_name：指定创建的登录账户的名称。

(2) password=‘password’：指定登录账户的密码。

(3) default_database=database_name：指定登录账户登录的默认数据库，如果不指定则默认为 master 数据库。

例 12-1 创建登录名为 user1，密码为 2018abc 的登录账户。

```
create login user1
with password='2018abc'
```

例 12-2 创建登录名为 user2，密码为 love123，默认登录数据库为 goods_management 的登录账户。

```
create login user2
with password='love123'
default_database=goods_management
```

3. 使用系统存储过程创建登录账户

可以使用系统存储过程 sp_addlogin 创建登录账户，语法格式如下。

```
sp_addlogin[@loginame=]'login'
[,[@passwd=]'password']
[,[@defdb=]'database']
```

参数说明如下。

(1) @loginame：登录名。

(2) @passwd：登录账户的密码。

(3) @defdb：设置新建登录账户登录的默认数据库，如果不指定则默认为 master 数据库。

例 12-3 使用系统存储过程创建一个名为 wanglili，密码为 love2018 的登录账户。

```
exec sp_addlogin @loginame='wanglili', @passwd='love2018'
```

例 12-4 使用系统存储过程创建一个名为 rongrong，密码为 jsj520，默认数据库为 goods_management 的登录账户。

```
exec sp_addlogin 'rongrong','jsj520','goods_management'
```

12.2.3 修改登录账户

1. 使用对象资源管理器修改登录账户

使用对象资源管理器修改登录账户的操作步骤如下。

(1) 启动 SQL Server Management Studio，在对象资源管理器中展开"安全性"节点，然后展开"登录名"节点，右键单击需要修改的登录名(此处以修改 user1 为例)，在弹出的快捷菜单中选择"属性"命令，弹出如图 12-3 所示的"登录属性-user1"对话框。

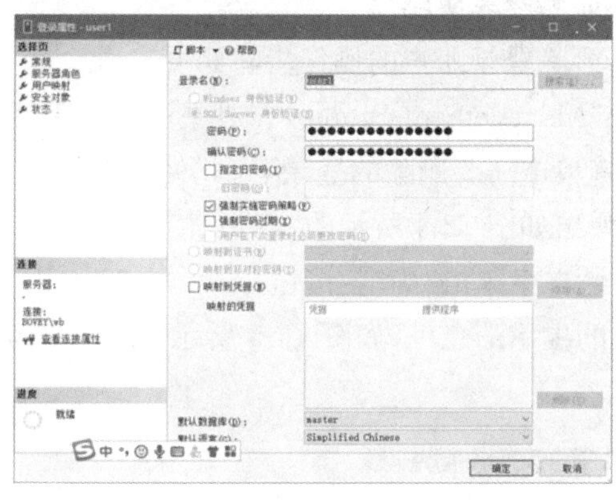

图 12-3 "登录属性-user1"对话框

(2) 在"登录属性-user1"对话框中可以对登录账户 user1 的密码、默认数据库、默认语言等信息进行相应修改。

(3) 完成相应信息修改后，单击"确定"按钮。

2. 使用 Transact-SQL 语言修改登录账户

修改登录账户使用 alter login 语句，语法格式如下。

```
alter login login_name
{[enable|disable]
[with password='password'|name=new_login_name|default_database=database_name}
```

参数说明如下。

(1) enable|disable：启用或禁用此登录。

(2) name=new_login_name：登录账户的新名称。

其他参数与 create login 语句的参数相同。

例 12-5 将登录账户 rongrong 的密码修改为 rong520。

```
alter login rongrong
with password='rong520'
```

3. 使用系统存储过程修改登录账户

可以使用系统存储过程 sp_password 修改登录账户的密码，语法格式如下。

```
sp_password [,[@old=]'old_password',]
[[@new=]'new_password']
[,[@loginame=]'login']
```

参数说明如下。

(1) [@old=]'old_password':旧密码。

(2) [@new=]'new_password':新密码。

(3) [@loginame=]'login':登录名。

例 12-6 使用系统存储过程将登录账户 rongrong 的密码修改为 789456。

```
exec sp_password 'rong520','789456','rongrong'
```

12.2.4 删除登录账户

1. 使用对象资源管理器删除登录账户

使用对象资源管理器删除登录账户的操作步骤如下。

(1) 启动 SQL Server Management Studio,在对象资源管理器中展开"安全性"节点,然后展开"登录名"节点,右键单击需要删除的登录名(此处以删除 user1 为例),在弹出的快捷菜单中选择"删除"命令,弹出如图 12-4 所示的"删除对象"对话框。

(2) 在"删除对象"对话框中单击"确定"按钮。

(3) 弹出删除登录名的提示消息框,如图 12-5 所示,单击"确定"按钮,即可删除指定登录名。

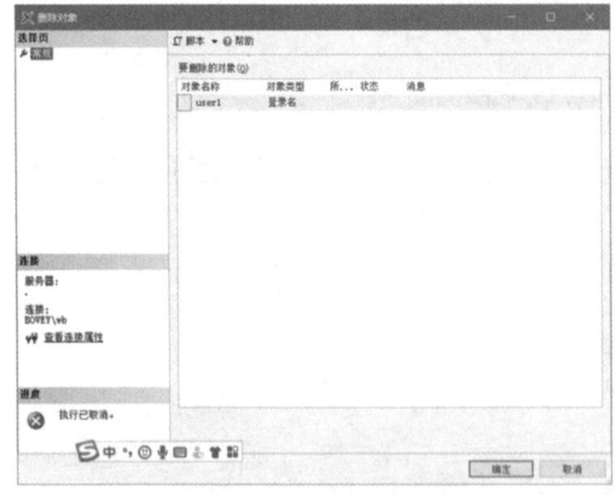

图 12-4 "删除对象"对话框

图 12-5 删除登录名的提示消息框

2. 使用 Transact-SQL 语言删除登录账户

删除登录账户使用 drop login 语句,语法格式如下。

```
drop login login_name
```

例 12-7 删除登录账户 rongrong。

```
drop login rongrong
```

3. 使用系统存储过程删除登录账户

可以使用系统存储过程 sp_droplogin 删除登录账户,语法格式如下。

```
sp_droplogin [@loginame=]'login'
```

例 12-8 使用系统存储过程删除登录账户 user2。

```
exec sp_droplogin 'user2'
```

12.3 SQL Server 2016 数据库用户管理

在实现了数据库的安全登录后，如果在数据库中并没有授予该用户访问数据库的许可，则该用户仍然不能访问数据库。因此，对于每一个要访问数据库的登录用户，必须让其成为数据库用户，并授予其访问数据库的权限。

12.3.1 特殊数据库用户

数据库用户是数据库级的安全实体，是登录名在数据库中的映射。SQL Server 2016 中包含一些具有特殊用户权限的数据库用户，如数据库所有者、guest 用户、数据库对象所有者、sys 等。

1. 数据库所有者

数据库所有者(dbo)是具有在数据库中执行所有活动的隐形最高权限的用户，数据库的创建者即是数据库所有者。固定服务器角色 sysadmin 的成员自动被映射为数据库所有者(即以 sysadmin 登录，能够执行数据库所有者的任何任务)。

2. guest 用户

guest 用户用于允许那些未经授权或具有 SQL Server 登录账户而在数据库中没有数据操作权限的用户具有一定程度的权限(以 guest 用户的身份和权限)去访问数据库。

3. 数据库对象所有者

SQL Server 2016 中的数据库对象，如表、索引、视图、触发器或存储过程等的创建者(数据库用户)即为该数据库对象的所有者。数据库对象所有者具有对该数据库对象进行操作的所有权限。

12.3.2 创建数据库用户

SQL Server 2016 通过数据库用户对数据库对象进行操作。在数据库中，用户账户和登录账户是两个不同的概念。一个合法的登录账户只表明该账户通过了 Windows 身份验证或 SQL Server 身份验证，但并不能表明该账户可以对数据库中的数据和数据库对象进行某种操作。

注意：一个登录账户可以与多个数据库用户账户相对应，而一个数据库用户只能与一个已存在的登录账户相对应。

1. 使用对象资源管理器创建数据库用户

使用对象资源管理器创建数据库用户的操作步骤如下。

(1) 启动 SQL Server Management Studio，在对象资源管理器中展开“数据库”节点，再展开“goods_management”数据库，展开“安全性”节点，右键单击“用户”，在弹出的快捷菜单中选择“新建用户”命令，如图 12-6 所示。

（2）弹出“数据库用户-新建”对话框，如图 12-7 所示。

（3）在“用户名”框中输入用户名称（如 a1），单击登录名后面的 ... 按钮（为新建的用户选择一个登录名），弹出“选择登录名”对话框，如图 12-8 所示。

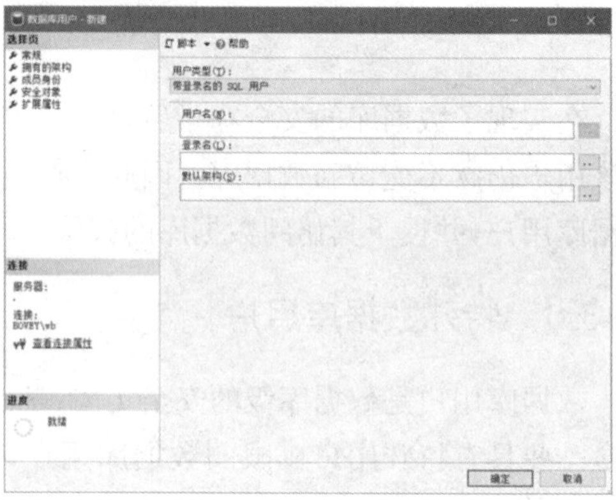

图 12-6　选择“新建用户”命令

图 12-7　“数据库用户-新建”对话框

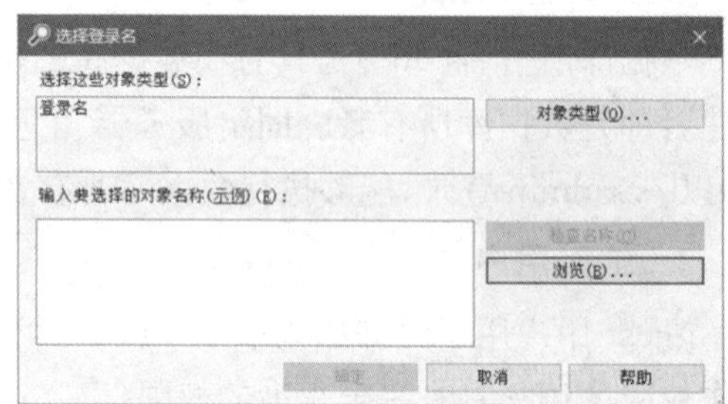

图 12-8　“选择登录名”对话框

（4）在“选择登录名”对话框中，单击“浏览”按钮，弹出“查找对象”对话框，为数据库用户选择一个登录名（本例选择上一节创建的登录名 wanglili），如图 12-9 所示，然后单击“确定”按钮。

（5）回到“选择登录名”对话框，如图 12-10 所示，单击“确定”按钮。

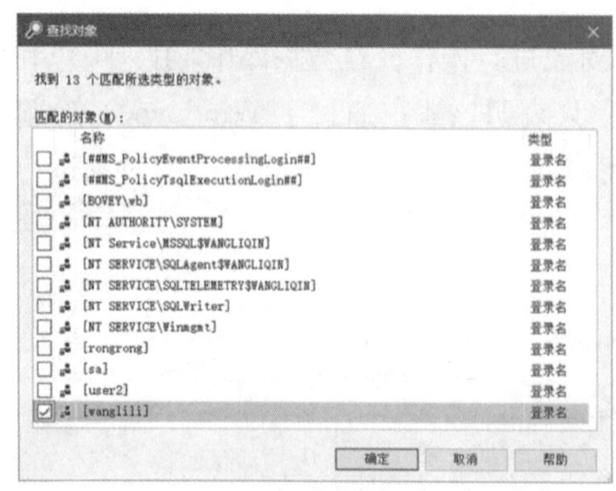

图 12-9　选择登录账户（一）

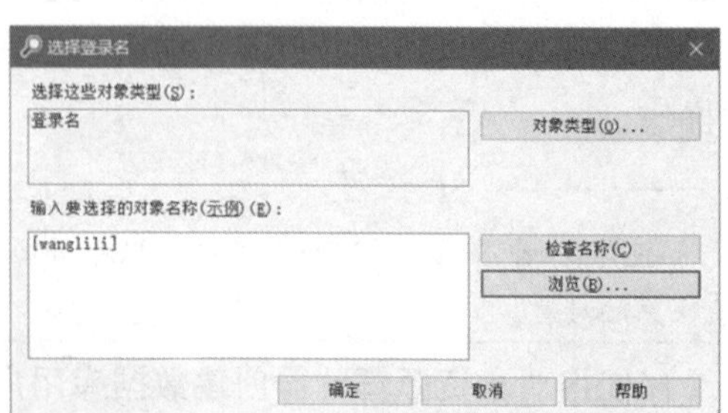

图 12-10　回到“选择登录名”对话框

(6) 回到“数据库用户-新建”对话框，单击“默认架构”后边的 ... 按钮，弹出“选择架构”对话框，如图 12-11 所示，单击“浏览”按钮。

(7) 弹出“查找对象”对话框，为数据库用户选择架构(如选择[db_owner])，如图 12-12 所示，然后单击“确定”按钮。

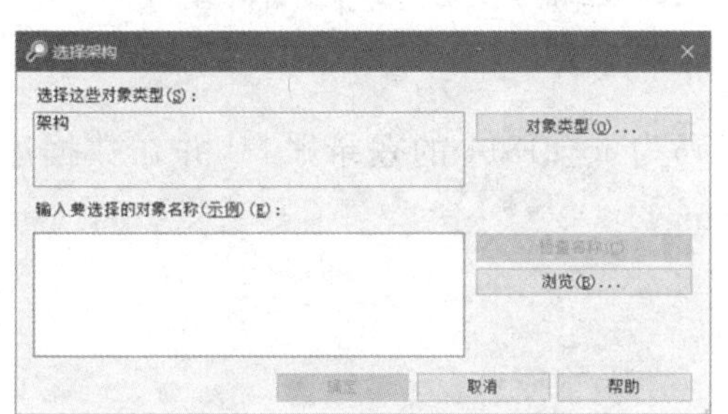

图 12-11 “选择架构”对话框

图 12-12 选择架构

(8) 回到“选择架构”对话框，如图 12-13 所示，单击“确定”按钮。

(9) 回到“数据库用户-新建”对话框，如图 12-14 所示。在该对话框还可以进行一些其他设置，完成后，单击“确定”按钮，完成数据库用户的创建。

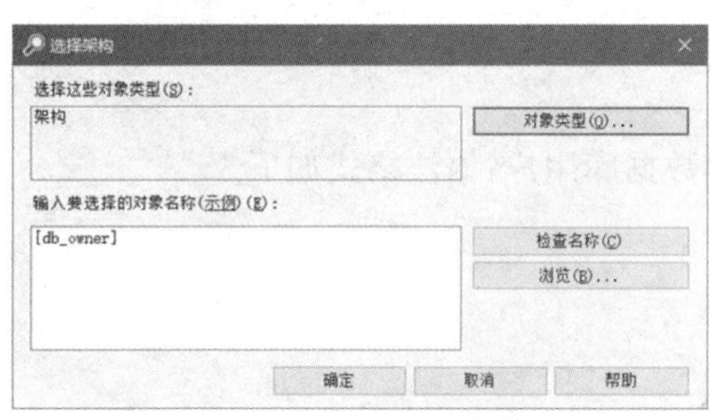

图 12-13 回到“选择架构”对话框

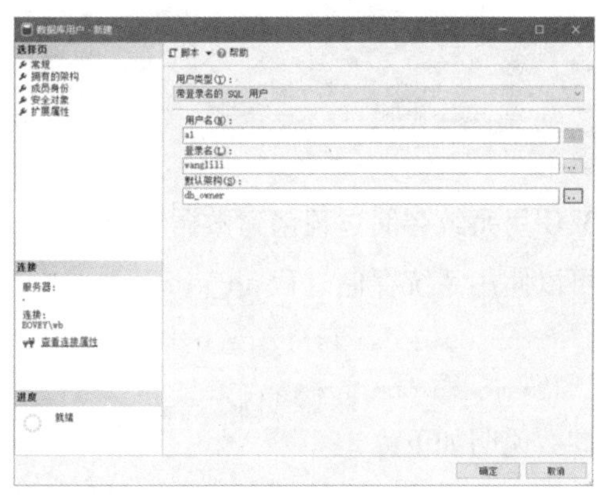

图 12-14 回到“数据库用户-新建”对话框

2. 使用 Transact-SQL 语言创建数据库用户

使用 create user 语句可以创建数据库用户。由于数据库用户是登录名在数据库中的映射，因此在创建数据库用户时需要指定登录名。create user 语句的语法格式如下。

```
create user user_name
[{for|from}
{login login_name}
|without login]
[with default_schema=schema_name ]
[;]
```

参数说明如下。

(1) user_name:指定数据库用户的名称。

(2) login_name:指定数据库用户的有效的 SQL Server 登录名。

(3) without login:指定不应将用户映射到现有登录名。

(4) with default_schema=schema_name:为数据库用户选择架构。

注意:如果在创建数据库用户时没有指定登录名,那么数据库用户名必须与登录名同名。

例 12-9 创建一个名为 xiaofang,密码为 love1314 的登录账户,并在数据库 goods_management 中为其创建数据库用户 xiaofang1。

```
create login xiaofang with password='love1314'
use goods_management
go
create user xiaofang1 for login xiaofang
go
```

例 12-10 创建一个名为 testuser,密码为 abc1314 的登录账户,并在数据库 goods_management 中为其创建同名的数据库用户。

```
create login testuser with password='abc1314'
use goods_management
go
create user testuser
go
```

3. 使用系统存储过程创建数据库用户

可以使用系统存储过程 sp_grantdbaccess 创建数据库用户,语法格式如下。

```
sp_grantdbaccess [@loginame=]'login'
[,[@name_in_db=]'name_in_db'[output]]
```

参数说明如下。

(1) [@loginame=] 'login' :映射到新数据库用户的登录账户的名称。

(2) [@name_in_db=] 'name_in_db' [output]:新数据库用户的名称。name_in_db 是 output 变量,它的数据类型为 sysname,默认值为 null。如果不指定该参数,则使用 login。

例 12-11 使用系统存储过程创建一个名为 testuser1,密码为 123321 的登录账户,并在数据库 goods_management 中为其创建同名的数据库用户。

```
exec sp_addlogin 'testuser1','123321'
use goods_management
go
exec sp_grantdbaccess 'testuser1'
```

例 12-12 使用系统存储过程创建一个名为 abc,密码为 123 的登录账户,并在数据库 goods_management 中为其创建数据库用户 abc1。

```
exec sp_addlogin 'abc','123'
use goods_management
go
exec sp_grantdbaccess 'abc','abc1'
```

12.3.3 删除数据库用户

1. 使用对象资源管理器删除数据库用户

使用对象资源管理器删除数据库用户的操作步骤如下。

(1) 启动 SQL Server Management Studio,在对象资源管理器中展开"数据库"节点,再展开"goods_management"数据库,展开"安全性"节点,展开"用户"节点,右键单击需要删除的用户,在弹出的快捷菜单中选择"删除"命令。

(2) 在弹出的"删除对象"对话框中单击"确定"按钮,即可删除选中的数据库用户。

2. 使用 Transact-SQL 语言删除数据库用户

使用 drop user 语句可以删除数据库用户,语法格式如下。

```
drop user user_name
```

例 12-13 删除数据库用户 xiaofang1。

```
drop user xiaofang1
```

3. 使用系统存储过程删除数据库用户

可以使用系统存储过程 sp_revokedbaccess 删除数据库用户,语法格式如下。

```
sp_revokedbaccess [@name_in_db=]'name'
```

参数说明如下。

[@name_in_db=] 'name':要删除的数据库用户的名称。

例 12-14 使用系统存储过程删除数据库用户 abc1。

```
exec sp_revokedbaccess 'abc1'
```

12.4 角　　色

角色(role)是 SQL Server 用来集中管理服务器或数据库用户的一种理念,是为了方便权限管理而设置的管理单位。通过角色可将用户分为不同的类,对相同类的用户(相同角色的成员)进行统一管理,赋予其相同的操作权限。角色创建后,对其授予或收回权限,角色中的全部成员都会被授予或收回权限。一个用户可以属于不同的角色。对于具有相同权限的用户群体,不需要单独管理每个用户,只需对角色进行管理即可。

SQL Server 2016 给用户提供了预定义的服务器角色(固定服务器角色)、数据库角色(固定数据库角色)、应用程序角色和用户定义角色。其中,固定服务器角色和固定数据库角色是 SQL Server 2016 内置的,不能添加、修改和删除。用户可根据需要,创建自己的数据库角色。

12.4.1 固定服务器角色

固定服务器角色是 SQL Server 2016 在安装时就预定义的用于分配服务器管理权限的实体。它根据 SQL Server 的管理任务及其重要性分成若干等级。固定服务器角色及其权限如表 12-1 所示。

表 12-1　固定服务器角色及其权限

角色名称	权限描述
sysadmin	系统管理员，可以在 SQL Server 中做任何操作
serveradmin	服务器管理员，管理 SQL Server 服务器范围内的配置和关闭服务器
bulkadmin	可以执行 bulk insert 语句，实施大容量数据导入
setupadmin	设置管理员，可以添加、删除与连接服务器，执行某些系统存储过程
securityadmin	安全管理员，可以管理登录和权限
processadmin	进程管理员，可以终止在数据库引擎实例中运行的进程
dbcreator	数据库创建者，可以创建、修改、删除及还原数据库
diskadmin	磁盘管理员，可以管理磁盘文件
public	所有数据库用户都属于 public 服务器角色

12.4.2 固定数据库角色

固定数据库角色可提供最基本的数据库权限的综合管理，固定数据库角色管理、访问数据库的权限已被 SQL Server 定义并且 SQL Server 管理者不能再对固定数据库角色所具有的权限进行任何修改。只需将用户添加进这些固定数据库角色中，该用户即可继承全部相关的权限。可以使一个用户具有属于同一数据库的多个角色。因此，固定数据库角色能对某个用户或一组用户授予不同级别的访问、管理数据库或数据库对象的权限。固定数据库角色功能丰富，易于实现综合管理。

固定数据库角色及其权限如表 12-2 所示。

表 12-2　固定数据库角色及其权限

角色名称	权限描述
db_owner	可以执行数据库的所有活动，包含管理其他各角色的所有权限
db_accessadmin	可以增加或删除 Windows 用户、组登录账户及 SQL Server 用户
db_datareader	能对数据库中任何表执行 select 操作，读取表信息
db_datawriter	能在数据库中执行 insert、update、delete 操作
db_ddladmin	可以新建、删除、修改数据库中的任何对象
db_securityadmin	可以管理角色和成员以及数据库中语句和对象的权限
db_backupoperator	可以备份数据库
db_denydatareader	不允许查看数据库中的数据
db_denydatawriter	不允许更改数据库中的数据
public	数据库中的每个用户都属于 public 角色

12.4.3 应用程序角色

应用程序角色是用户定义数据库角色的一种形式。应用程序角色使应用程序能够用其自身的、类似用户的特权，只允许通过特定应用程序连接的用户访问特定数据。与数据库角色不同的是，应用程序角色是非活动的，使用时需要激活（提供应用程序角色名和密码，使用 sp_setapprole 激活）。应用程序角色在默认情况下不包含任何成员。

12.4.4 用户定义角色

在 SQL Server 2016 中，用户还可以在数据库中创建自定义的数据库角色，以满足数据库管理的需求。

1. 使用对象资源管理器创建用户定义角色

使用对象资源管理器创建用户定义角色的步骤如下。

(1) 启动 SQL Server Management Studio，在对象资源管理器中展开“数据库”节点，再展开“goods_management”数据库，展开“安全性”节点，右键单击“角色”节点，在弹出的快捷菜单中选择“新建”命令，在“新建”子菜单中选择“新建数据库角色”命令（或者选择“新建应用程序角色”命令，应用程序角色也属于用户定义角色），如图 12-15 所示。

(2) 弹出“数据库角色-新建”对话框，如图 12-16 所示，在“角色名称”框中输入角色名称（如 role1）；在“所有者”框中输入所有者名称，或者单击“所有者”后面的 ... 按钮，为新建的角色选择一个所有者；在“拥有的架构”中可以为角色勾选架构；通过单击“添加”按钮，可以为角色添加成员。

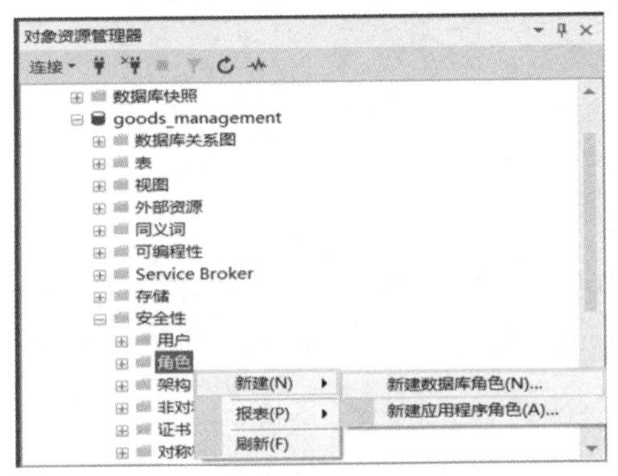

图 12-15 选择“新建数据库角色”命令

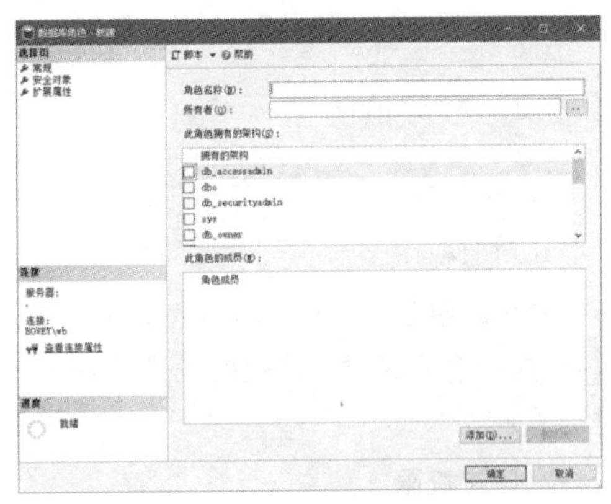

图 12-16 “数据库角色-新建”对话框

(3) 在“数据库角色-新建”对话框中完成相应设置后，单击“确定”按钮，即可完成用户定义角色的新建。

2. 使用 Transact-SQL 语言创建用户定义角色

SQL Server 2016 中，在当前数据库中创建用户定义角色可以用 create role 语句，语法格式如下。

```
create role role_name [authorization owner_name]
```

参数说明如下。

(1) role_name：角色名称。

(2) authorization owner_name：将拥有新角色的数据库用户。

说明：上面语句创建的角色还没有设置权限，只是创建了一个角色名称而已，具体的为角色授权见本章 12.5 节内容。

例 12-15 创建数据库角色 role2。

```
create role role2
```

3. 使用系统存储过程创建用户定义角色

使用系统存储过程 sp_addrole 可以创建用户定义角色，语法格式如下。

```
sp_addrole [@rolename=]'role' [ , [@ownername=]'owner']
```

参数说明如下。

(1) [@rolename=] 'role'：要创建的用户定义角色的名称。

(2) [@ownername=] 'owner'：新数据库角色的所有者，默认情况下是 dbo。

例 12-16 使用系统存储过程创建数据库角色 role3。

```
exec sp_addrole 'role3'
```

12.5 权限管理

SQL Server 2016 提供了权限(permission)作为数据库对象访问许可设置的最后一道屏障，用户想要访问或操作数据库及数据库中的对象，必须首先获得相应的权限。

12.5.1 权限的类型

在 SQL Server 2016 中，权限分为对象权限、语句权限和隐含权限。

1. 对象权限

对象权限表示一个用户对特定的数据库对象(如表、视图、存储过程、触发器等)的操作权限(如用户能否对一个数据表进行查询、插入、修改、删除数据的操作，能否执行一个存储过程等)。

2. 语句权限

语句权限表示一个用户是否能够执行某个语句(如能否执行创建和删除数据库对象的语句，能否执行备份和恢复数据库的语句等)。语句权限如下。

(1) backup database：备份数据库的权限。

(2) backup log：备份事务日志的权限。

(3) create database：创建数据库的权限。

(4) create default：创建默认值对象的权限。

(5) create function：创建函数的权限。

(6) create procedure：创建存储过程的权限。

(7) create rule：创建规则的权限。

(8) create table:创建表的权限。

(9) create view:创建视图的权限。

3. 隐含权限

隐含权限是指 SQL Server 软件安装以后有些用户和角色不必授权就默认拥有的权限。例如,sa 拥有数据库管理的最高权限,固定服务器角色 sysadmin 具有在服务器上进行任何操作的权限,数据库对象所有者可以对所拥有的对象执行一切活动等。

12.5.2 权限设置

在 SQL Server 2016 中可以对对象权限和语句权限进行设置。隐含权限是数据库角色和用户默认拥有的权限,不需要设置。设置权限包括授予权限、拒绝权限和收回权限。

(1) 授予权限:授予用户、组或角色权限,使数据库用户在当前数据库中具有执行相关操作或处理数据的权限。

(2) 拒绝权限:禁止用户对某一对象进行某种操作或执行某些语句。

(3) 收回权限:收回以前授予或拒绝的权限。

在 Transact-SQL 中,主要使用 grant、deny 和 revoke 三种语句来设置权限。

1. 授予权限

grant 语句用于授予权限,常用的语法格式如下。

```
grant permission [on table_name|view_name] to user_name|role_name
[with grant option]
```

参数说明如下。

(1) permission:权限的名称。安全对象不同,permission 的取值不同。对于数据库,permission 的取值可以是 backup database、backup log、create database、create procedure、create table 或 create view 等;对于表或视图,permission 的取值可以是 select、insert、delete、update 等;对于存储过程,permission 的取值为 execute……

(2) table_name|view_name:表或视图的名称。

(3) user_name|role_name:用户名或角色名。

(4) with grant option:表示允许被授权者在获得指定权限的同时将指定权限授予其他用户、角色或 Windows 组。with grant option 子句仅对对象权限有效。

例 12-17 对 goods_management 数据库中的用户 testuser 授予查询 client 表中数据的权限。

```
use goods_management
go
grant select on client to testuser
```

例 12-18 对 goods_management 数据库中的用户 testuser 授予向 client 表中插入数据的权限。

```
use goods_management
go
grant insert on client to testuser
```

2. 拒绝权限

deny 语句用于拒绝权限，常用的语法格式与授予权限相似。

```
deny permission [on table_name|view_name] to user_name|role_name
[with grant option]
```

例 12-19 禁止 goods_management 数据库中的用户 testuser 删除 client 表中数据的权限。

```
use goods_management
go
deny delete on client to testuser
```

3. 收回权限

revoke 语句用于收回权限，常用的语法格式与授予权限相似。

```
revoke permission [on table_name|view_name] from user_name|role_name
[with grant option]
```

例 12-20 收回 goods_management 数据库中的用户 testuser 查询 client 表中数据的权限。

```
use goods_management
go
revoke select on client from testuser
```

实验 12 SQL Server 2016 的安全管理□□□

一、实验目的

(1) 理解 SQL Server 2016 安全管理的相关基本理论知识。

(2) 学会创建和管理登录账户和数据库用户。

(3) 学会管理角色和权限。

二、实验准备

(1) 创建用户数据库 goods_management。

(2) 在 goods_management 中创建客户信息表(client)、商品信息表(goods)、进货信息表(purchase)、销售信息表(sale)、库存信息表(stock)。

(3) 使用对象资源管理器或 Transact-SQL 语言向各个数据表插入实验数据。

三、实验内容和操作步骤

1. 创建登录账户

(1) 使用对象资源管理器创建登录名为 login1,密码为 20180101 的登录账户。

(2) 使用 Transact-SQL 语言创建登录名为 login2,密码为 20180202 的登录账户。

```
______________________________ login2 with password='20180202'
```

(3) 使用系统存储过程创建一个名为 login3,密码为 20180303 的登录账户。

```
________________ sp_addlogin @loginame=' login3',@passwd='20180303'
```

2. 创建数据库用户

(1) 使用对象资源管理器为登录账户 login1 创建同名的数据库用户。

(2) 使用 Transact-SQL 语言在数据库 goods_management 中为登录账户 login2 创建同名的数据库用户。

```
use goods_management
go
______________________________ login1
```

(3) 使用系统存储过程在数据库 goods_management 中为登录账户 login3 创建数据库用户 user_login3。

```
use goods_management
go
______________________________ 'login3','user_login3'
```

3. 创建角色

(1) 使用对象资源管理器创建数据库角色 role_a1。

(2) 使用 Transact-SQL 语言创建数据库角色 role_a2。

```
________________________________________ role_a2
```

(3) 使用系统存储过程创建数据库角色 role_a3。

```
exec sp_addrole 'role_a3'
```

4. 权限管理

（1）为 goods_management 数据库中的用户 user_login3 授予查询 client 表中数据的权限。

```
use goods_management
go
grant select on client to user_login3
```

（2）禁止 goods_management 数据库中的用户 user_login3 修改 client 表中数据的权限。

```
use goods_management
go
________________ update on client to user_login3
```

（3）收回 goods_management 数据库中的用户 user_login3 查询 client 表中数据的权限。

```
use goods_management
go
________________ select on client ____________ user_login3
```

习题 12

一、单项选择题

1. 以下(　　)不是数据库的安全性保护措施。

   A. 用户操作权限的约束　　B. 用户口令校对

   C. 值的约束和结构的约束　　D. 数据加密

2. 在 SQL Server 2016 中，权限分为对象权限、(　　)和隐含权限。

   A. 处理权限　　B. 操作权限　　C. 语句权限　　D. 控制权限

3. 在 SQL Server 2016 中，public 角色是一类特殊的角色，具有以下的特性，除了(　　)。

   A. 它不能被删除

   B. 每个数据库用户都属于 public 角色，包括 sa 账户

   C. 它包含在每个数据库中

   D. 能向 public 角色中添加用户或从中删除用户

4. 安全性控制的防范对象主要是(　　)。

   A. 合法用户　　B. 不合语义的数据　　C. 非法用户　　D. 不正确的数据

5. 在数据库的安全性控制中，用户只能存取他有权存取的数据。在授权定义中，数据对象的(　　)，授权子系统就越灵活。

   A. 范围越小　　B. 范围越大　　C. 约束越细致　　D. 范围越适中

6. 保护数据库，防止未经授权的或不合法的使用造成数据泄露、更改、破坏，这是指数据的(　　)。

   A. 安全性　　B. 完整性　　C. 并发控制　　D. 恢复

7. 下列(　　)不是权限类别。

   A. 授予　　B. 存放　　C. 拒绝　　D. 收回

8. 数据库的拥有者是(　　)角色，具有对数据库操作的所有权限。

   A. db_accessadmin　　B. db_owner　　C. dbo　　D. db_ddladmin

9. 下列关于登录账户、用户和角色的说法错误的是(　　)。

   A. 登录账户是服务器级的

   B. 用户是登录账户在某个数据库中的映射

   C. 用户不一定要和登录账户相关联

   D. 角色其实就是用户组

10. 下列 SQL 语句中，能够实现“收回用户 u4 对学生表(stud)中学号(xh)的修改权”这一功能的是(　　)。

    A. revoke update(xh) on table from u4

    B. revoke update(xh) on table from public

    C. revoke update(xh) on stud from u4

    D. revoke update(xh) on stud from public

二、填空题

1. 数据库的安全机制分为 4 个等级，分别为客户端____________的安全、数据库的____________安全、数据库的使用安全和数据库对象的使用安全。
2. SQL Server 2016 角色的类别有____________、____________、应用程序角色、用户定义角色。
3. 应用程序角色需要通过存储过程____________来激活。
4. ____________是指由系统定义，不需要授权就拥有的权限。
5. 在 SQL Server 数据库管理系统中，权限分为____________、____________和____________。
6. ____________是指使用数据控制语言对数据库对象授予、禁止或撤销权限。

三、简答题

SQL Server 2016 中数据库的账户从哪几个方面进行验证？

第13章 商品管理数据库的设计

数据库设计是指利用现有的数据库管理系统，针对具体的应用对象构建合适的数据库模式，建立数据库和应用程序，使之能有效地收集、存储、操作和管理数据，满足企业中各类用户的信息需求和处理需求。本章以商品管理数据库的设计为案例，介绍数据库设计的步骤和过程。

本章主要内容如下。

- 需求分析。
- 概念结构设计。
- 逻辑结构设计。
- 物理结构设计。
- 数据库实施。
- 数据库运行和维护。

13.1 数据库设计概述

数据库设计工作量大且比较复杂，涉及的内容很广泛，设计一个性能良好的数据库并不容易，数据库设计的质量与设计者的知识、经验和水平有密切关系。在进行数据库设计时，必须确定系统的目标，确保开发工作进展顺利，保证数据库模型的准确和完整。数据库设计的最终目标是数据库必须能够满足用户对数据的存储和处理需求。

数据库设计包括结构设计与行为设计，结构设计是指数据库的模式结构设计，主要包括概念结构设计、逻辑结构设计和物理结构设计；行为设计是指应用程序设计，主要包括功能组织、流程控制等方面的设计。数据库设计的全过程如图 13-1 所示。

数据库设计的主要精力放在数据结构的设计上，如数据库的表结构设计。按照规范设计的方法，同时考虑数据库及其应用系统开发的全过程，可以将数据库设计分为以下几个阶段。

(1) 需求分析：主要是收集信息和处理要求，并进行分析和整理，为后续的各个阶段提供充足的信息。需求分析是整个数据库设计过程的基础，也是最困难、最耗时间的一个阶段，需求分析做得不好，可能导致整个数据库设计重新返工。

(2) 概念结构设计：对需求分析的结果进行综合、归纳，形成一个独立于具体 DBMS 的概念模型，是整个数据库设计的关键。

(3) 逻辑结构设计：将概念结构设计的成果转换为某个具体的 DBMS 所支持的数据模型，并对其进行优化。

(4) 物理结构设计：为逻辑结构设计的结果选取一个最适合应用环境的数据库物理结构。

(5) 数据库实施：运用 DBMS 提供的数据语言以及数据库开发工具，建立数据库，编制

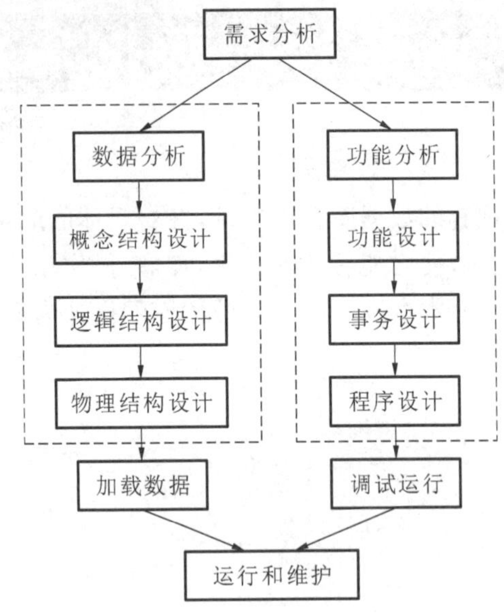

图 13-1 数据库设计的全过程

应用程序，组织数据入库并进行试运行。

(6) 数据库运行和维护：将已经试运行的数据库应用系统投入正式使用，在数据库应用系统的使用过程中不断对其进行调整、修改和完善。

一个完善的数据库应用系统往往要经过上述几个阶段的不断反复才能设计成功。

13.2 需求分析

需求分析就是分析用户的需求，它的主要任务是对现实世界要处理的对象进行详细调查，在了解现行系统的概况、确定新系统功能的过程中，收集支持系统目标的基础数据及其业务处理需求。

13.2.1 需求分析任务

需求分析首先要调查清楚用户的实际需求，与用户达成共识，然后分析和表达这些需求。

用户调查的重点是数据和处理，通过调查获得以下信息。

(1) 信息需求。定义所设计数据库系统需要用到的所有信息，明确用户要向数据库中输入的数据以及要从数据库中获取哪些信息。换言之，就是明确数据库中需要存储哪些数据、要对这些数据做哪些处理、数据间存在哪些联系等。

(2) 处理需求。定义数据库系统数据处理的操作功能，操作的执行频率和场合，操作与数据间的联系，以及系统对各种数据精度的要求，对吞吐量的要求，对未来功能、性能及应用范围扩展的要求等。

(3) 安全性与完整性要求。安全性要求描述系统中不同用户对数据库的使用和操作情况，完整性要求描述数据之间的一致性以及数据的正确性。

13.2.2 商品管理系统的功能

商品管理系统是一个典型的数据库应用系统。通过需求分析，明确商品管理系统的功能结构，如图 13-2 所示。商品管理系统主要包括客户信息管理、商品信息管理、进货信息管理、销售信息管理、库存信息管理等功能模块。

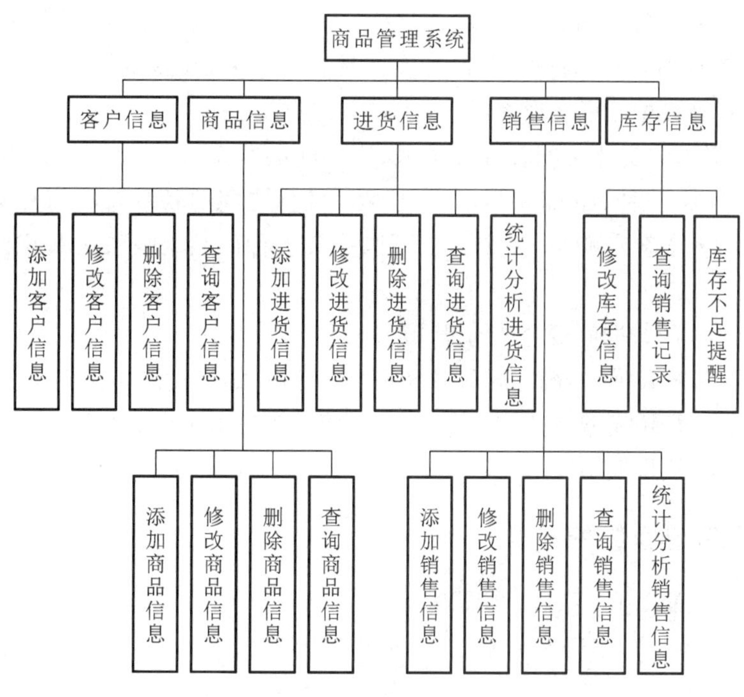

图 13-2　商品管理系统的功能结构

(1) 客户信息管理模块：可对客户信息进行添加、删除、修改操作，可以查询客户的具体信息，以及通过客户编号查询客户的购买记录等。

(2) 商品信息管理模块：可对商品信息进行添加、删除、修改操作，可以查询商品的具体信息。

(3) 进货信息管理模块：可对进货信息进行添加、删除、修改操作，可以查询进货的具体信息，并对进货信息进行统计和分析等。

(4) 销售信息管理模块：可对销售信息进行添加、删除、修改操作，可以查询销售的具体信息，并对销售信息进行统计和分析等。

(5) 库存信息管理模块：可对库存信息进行添加、删除、修改操作，可以查询库存信息，并对库存数量不足的商品给出进货提醒。

13.3 概念结构设计

概念结构设计是将经需求分析得到的用户需求抽象为概念层数据模型。概念结构设计独立于逻辑结构设计和数据库管理系统，是整个数据库应用系统设计的关键。

13.3.1 概念结构设计的方法

设计数据库概念结构最著名、最常用的方法是 E-R 方法，即使用 E-R 模型来表示概念模型。E-R 模型（E-R 图）又称为实体-联系模型，实体、属性、联系是构成 E-R 模型的三要素。

(1) 实体：客观存在的事物，如商品、客户等。实体在 E-R 图中用矩形框表示。

(2) 属性：实体所具有的特性，如商品实体具有商品编号、商品条码、商品名称、产地等属性。属性在 E-R 图中用椭圆形表示。

(3) 联系：实体和实体之间存在的关系，实体间的联系有 1∶1（一对一）、1∶M（一对多）、M∶N（多对多）三种，如“商品”和“客户”两个实体之间的联系就是 M∶N（多对多），即一种商品可以被多个客户购买，一个客户可以购买多种商品。联系在 E-R 图中用菱形框表示。

采用 E-R 方法的数据库概念结构设计可分为以下 3 步。

(1) 设计局部 E-R 模型：确定局部 E-R 模型的范围，定义实体、联系以及它们的属性。

(2) 设计全局 E-R 模型：将所有局部 E-R 图集成为一个全局 E-R 图，即全局 E-R 模型。

(3) 优化全局 E-R 模型。

13.3.2 商品管理系统的 E-R 模型

商品管理系统的 E-R 模型如图 13-3 所示。

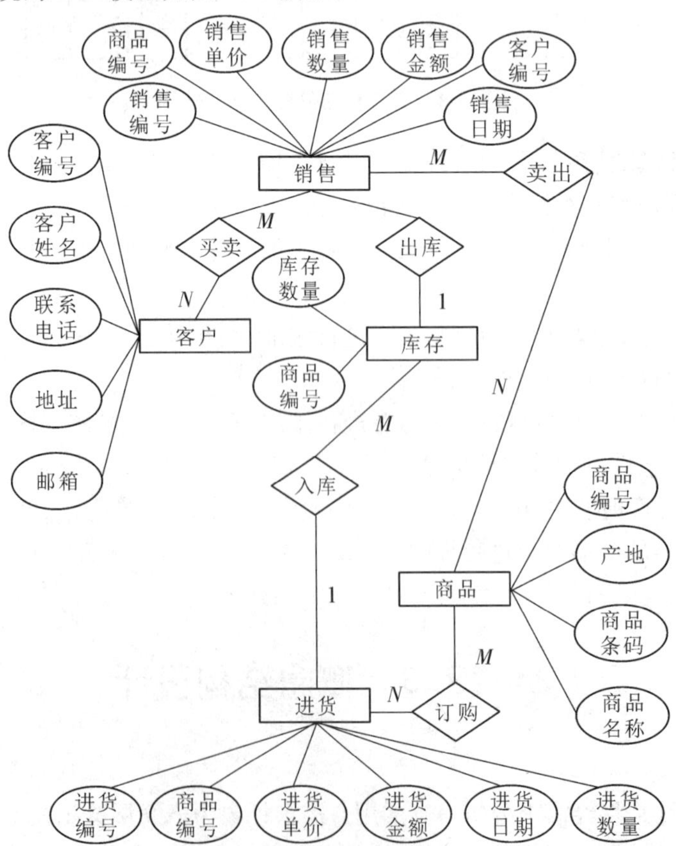

图 13-3 商品管理系统的 E-R 模型

13.4 逻辑结构设计

逻辑结构设计是把概念结构设计的 E-R 模型转换为具体的数据库管理系统所支持的组织层数据模型(即特定的 DBMS 可以处理的数据库逻辑结构,在功能、性能、完整性和一致性约束方面满足应用要求)。SQL Server 2016 是关系数据库管理系统,因此这里仅谈论将 E-R 模型转换为关系模型。

13.4.1 E-R 模型转换为关系模型

E-R 模型向关系模型转换的规则如下。

(1) 一个实体转换为一个关系模式。实体的属性就是关系的属性,实体的码就是关系的主码。

(2) 一个 1∶1 联系可以转换为一个独立的关系模式,也可以与任意一端所对应的关系模式合并。如果转换为一个独立的关系模式,则与该联系相连的各实体的码以及联系本身的属性均转换为此关系模式的属性,每个实体的码均是该关系模式的候选码。如果与联系的任意一端实体所对应的关系模式合并,则需要在该关系模式的属性中加入另一个实体的码和联系本身的属性。

(3) 一个 1∶N 联系可以转换为一个独立的关系模式,也可以与 N 端所对应的关系模式合并。如果转换为一个独立的关系模式,则与该联系相连的各实体的码以及联系本身的属性均转换为此关系模式的属性,且关系模式的码为 N 端实体的码。如果与 N 端对应的关系模式合并,则需要在该关系模式中加入 1 端实体的码以及联系本身的属性。

(4) 一个 M∶N 联系必须转换为一个独立的关系模式。与该联系相连的各实体的码以及联系本身的属性均为此关系模式的属性,且关系模式的主码包括各实体的码。

(5) 三个或三个以上实体间的一个多元联系可以转换为一个关系模式。与该多元联系相连的各实体的码以及联系本身的属性均转换为此关系模式的属性,而此关系模式的主码包含各实体的码。

(6) 具有相同主码的关系模式可以合并。

逻辑结构设计的结果并不是唯一的,为了提高数据库应用系统的性能,还应根据应用的需要对逻辑数据模型进行适当的修改和调整。

13.4.2 商品管理系统的逻辑结构

商品管理系统的逻辑结构详见第 4 章表 4-1～表 4-5。

13.5 物理结构设计

数据库的物理结构设计是利用数据库管理系统提供的方法和技术,针对数据库的逻辑结构，确定数据的存储结构，设计数据的存取路径，确定合理的数据存储位置以及系统配置，设计出一个高效、存储空间利用率高、可实现的物理数据库结构。

在设计数据库时，首先要对经常用到的查询和对数据进行更新的事务进行详细的分析，获得数据库物理结构设计所需要的各种参数，然后要充分了解所使用的 DBMS 的特征，特别是系统提供的存取方法和存储结构。

在数据库的物理结构设计中，创建索引能够提高数据库中数据的查询效率。创建索引要权衡数据库的操作：如果查询多，并且对查询的性能要求比较高，则可以多创建一些索引；如果数据更新操作多，并且对更新的效率要求比较高，则应该少创建一些索引。

在商品管理系统中，选用 SQL Server 2016 作为数据库管理系统平台，对于经常查询的商品编号、商品名称、客户编号、客户姓名、进货编号、进货单价、销售编号、销售金额等属性，可考虑创建索引。

13.6 数据库实施

完成了数据库的逻辑结构设计和物理结构设计之后，就可以利用 DBMS 提供的功能建立数据库、表、约束、索引、视图、存储过程、事务等，然后将一些测试数据加载到已编好的应用程序中，以测试数据库设计以及应用程序是否存在问题。这就是数据库的实施阶段。

13.6.1 创建商品管理数据库

创建商品管理数据库的代码如下。

```
create database goods_management
--定义数据文件
on
--定义主数据文件
(name='goods_management_m',
  filename='d:\data\goods_management_m.mdf',
  size=30mb,
  filegrowth=10mb,
  maxsize=unlimited),
--定义次要数据文件
(name='goods_management_n',
  filename='d:\data\goods_management_n.ndf',
  size=20mb,
  filegrowth=2mb,
  maxsize=unlimited)
--定义日志文件
log on
(name='goods_management_l',
  filename='d:\data\goods_management_l.ldf',
```

```
    size=10mb,
    filegrowth=10%,
    maxsize=unlimited)
go
```

13.6.2 创建商品管理数据库的数据表并定义约束

1. 创建客户信息表并定义约束

```
create table client
    (client_id char(10) not null,
    client_name nchar(4) not null,
    mobile char(11) not null,
    home_address nvarchar(30) not null,
    email varchar(30)
    check(email like '_%@_%._%'),
    primary key(client_id),
    unique(mobile))
```

2. 创建商品信息表并定义约束

```
create table goods
    (goods_id char(10) not null,
    goods_barcode varchar(20) not null,
    goods_name nvarchar(20) not null,
    production_place nvarchar(30) not null,
    primary key(goods_id))
```

3. 创建进货信息表并定义约束

```
create table purchase
    (purchase_id char(10) not null,
    goods_id char(10) not null,
    purchase_price decimal(6,2) not null
    check(purchase_price>=0),
    purchase_num int not null
    check(purchase_num>=0),
    purchase_money decimal(8,2),
    purchase_date datetime not null
    default getdate(),
    primary key(purchase_id),
    foreign key(goods_id)
    references goods (goods_id))
```

4. 创建销售信息表并定义约束

```
create table sale
    (sale_id char(10) not null,
    goods_id char(10) not null,
```

```
    client_id char(10) not null,
    sale_price decimal(6,2) not null
    check(sale_price>=0),
    sale_sum int not null
    check(sale_sum>=0),
    sale_money decimal(8,2),
    sale_date datetime not null
    default getdate(),
    primary key(sale_id),
    foreign key(goods_id)
    references goods (goods_id),
    foreign key(client_id)
    references client (client_id))
```

5. 创建库存信息表并定义约束

```
create table stock
    (goods_id char(10) not null,
    stock_num int not null
    check(stock_num>=0),
    primary key(goods_id))
```

13.6.3 创建商品管理数据库中的其他对象

视图、索引、存储过程、事务等的创建见教材相关章节具体内容。

13.6.4 向商品管理数据库加载数据

1. 向客户信息表中添加数据

```
use goods_management
go
insert client(client_id,client_name,mobile,home_address,email)
values ('201863516','马兰','13797284133','湖北武汉','1501563221@qq.com')
insert client(client_id,client_name,mobile,home_address,email)
values ('201863544','李旺','15972881324','湖北荆州','1226095146@qq.com')
insert client(client_id,client_name,mobile,home_address,email)
values ('201863517','吴玉山','13477607316','湖北荆门','1668851040@qq.com')
insert client(client_id,client_name,mobile,home_address,email)
values ('201863545','李玉刚','15555243251','湖北公安','13797284133@qq.com')
insert client(client_id,client_name,mobile,home_address,email)
values ('201863519','王小丽','15197721321','湖北仙桃','wang@qq.com')
insert client(client_id,client_name,mobile,home_address,email)
values ('201863546','张华','15973245261','湖北黄冈','zhang@163.com')
insert client(client_id,client_name,mobile,home_address,email)
values ('201863541','徐燕','17795781334','辽宁大连','xu@qq.com')
insert client(client_id,client_name,mobile,home_address,email)
```

```
values ('201863547','杨雪','13477261278','湖南长沙','yang@qq.com')
insert client(client_id,client_name,mobile,home_address,email)
values ('201863543','刘一鸣','15897584166','河南郑州','13798284133@qq.com')
insert client(client_id,client_name,mobile,home_address,email)
values ('201863589','罗飞','1889970562','湖北武汉','luo@163.com')
insert client(client_id,client_name,mobile,home_address,email)
values ('201863599','李月','15071710475','湖北公安','li@qq.com')
insert client(client_id,client_name,mobile,home_address,email)
values ('201863577','李林','13540137881','湖北仙桃','13351862485@163.com')
insert client(client_id,client_name,mobile,home_address,email)
values ('201863501','杨华','13477470750','湖北武汉','yang@163.com')
insert client(client_id,client_name,mobile,home_address,email)
values ('201863555','朱子超','13997884321','湖北黄冈','1042383560@qq.com')
go
```

2. 向商品信息表中添加数据

```
insert goods(goods_id,goods_barcode,goods_name,production_place)
values('us00100001','6936983800013','钢笔','湖北武汉')
insert goods(goods_id,goods_barcode,goods_name,production_place)
values('us00200001','6916987800021','铅笔','湖北荆州')
insert goods(goods_id,goods_barcode,goods_name,production_place)
values('fd00300001','6956998700248','彩虹糖','湖北仙桃')
insert goods(goods_id,goods_barcode,goods_name,production_place)
values('fd00400001','6956954800235','士力架','湖南长沙')
insert goods(goods_id,goods_barcode,goods_name,production_place)
values('fd00200001','6941238400286','鸡蛋','湖北荆州')
insert goods(goods_id,goods_barcode,goods_name,production_place)
values('fd00300002','6949854623659','冰淇淋','湖北仙桃')
insert goods(goods_id,goods_barcode,goods_name,production_place)
values('dk00100001','6921354965413','牛奶','湖北武汉')
insert goods(goods_id,goods_barcode,goods_name,production_place)
values('us00100002','6905416413246','伞','湖北武汉')
insert goods(goods_id,goods_barcode,goods_name,production_place)
values('we00100001','6956523538546','鞋','湖北武汉')
insert goods(goods_id,goods_barcode,goods_name,production_place)
values('dk00300001','6941846414323','矿泉水','湖北仙桃')
insert goods(goods_id,goods_barcode,goods_name,production_place)
values('we00400001','6951321446412','大衣','湖南长沙')
insert goods(goods_id,goods_barcode,goods_name,production_place)
values('us00200002','6951654112311','笔记本','湖北荆州')
insert goods(goods_id,goods_barcode,goods_name,production_place)
values('we00300001','6904564413214','帽子','湖北仙桃')
nsert goods(goods_id,goods_barcode,goods_name,production_place)
values('us00300001','6904546546544','纸','湖北仙桃')
go
```

3. 向进货信息表中添加数据

```
insert purchase
values('0622000001','us00100001',2.5,50,125,'2018-6-22')
insert purchase
values('0623000002','us00200001',1,30,30,'2018-6-23')
insert purchase
values('0628000003','fd00300001',4,28,112,'2018-6-28')
insert purchase
values('0622000004','fd00400001',4.5,36,162,'2018-6-22')
insert purchase
values('0627000005','fd00200001',1,24,24,'2018-6-27')
insert purchase
values('0623000006','fd00300002',2,36,72,'2018-6-23')
insert purchase
values('0627000007','dk00100001',2.5,18,45,'2018-6-27')
insert purchase
values('0623000008','us00100002',28,15,420,'2018-6-23')
insert purchase
values('0622000009','we00100001',128,6,768,'2018-6-22')
insert purchase
values('0623000010','us00200002',2,32,64,'2018-6-23')
insert purchase
values('0627000011','we00300001',255,5,1275,'2018-6-27')
insert purchase
values('0622000012','us00200002',2.5,30,75,'2018-6-22')
insert purchase
values('0623000013','we00300001',22,14,308,'2018-6-23')
insert purchase
values('0627000014','us00300001',1,28,28,'2018-6-27')
insert purchase
values('0622000015','we00100001',128,5,640,'2018-6-22')
insert purchase
values('0627000016','fd00300001',4,30,120,'2018-6-27')
insert purchase
values('0622000017','us00100001',2.5,55,137.5,'2018-6-22')
insert purchase
values('0623000018','fd00200001',1,22,22,'2018-6-23')
insert purchase
values('0623000019','fd00300001',2,38,76,'2018-6-23')
insert purchase
values('0623000020','dk00100001',2.5,66,165,'2018-6-23')
insert purchase
values('0622000021','us00200001',1,33,33,'2018-6-22')
```

```
insert purchase
values('0622000022','dk00300001',2,29,58,'2018-6-22')
insert purchase
values('0623000023','us00200001',1,66,66,'2018-6-23')
insert purchase
values('0628000024','dk00100001',2.5,66,165,'2018-6-28')
insert purchase
values('0623000025','fd00200001',1,54,54,'2018-6-23')
insert purchase
values('0628000026','fd00300002',2,33,66,'2018-6-28')
insert purchase
values('0629000027','we00400001',255,8,2040,'2018-6-29')
insert purchase
values('0629000028','we00300001',22,32,704,'2018-6-29')
insert purchase
values('0629000029','us00300001',1,96,96,'2018-6-29')
go
```

4. 向销售信息表中添加数据

```
insert sale
values('0702000001','us00100001','201863516',2.5,28,70,'2018-7-2')
insert sale
values('0703000002','us00100002','201863544',30,10,300,'2018-7-3')
insert sale
values('0701000003','fd00300001','201863517',5,20,100,'2018-7-1')
insert sale
values('0629000004','fd00400001','201863545',5,32,160,'2018-6-29')
insert sale
values('0630000005','dk00300001','201863519',3,10,30,'2018-6-30')
insert sale
values('0701000006','us00200001','201863546',3.5,42,147,'2018-7-1')
insert sale
values('0702000007','we00100001','201863541',155,3,465,'2018-7-2')
insert sale
values('0630000008','fd00300001','201863547',5,3,15,'2018-6-30')
insert sale
values('0701000009','fd00200001','201863543',1.5,22,33,'2018-7-1')
insert sale
values('0702000010','us00100001','201863555',2.5,20,50,'2018-7-2')
go
```

5. 向库存信息表中添加数据

```
insert stock
values('us00100001',63)
insert stock
```

```
values('us00200001',129)
insert stock
values('fd00300001',35)
insert stock
values('fd00400001',4)
insert stock
values('fd00200001',78)
insert stock
values('fd00300002',107)
insert stock
values('dk00100001',150)
insert stock
values('us00100002',5)
insert stock
values('we00100001',8)
insert stock
values('dk00300001',3)
insert stock
values('we00400001',13)
insert stock
values('us00200002',30)
insert stock
values('we00300001',46)
insert stock
values('us00300001',124)
```

13.6.5 调试和运行应用程序

待一部分数据加载到数据库之后，就可以对数据库系统进行调试了，这个过程就是数据库的试运行。数据库试运行的主要工作如下。

1. 功能测试

通过实际调试和运行数据库应用程序，对数据库执行各种操作，测试应用程序的功能是否满足设计要求。如果不满足，则要对应用程序进行修改和调整。

2. 性能测试

对系统的各项性能指标进行测试，分析其是否达到了设计目标。如果测试的结果和设计目标不符，则要返回到物理结构设计阶段，重新调整物理结构、修改系统参数，甚至要返回逻辑结构设计阶段，对逻辑结构进行修改。

13.7 数据库运行和维护

数据库正式投入运行标志着开发工作的基本完成和维护工作的开始，只要数据库存在，就需要不断地对其进行评价、调整和维护。数据库的维护工作主要由数据库系统管理员完成,主要包括以下内容。

1. 数据库的备份和恢复

要为数据库规划备份策略并定期进行备份,一旦出现故障,要能及时地将数据库恢复到距离故障点最近的正确状态,以减少数据库损失。

2. 数据库的安全性和完整性控制

随着数据库应用环境的变化,对数据库的安全性和完整性要求也会随着发生变化。例如,要收回某些用户的权限,增加、删除用户,或者约束条件发生变化等,这都需要数据库管理员对数据库进行适当的调整。

3. 监视、分析、调整数据库的性能

监视数据库的运行情况,并对检测数据进行分析,找出能够改善数据库系统性能的可能性,并适当地对数据库进行调整。

4. 数据库的重组

数据库运行一段时间后,随着数据的不断添加、删除和修改,数据库存储空间的利用率和数据的存取效率降低。因此,数据库管理员可能需要改变数据库中数据的组织方式,或者增加和删除部分索引等,改善系统的性能。

实验 13　数据库设计□□□

一、实验目的

(1) 理解数据库设计的六个阶段的设计任务和设计方法。

(2) 加深对 SQL Server 2016 数据库课程理论和基本知识的理解。

(3) 掌握数据库设计的基本方法，提高运用数据库解决实际问题的能力。

(4) 培养正确的设计思想，理论联系实际的工作作风，严肃认真、实事求是的科学态度和勇于探索的创新精神。

二、实验准备

(1) 了解 E-R 模型的设计方法。

(2) 图书管理系统需求调研。

三、实验内容和操作步骤

(1) 设计题目：图书管理系统(后台数据库设计)。

(2) 设计内容及要求。

用 SQL Server 2016 设计图书管理系统的后台数据库。要求完成以下工作内容。

① 图书管理系统的基本需求分析，画出功能模块图和流程图。

② 设计图书管理系统的 E-R 模型。

③ 图书管理系统数据库的逻辑结构设计。

④ 图书管理系统数据库的物理结构设计。

⑤ 图书管理系统数据库的实施。

习题 13□□□

一、填空题

1. 表是反映现实世界某类事物的数学模型，由__________和__________组成。现实世界中事物的属性对应表的列，表中的一行代表一类事物中的一个特例。
2. 在关系模式中，存在三类完整性规则，其中引用完整性是指____________________。
3. 为了加快对某表的查询速度，应该对此表建立__________。
4. 为数据库中一个或者多个表中的数据提供另外一种查看方式的数据库对象称为_______________。
5. 主键约束用来强制数据的__________完整性。
6. 当数据表被修改时，系统会自动执行的数据库对象是________________。
7. 实现概念层数据模型最常用的表示方法是________________。
8. 公司中有多个部门和多名职员，每个职员只能属于一个部门，一个部门可以有多名职员，则部门和职员之间的联系类型是________________。

二、简答题

数据库设计一般分为哪几个阶段？每个阶段的主要任务是什么？

三、应用题

现已设计好一个客户表，如表13-1所示。问该表是否存在数据冗余？如何解决？

表13-1　客户表

客户号	客户姓名	客户电话	业务员号	业务员姓名	业务员电话
1001	张雨	8023456	201	李琳	3456123
1002	陈西茜	2030789	304	张廷	8045677
1003	王铭	6781235	201	李琳	3456123
⋮	⋮	⋮	⋮	⋮	⋮

参考文献

[1] 孙亚男,郝军. SQL Server 2016 从入门到实战[M]. 北京:清华大学出版社,2018.

[2] 刘畅,叶宾,毛乃川. SQL Server 2008 数据库项目教程[M]. 北京:现代教育出版社,2014.

[3] 张蒲生. 数据库应用技术 SQL Server 2005 基础篇[M]. 北京:机械工业出版社,2008.

[4] 鲁宁,寇卫利,林宏. SQL Server 2012 数据库原理与应用[M]. 北京:人民邮电出版社,2016.

[5] 贾铁军,徐方勤. 数据库原理及应用 SQL Server 2016[M]. 北京:机械工业出版社,2017.

[6] 李锡辉,王樱,赵莉. SQL Server 2016 数据库案例教程[M]. 2 版. 北京:清华大学出版社,2018.

[7] 王英英. SQL Server 2016 从入门到精通(视频教学超值版)[M]. 北京:清华大学出版社,2018.

[8] 杨铭,战忠丽,肖玉朝. 数据库开发项目化教程(SQL Server)[M]. 武汉:华中科技大学出版社,2015.